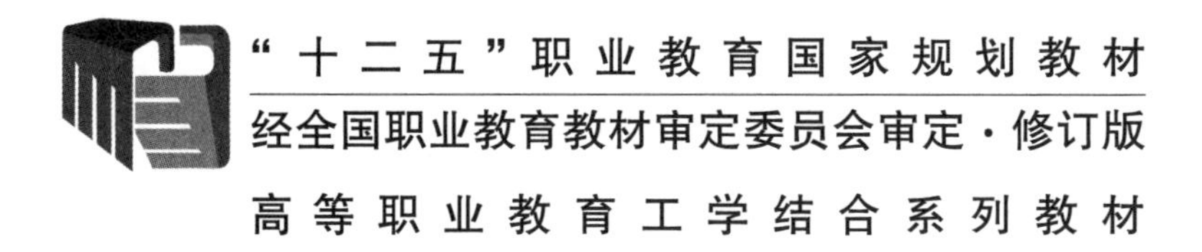

"十二五"职业教育国家规划教材

经全国职业教育教材审定委员会审定·修订版

高等职业教育工学结合系列教材

产品三维造型设计
(UG NX 12.0)

主　编　冯　伟

副主编　钱子龙

参　编　宋　莎

北京理工大学出版社

BEIJING INSTITUTE OF TECHNOLOGY PRESS

内 容 简 介

UG 是当今应用最广泛、最具竞争力的 CAD/CAM/CAE 大型集成软件之一。在工业领域中得到了广泛的应用，非常适合工程设计人员使用。本书将基础知识和实例相结合，系统地介绍了该软件的常用模块功能、基本操作和应用技巧。

本书遵循学生职业能力培养的基本规律，基于产品设计岗位职业标准和工作过程，从工程应用出发，以工作任务为中心，以典型项目为载体，以 UG NX 12.0 为平台，介绍了底座及卡盘草图的绘制，带轮、油壶盖、箱体零件三维模型的创建，汽车倒车镜与换挡手柄外观曲面的创建，轮子组件装配图及台虎钳爆炸图的创建，下模座和轮子组件工程图的创建五部分内容。

本书结构新颖，深入浅出，易于学习和掌握。本书可作为高等职业院校机械设计与制造专业及机械类相关专业教学用书，也可供产品检测、工业设计等专业技术人员参考。

图书在版编目（CIP）数据

产品三维造型设计 UG NX 12.0/冯伟主编. —北京：北京理工大学出版社，2021.9（2024.1 重印）

ISBN 978-7-5763-0324-7

Ⅰ. ①产…　Ⅱ. ①冯…　Ⅲ. ①三维-工业产品-造型设计-计算机辅助设计-应用软件　Ⅳ. ①TB472-39

中国版本图书馆 CIP 数据核字（2021）第 182024 号

责任编辑：孟雯雯　　**文案编辑**：多海鹏
责任校对：周瑞红　　**责任印制**：施胜娟

出版发行 / 北京理工大学出版社有限责任公司
社　　址 / 北京市丰台区四合庄路 6 号
邮　　编 / 100070
电　　话 / （010）68914026（教材售后服务热线）
（010）68944437（课件资源服务热线）
网　　址 / http://www.bitpress.com.cn

版 印 次 / 2024 年 1 月第 1 版第 4 次印刷
印　　刷 / 唐山富达印务有限公司
开　　本 / 787 mm×1092 mm　1/16
印　　张 / 14
字　　数 / 293 千字
定　　价 / 42.00 元

前　言

UG 近年来广泛应用于航空、航天、家电、汽车、造船、通用机械、工业造型等领域，是面向产品开发领域的 CAD/CAM/CAE 软件。UG NX 先后推出多个版本，每次发布的最新版本都代表着世界同行业制造技术的发展前沿，很多现代设计方法和理念都能较快地在新版本中反映出来，使其灵活性、协调性更好，降低成本，提高产品的设计和制造质量。

本书根据在校学生及工程技术人员的知识特点和接受能力，由浅入深，逐步提高难度，以满足学生专业能力的培养及符合工程实践需要。

本书整体结构按工作任务划分，体现“任务驱动”“项目导向”的教改要求；在编写体例上大胆创新。本书主要由五个项目组成：项目一通过底座及卡盘草图的绘制，使学生掌握草图绘制的方法和技巧；项目二通过典型零件带轮、油壶盖、箱体零件三维模型的建模，使学生掌握三维建模的基本方法；项目三通过汽车倒车镜与换挡手柄外观曲面构造的创建，使学生掌握具有中等复杂曲面产品的设计方法；项目四通过对轮子组件及台虎钳的装配，使学生能够建立自底向上的装配，并创建装配爆炸图；项目五通过下模座和轮子组件工程图的创建，使学生掌握机械零件和装配体工程图纸的创建与编辑。每个项目后都提供相关的实践练习题，供学生课后更深入地掌握所学内容。本书让学生首先接触案例，进行实战，注重提高学生的学习兴趣及其独立思考问题、分析问题和解决问题的能力。

本书在编写过程中注重理论与实践的结合，将科学的设计方法贯穿于工作过程的始终，给读者一种亲切感和现场感，并通过实用性、针对性的训练，提高学生的劳动意识和创新意识。

本书可作为机械设计爱好者自学和从事产品设计的初、中级用户的自学用书，也可作为高等职业院校相关专业课程以及社会相关培训班学员的教材。

本书由冯伟任主编，钱子龙任副主编。具体编写分工为：项目一由常州机电职业技术学院宋莎编写，项目二、项目四、项目五由常州机电职业技术学院冯伟编写，项目三由常州机电职业技术学院钱子龙编写。冯伟负责统稿，陆建军教授主审。本书在编写过程中得到纳恩博科技有限公司裴存敏工程师、常州工利精机有限公司黄文波高级工程师的大力支持和帮助，在此表示衷心的感谢！

本书配套丰富的数字化资源，扫描书上的二维码即可观看。同时，在微知库平台“机械产品检验检测专业”国家教学资源库“产品三维造型设计”课程中有与本书配套的在线课程资源，能够实现在线学习、测试与技术交流，为读者线上自主学习提供便利条件。

课程网址：http://wzk. 36ve. com/index. php/LearningCenter/learning - content/index？course_id = dfd524b7 - 07a3 - 3e40 - 9816 - 90c42e619991

微知库 App 二维码

在本书的编写过程中，我们力求精益求精，但由于作者水平有限，书中难免有一些不足之处，敬请广大读者及业内人士批评指正，在此表示诚挚的感谢！

编　者

AR 内容资源获取说明

Step1　扫描下方二维码，下载安装“4D 书城”App；

Step2　打开“4D 书城”App，点击菜单栏中间的扫码图标，再次扫描二维码下载本书；

Step3　在“书架”上找到本书并打开，点击电子书页面的资源按钮或者点击电子书左下角的扫码图标扫描实体书的页面，即可获取本书 AR 内容资源！

目　录

学习笔记

项目一　底座及卡盘草图的绘制

任务一　底座草图的绘制

学习目标

【技能目标】

1. 能正确使用 UG 12.0 常用工具。
2. 会利用 UG 12.0 软件绘制模具零件二维草图。

【知识目标】

1. 了解 UG 12.0 操作界面。
2. 掌握 UG 12.0 常用工具的操作。
3. 掌握草图的绘制方法。

【态度目标】

1. 培养团结协作的精神和集体观念。
2. 培养责任意识，养成工匠精神。

工作任务

草图是与实体模型相关的二维图形，一般作为三维实体模型的基础，在三维空间中的任何一个平面内绘制草图曲线，并添加几何约束和尺寸约束，即可完成草图创建。建立的草图可以用于拉伸和旋转操作，或在自由曲面建模作为扫掠对象和通过曲线创建曲面的截面对象。草图的绘制是实体建模和曲面造型的基础，在学习中应掌握这些基本操作并注意在实际使用中的灵活应用，为进一步使用 UG 打下良好的基础。完成如图 1－1－1 所示底座草图的绘制。

任务实施

1－1　底座草图绘制视频

步骤 1. 建立新文件

启动 UG，选择菜单栏“文件”→“新建”命令，打开“新建”对话框，在对话框的“名称”文本框中输入“底座”，并指定要保存到的文件夹，如图 1－1－2 所示，单击“确定”按钮。

AR资源

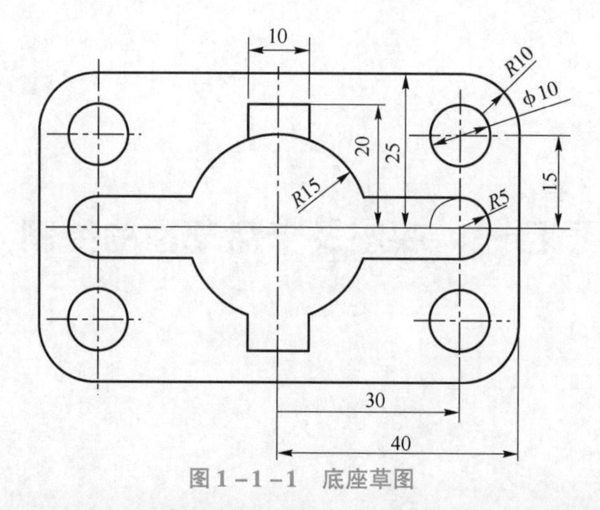

图1－1－1　底座草图

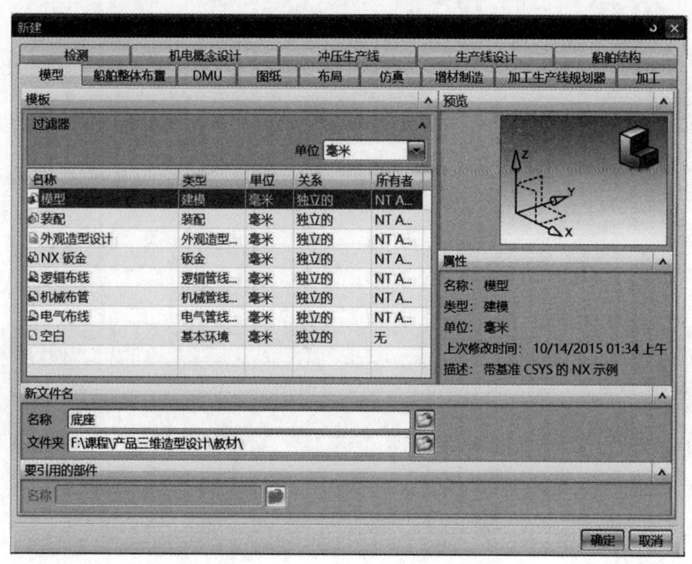

图1－1－2　“新建”对话框

步骤2. 指定草图平面

选择“菜单”→“插入”→“在任务环境中绘制草图”命令，进入草图环境，弹出“创建草图”对话框，如图1－1－3所示，单击“确定”按钮，选择默认的草图平面和草图方向。此时草图平面如图1－1－4所示。

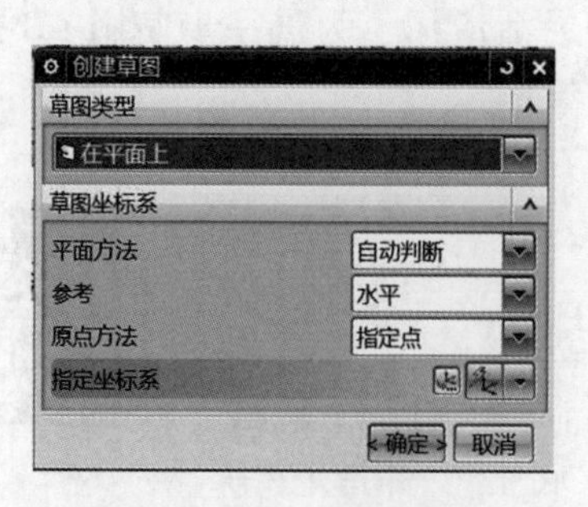

图1－1－3　创建草图

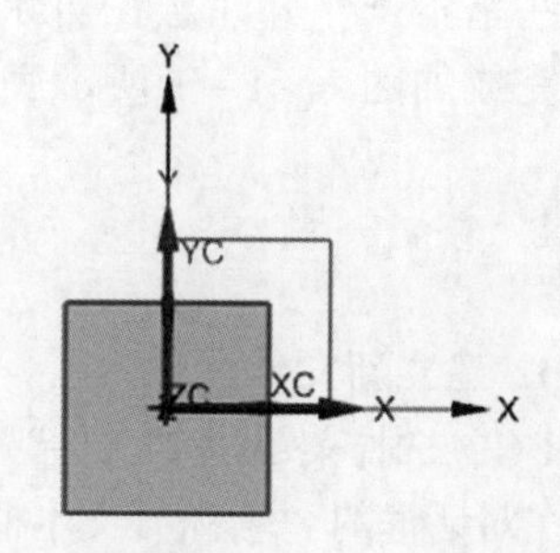

图1－1－4　草图平面

步骤3. 绘制矩形

单击“曲线”工具栏的中“矩形”按钮▭，弹出如图1-1-5所示“矩形”对话框，矩形对话框中第一点坐标XC=0，YC=0；第二点坐标XC=40，YC=25，回车，如图1-1-6所示。

图1-1-5 “矩形”对话框

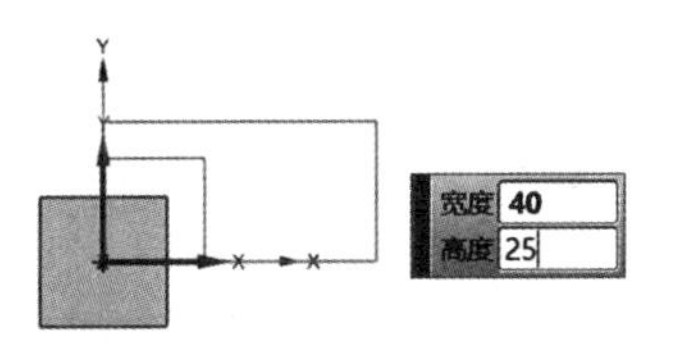

图1-1-6 创建矩形

步骤4. 绘制派生直线

单击“曲线”工具栏中的“派生直线”按钮，选择要偏置的曲线，输入偏置距离“5”，回车，如图1-1-7所示。采用同样的方法分别以*X*轴为标准，偏置“15”，“20”；以*Y*轴为标准，偏置“5”，“30”。结果如图1-1-8所示。

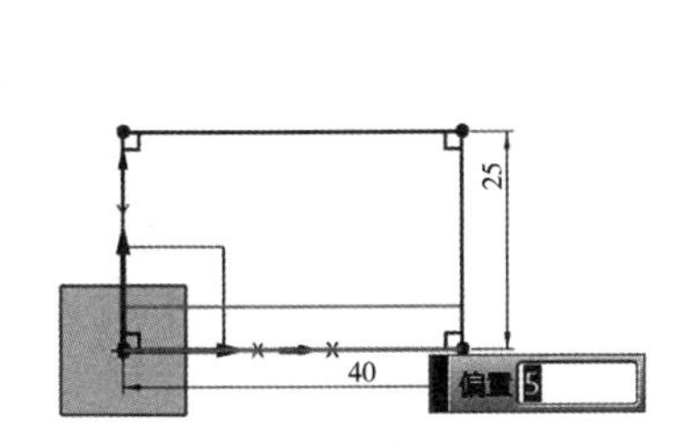

图1-1-7 派生直线

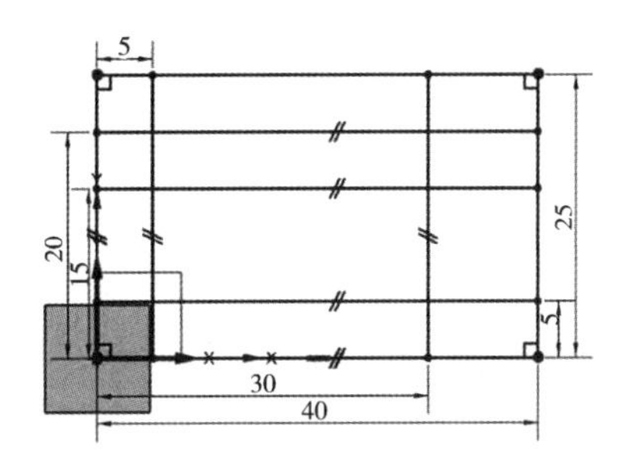

图1-1-8 创建派生直线

步骤5. 绘制圆

单击“曲线”工具栏中的“圆”按钮○，弹出如图1-1-9所示“圆”对话框，选择圆心和直径定圆方法，分别以(0，0)为圆心、30为直径作圆，以(30，0)为圆心、10为直径作圆，以(30，15)为圆心、10为直径作圆，如图1-1-10所示。

图1-1-9 “圆”对话框

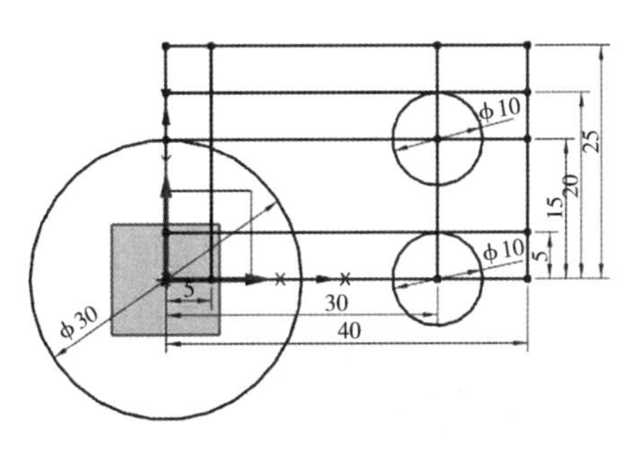

图1-1-10 创建三个圆

步骤 6. 生成参考线

单击“转换/自参考对象”按钮，弹出如图 1－1－11 所示“转换至/自参考对象”对话框，单击要转换的对象，单击“确定”按钮，如图 1－1－12 所示，完成参考线的创建。

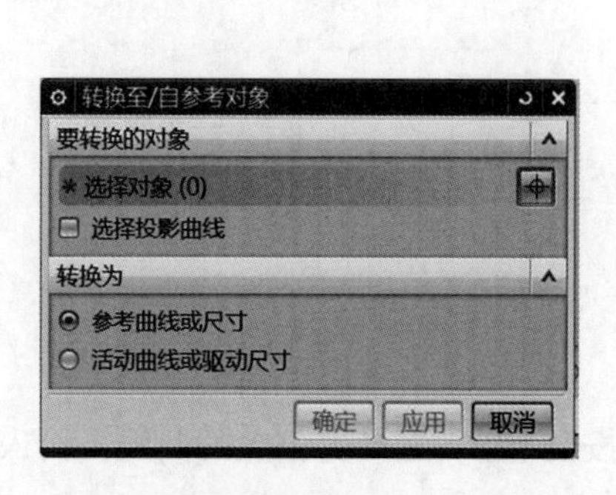

图 1－1－11 “转换至/自参考对象”对话框

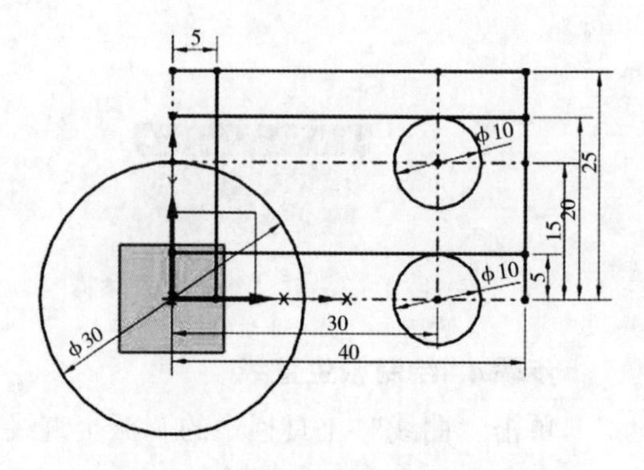

图 1－1－12 将直线转换为参考线

步骤 7. 修剪曲线

单击“快速修剪”按钮，弹出如图 1－1－13 所示“快速修剪”对话框，单击要修剪的曲线，单击“关闭”按钮，得到如图 1－1－14 所示的图形。

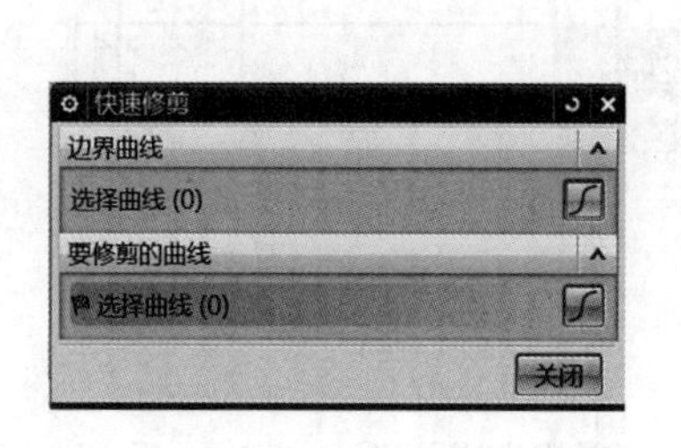

图 1－1－13 “快速修剪”对话框

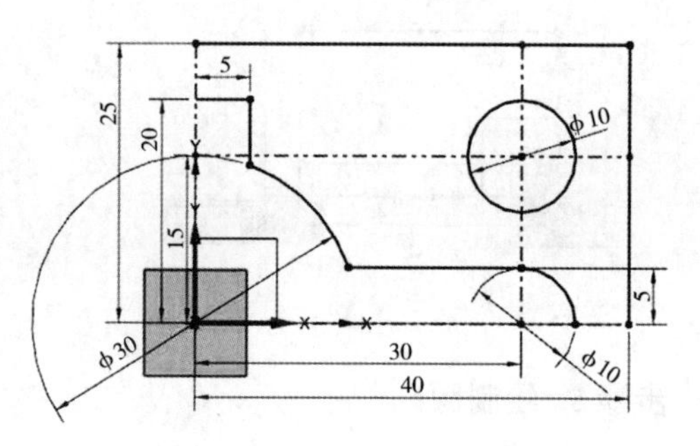

图 1－1－14 修剪后图形

步骤 8. 倒圆角

单击“角焊”按钮，弹出如图 1－1－15 所示“圆角”对话框，半径输入“10”，单击要作圆角的两条边，效果如图 1－1－16 所示。

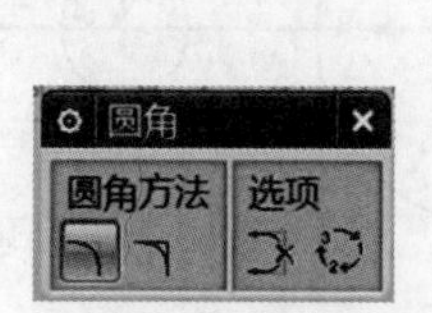

图 1－1－15 “圆角”对话框

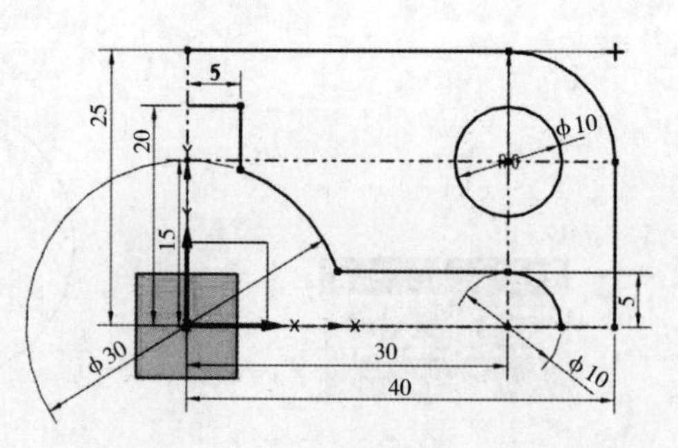

图 1－1－16 创建圆角效果

学习笔记

步骤 9. 创建镜像曲线

单击“镜像曲线”按钮，弹出如图 1－1－17 所示“镜像曲线”对话框，选择 *X* 轴参考对象为镜像中心线，选择全部草图曲线为要镜像的曲线，单击“应用”按钮，草图曲线镜像结果如图 1－1－18 所示。同理，沿 *Y* 轴再镜像草图，如图 1－1－19 所示。单击 完成草图 按钮，完成草图绘制。

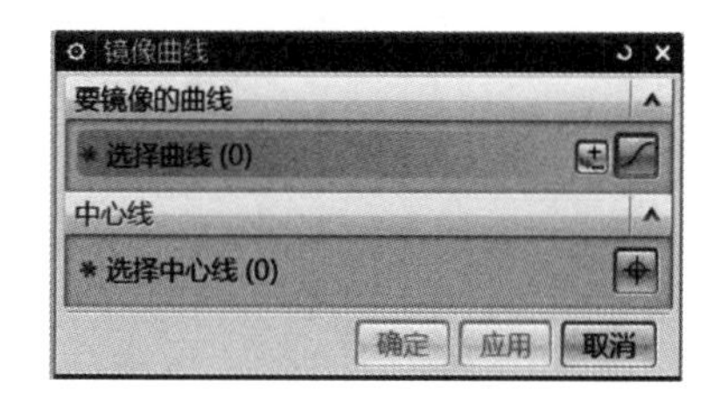

图 1－1－17 “镜像曲线”对话框

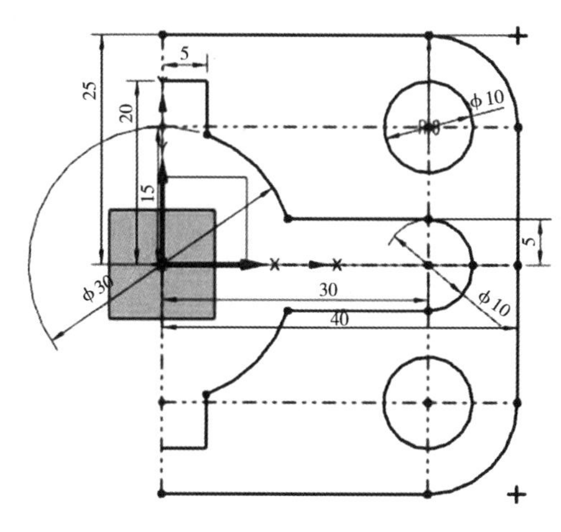

图 1－1－18 第一次镜像曲线结果

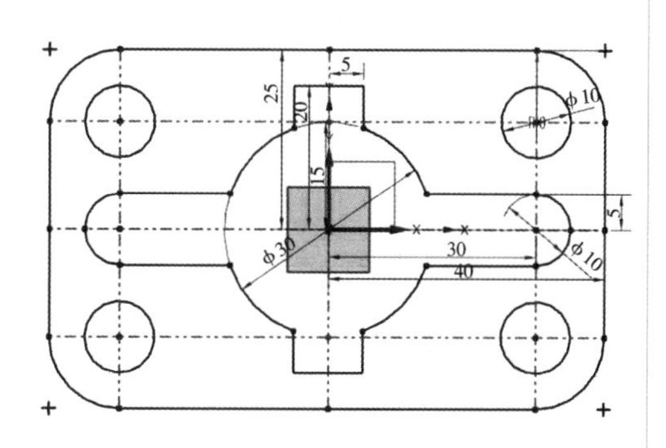

图 1－1－19 第二次镜像曲线结果

步骤 10. 隐藏不需要显示的曲线

选择“编辑”→“显示和隐藏”→“显示和隐藏”命令，弹出如图 1－1－20 所示“显示和隐藏”对话框，单击“坐标系”后面“－”按钮，隐藏基准轴，效果如图 1－1－21 所示。

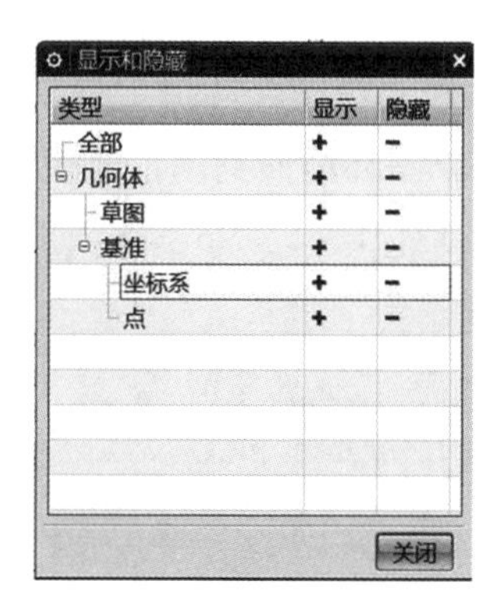

图 1－1－20 “显示和隐藏”对话框

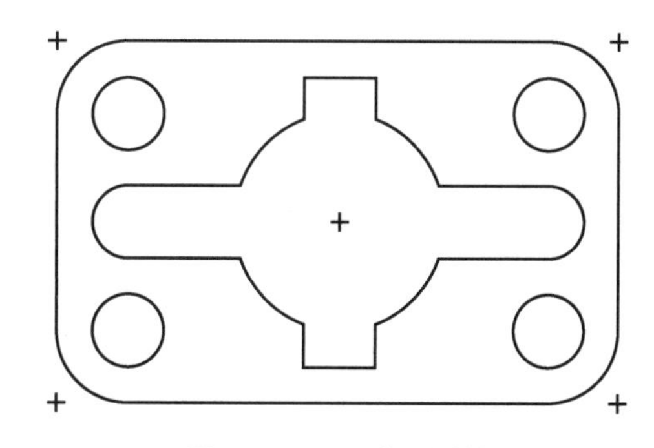
图 1－1－21 草图形状

步骤 11. 保存文件

选择菜单栏“文件”→“保存”命令，保存所绘草图。

学习笔记

一、草图概述

草图是与实体模型相关联的二维图形，一般作为三维实体模型的基础。草图带有随意性，用户可以根据设计意图，大概勾画出二维图形，接着利用草图的尺寸约束和几何约束功能精确地确定草图对象的形状和相互位置关系。创建的草图可用于实体造型工具进行拉伸、旋转等操作，生成与草图相关的实体模型。修改草图时，关联的实体模型也会自动更新。

二、草图平面

草图平面即绘制草图对象的平面，在一个草图中建立的所有草图对象都在该草图平面上。草图平面可以是坐标平面、已有基准面、实体表面或者片体面。

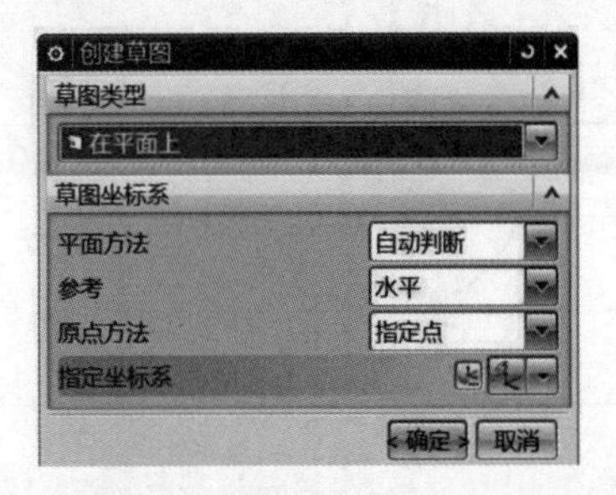

图 1-1-22 “创建草图”窗口

单击菜单栏中“插入”→“草图”按钮或者“在任务环境中草图”按钮，弹出如图 1-1-22 所示的“创建草图”窗口，在该窗口中可以设置工作平面。如果选择“自动判断”选项，则可以在绘图工作区中选择 XC-YC、ZC-XC 或 ZC-YC 平面作为工作平面，可以选择一个已经存在实体的某一平面作为草图的工作平面；如果选择“新平面”，则系统提供平面构造器来创建工作平面。选择或创建平面后，单击“确定”按钮，就会进入草图模式。在一个草图中创建的所有草图几何对象都是在该草图上完成的。

三、草图曲线绘制

系统将按草图构建的先后顺序依次取名为 SKETCH_000、SKETCH_001 等，名称显示在“草图名”文本框中，打开下拉列表，通过选取草图名称可以激活该草图。绘制完成后，单击“完成草图”按钮，可以退出草图环境回到基本建模环境。在草图任务环境中，有一系列草图工具供使用。利用如图 1-1-23 所示的“草图工具”栏中的按钮，可以在草图中直接绘制草图曲线。

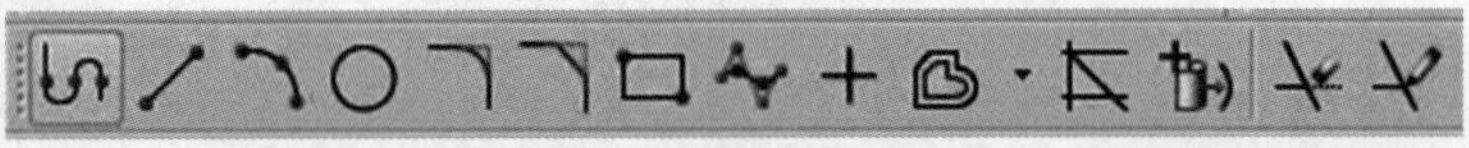

图 1-1-23 “草图工具”栏

（1）轮廓。在“曲线”工具栏中选择“轮廓”按钮，将以线串模式创建一系列的直线与圆弧的连接几何，上一曲线的终点变成下一曲线的起点，当绘制一曲线后，默认的下一命令是“直线”，若要绘制圆弧，则每次绘制圆弧时都要单击一次“圆弧”按钮，否则系统将自动激活绘制直线。单击“草图工具”栏中的“轮廓”按钮，系统弹出“轮廓”对话框，如图 1－1－24 所示。

学习笔记

①对象类型：绘制对象的类型。

直线：指绘制连续轮廓直线。在绘制直线时，若选择坐标模式，则每一条线段起点和终点都以坐标显示；若选择参数模式，则可以直接输入线段的长度和角度来绘制轮廓。

圆弧：指绘制连续轮廓圆弧。

②输入模式：参数的输入模式。

1－2　轮廓视频

XY 坐标模式：以 x、y 坐标的方式来确定点的位置。

参数模式：以参数模式确定轮廓线的位置及距离。

如果要中断线串模式，则按鼠标中键或单击“轮廓”按钮，在文本框中输入数值，按键盘中“Tab”键可以在不同文本框中切换编辑。例如图 1－1－25，选择的对象类型为直线，输入模式为参数模式，在文本框中输入参数后按“Enter”键确认，数值变为黑体，所有参数输入完毕后单击鼠标左键，完成创建。

图 1－1－24　“轮廓”对话框

图 1－1－25　创建直线

（2）直线。以约束推断的方式创建直线，每次都需指定两个点，其对话框如 1－1－26 所示。可以在“XC”“YC”文本框中输入坐标值或应用“自动捕捉”命令来定义起点，确定起点后，将激活直线的参数模式，此时可以通过在“长度”“角度”文本框中输入值或应用“自动捕捉”来定义直线的终点。其使用方法与“轮廓”工具栏相似，不同之处在于使用“直线”工具每次只能创建一条直线。

（3）圆弧。通过 3 点或通过指定其中心和端点创建圆弧。

单击“圆弧”按钮，弹出“圆弧”对话框，如图 1－1－27 示。

圆弧方法：创建圆弧的方式。

通过三点的圆弧：用 3 个点来创建圆弧。

通过圆心和半径点创建的圆弧：以圆心和端点的方式创建圆弧。

图 1－1－26　“直线”对话框

图 1－1－27　“圆弧”对话框

（4）圆。通过指定其圆心和半径或指定 3 点来创建圆。单击“圆”按钮，弹出“圆”对话框，如图 1－1－28 示。

以中心和直径创建圆：指定中心点后，在“直径”文本框中输入圆的直径，按

学习笔记

"Enter" 键完成圆的创建，如图 1－1－29（a）所示。

通过三点创建圆：以三点的方式创建圆，图 1－1－29（b）所示为三点画圆。

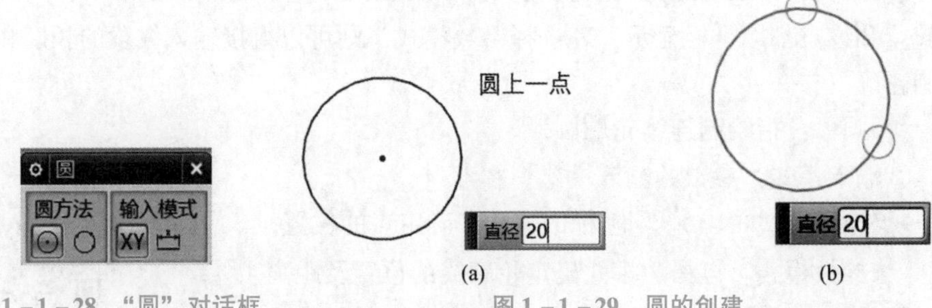

图 1－1－28 "圆" 对话框　　　　图 1－1－29 圆的创建

（5）角焊。在二或三条曲线之间创建圆角。

单击"角焊"按钮，弹出"圆角"对话框，如图 1－1－30 示。在对话框中输入半径，单击需要创建圆角的边即可。

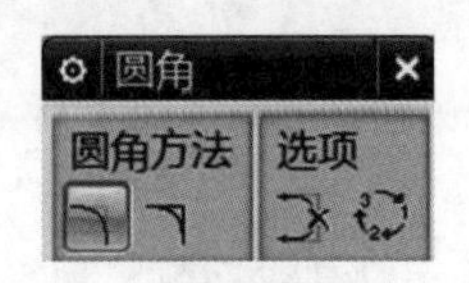

图 1－1－30 "圆角" 对话框

1－3 角焊视频

圆角方法：创建圆角的方式。

修剪：对两条边创建圆角后修剪掉多余的角，如图 1－1－31 所示。

取消修剪：对两条边创建圆角后保留多余的角，如图 1－1－32 所示。

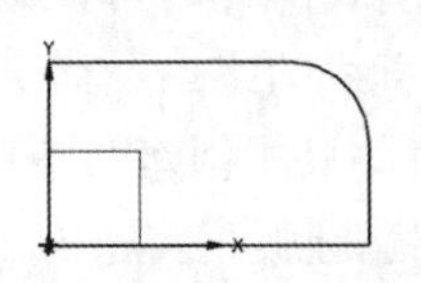

图 1－1－31 "修剪" 示意图

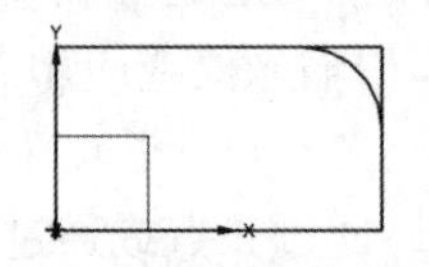

图 1－1－32 "取消修剪" 示意图

（6）矩形。在"草图曲线"工具栏上单击"矩形"按钮，弹出"矩形"对话框，如图 1－1－33 所示。创建矩形的方式有 3 种。

图 1－1－33 "矩形" 对话框

1－4 矩形视频

①2 点：以矩形对角线上的两点创建矩形，如图 1－1－34（a）所示。

②3 点：用 3 点来定义矩形的形状和大小，第一点为起始点，第二点确定矩形的宽度和角度，第三点确定矩形的高度，如图 1－1－34（b）所示。

③从中心：此方式也是用 3 点来创建矩形，第一点为矩形的中心；第二点确定矩形的宽度和角度，它和第一点的距离为所创建的矩形宽度的一半；第三点确定矩形高度，它与第二点的距离约等于矩形高度的一半，如图 1－1－34（c）所示。

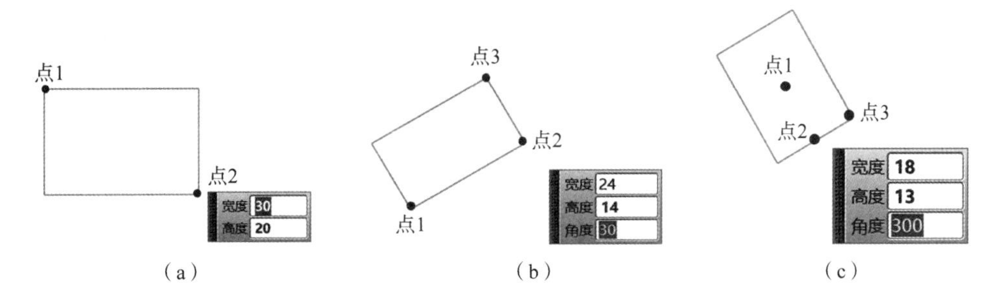

图 1－1－34　矩形的三种创建方式

（a）用两点；（b）按三点；（c）从中心

（7）派生直线。利用“派生直线”命令，可以选取一条直线作为参考直线来生成新的直线。单击“草图工具”工具栏中的“派生直线”按钮，选取所需偏置的直线，然后在文本框中输入偏置值即可；当选择两条直线作为参考直线时，通过输入长度数值，可以在两条平行直线中间绘制一条与两条直线平行的直线，或绘制两条不平行直线所成角度的平分线。

（8）艺术样条。单击“草图曲线”工具栏中的“艺术样条”按钮，弹出“艺术样条”对话框，如图 1－1－35 所示。创建艺术样条的方式有两种。

①通过点：创建的样条完全通过点，定义点可以捕捉存在点，也可用鼠标直接定义点，如图 1－1－36（a）所示。

②根据极点：用极点来控制样条的创建，极点数应比设定的阶次至少大于 1，否则将会创建失败，如图 1－1－36（b）所示。

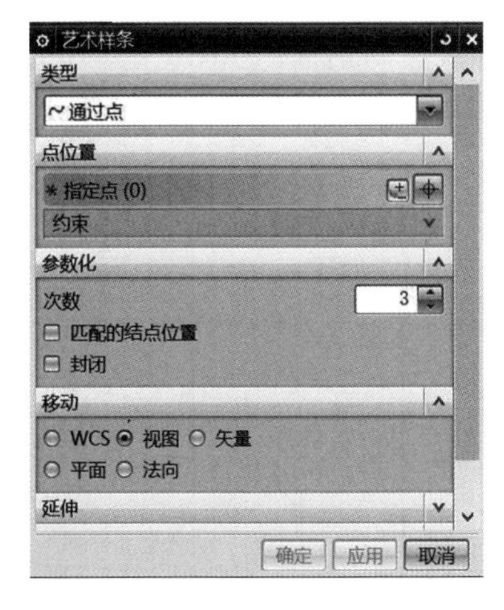

图 1－1－35　“艺术样条”对话框

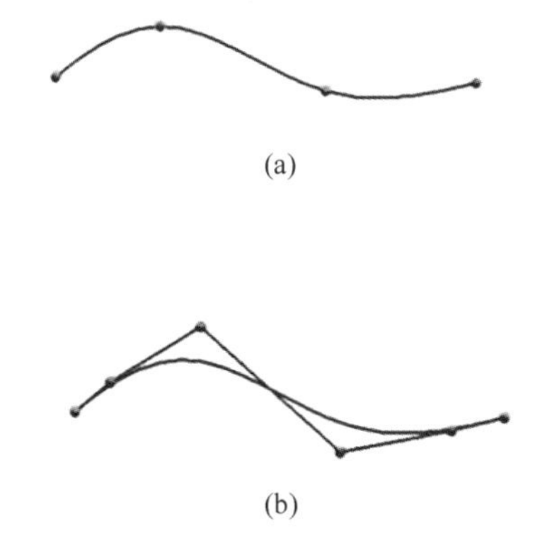

图 1－1－36　创建“艺术样条”两种方式

（a）通过点方式；（b）根据极点方式

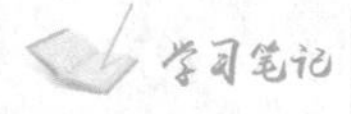

(9) 几个方便快捷的草图画法。

① 快速修剪：快速修剪曲线到自动判断的边界。

任意画线，只要与多余线段相交，则会自动修剪曲线到自动判断的边界，如图 1－1－37 所示。

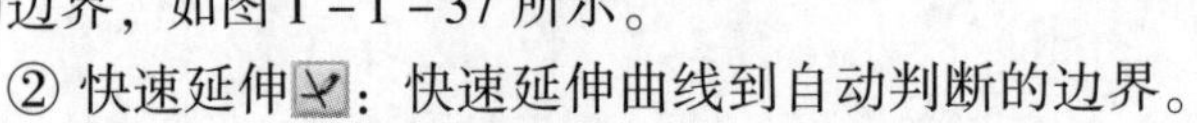

② 快速延伸：快速延伸曲线到自动判断的边界。

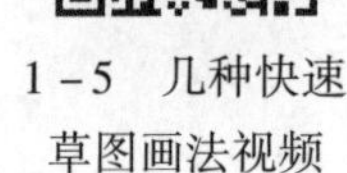

1－5　几种快速草图画法视频

任意画线，则会自动延伸曲线到自动判断的边界，如图 1－1－38 所示。

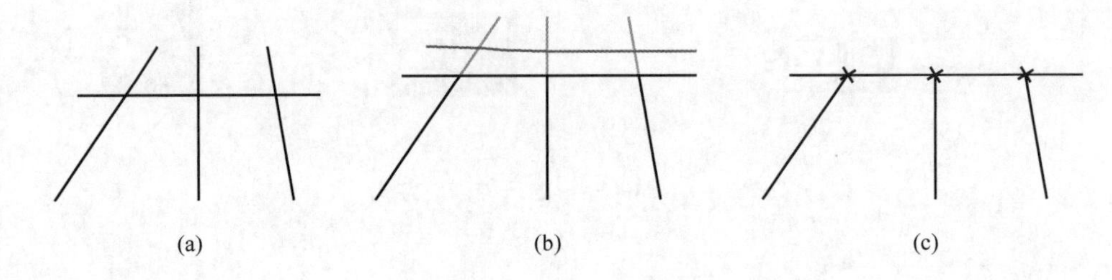

图 1－1－37　快速修剪

(a) 原始曲线；(b) 任意画线；(c) 修剪后结果

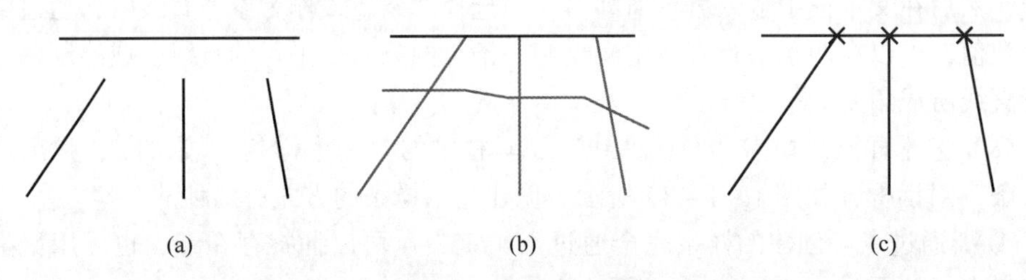

图 1－1－38　快速延伸

(a) 原始曲线；(b) 任意画线；(c) 延伸后结果

(10) 偏置曲线。将草图平面上的曲线、边链沿指定方向偏置一定距离而产生新曲线。单击“偏置曲线”按钮，弹出“偏置曲线”对话框，如图 1－1－39 所示，选择任意一特征线进行偏置，对整个草图进行参数设置，设置完成后单击“确定”按钮，偏置效果如图 1－1－40 所示。

图 1－1－39 “偏置曲线”对话框

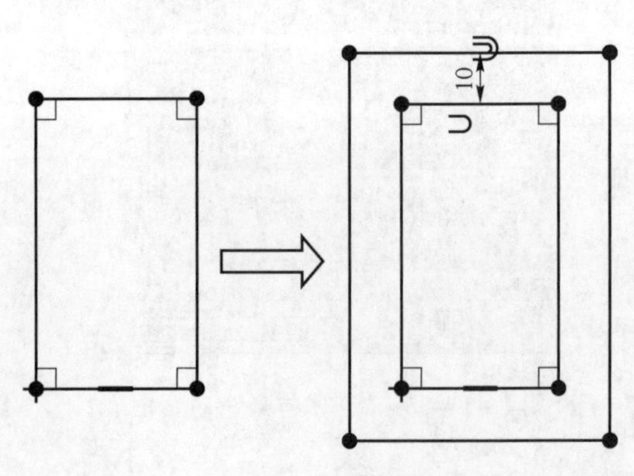

图 1－1－40　偏置曲线效果

"偏置曲线"对话框各选项的说明如下。

①距离：偏置的距离。

②反向：使用相反的偏置方向。

③创建尺寸：勾选此项将创建一个偏置距离的标注尺寸。

④对称偏置：在曲线的两侧都等距离偏置。

⑤副本数：设定等距离偏置的数量。

⑥端盖选项：设定如何处理曲线的拐角。

1-6 偏置曲线视频

学习笔记

(11) 镜像曲线。镜像曲线适用于轴对称图形，单击"镜像曲线"快捷按钮，弹出如图 1-1-41 所示的"镜像曲线"对话框。

要镜像的曲线：曲线必须是当前草图中绘制的曲线。

中心线：可以是当前草图的直线，也可以是已有草图的直线或已有实体的边。

依次单击选择中心线和要镜像的曲线，如图 1-1-42（a）所示，单击"确定"按钮，完成曲线的镜像，如图 1-1-42（b）所示。

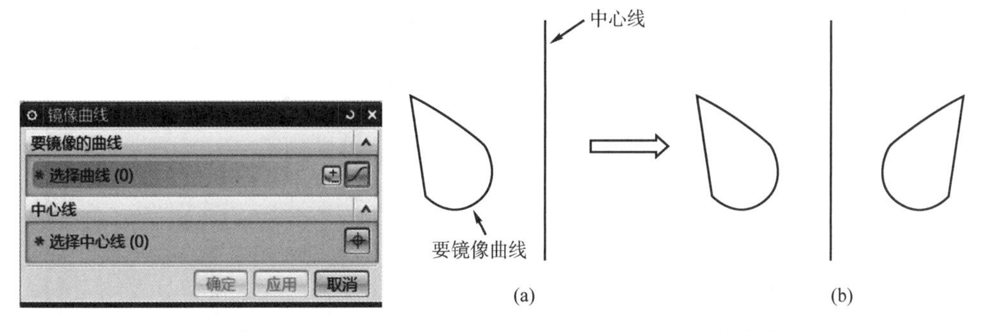

图 1-1-41 "镜像曲线"对话框　　图 1-1-42 镜像曲线

(12) 投影曲线。沿草图平面的法向将草图外部曲线、边或点投影到草图上。点和曲线可以沿着指定矢量方向、与指定矢量成某一角度的方向、指向特定点的方向或面的法向方向进行投影，所有投影曲线均在孔或者面的边界进行修剪。单击"投影曲线"按钮，弹出"投影曲线"对话框，如图 1-1-43 所示。选择如图 1-1-44（a）所示顶面一周棱边，单击"确定"按钮，创建的投影曲线如图 1-44（b）所示。

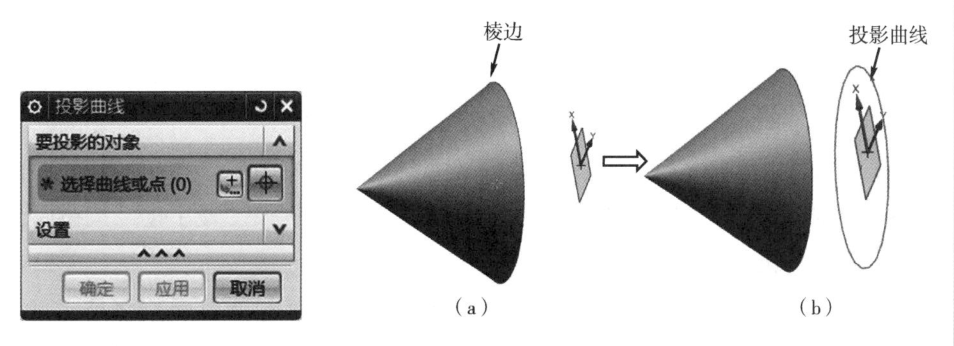

图 1-1-43 "投影曲线"对话框　　图 1-1-44 投影曲线创建

(13) 激活草图。尽管在部件中可能存在很多草图，但每次只能激活一个。只有处于激活状态的草图才能进行编辑。要使草图成为激活的草图，有以下几种方法：

①在“部件导航器”中选中某一草图，单击右键，在弹出的快捷菜单中选择“编辑”选项。

②在“部件导航器”中双击某一草图。

③在建模环境中双击需激活草图上的任一对象。

④进入草图环境，在“草图生成器”中选择需激活的草图名。

注意：建模环境中草图不能被修剪、倒圆，但它可以作为修剪曲线的边界。要编辑草图，需进入该草图中操作。

四、UG NX 12.0 操作界面

选择“开始”→“所有程序”→“Siemens NX 12.0”→“NX 12.0”命令，启动 UG NX 12.0，系统打开 NX 12.0 的初始操作界面，如图 1-1-45 所示。在该界面的窗口中可以查看一些基本概念、交互说明或使用信息等。

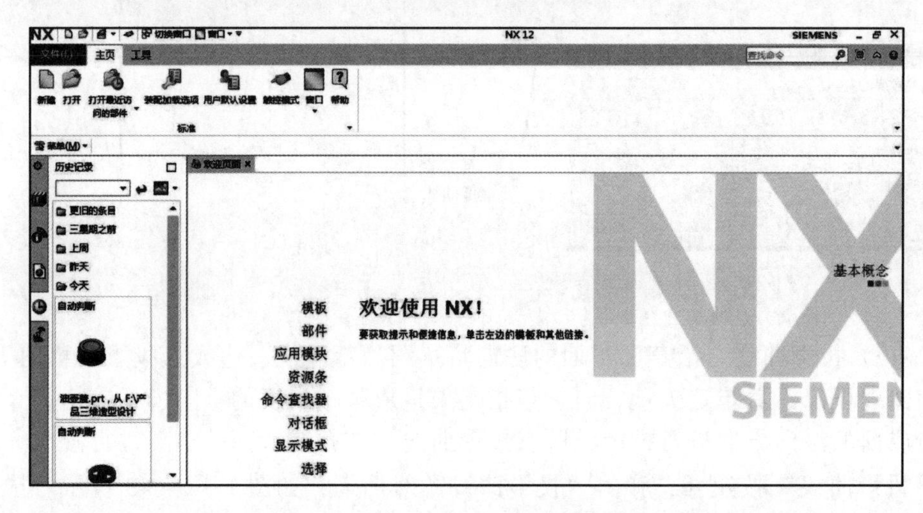

图 1-1-45 NX 12.0 初始操作界面

在功能区“主页”选项卡中单击“新建”按钮，弹出“新建”对话框，在对话框中输入文件名称、文件保存路径，单击“确定”按钮，进入 UG NX 12.0 的主操作界面，如图 1-1-46 所示。工作界面主要由标题栏、菜单栏、功能区、导航器、绘图区、提示栏、状态栏等部分组成。

(1) 标题栏：标题栏显示 UG NX 12.0 版本、当前模块、当前正在操作的部件文件名称。在标题栏的右侧部位，有几个使用工具按钮，例如“最小化”按钮、“最大化”按钮和“关闭”按钮。

(2) 菜单：菜单包含了该软件的主要功能命令，可在菜单中选择所需的命令。菜单由文件、编辑、视图、插入、格式、工具、装配、信息、分析、首选项、窗口、GC 工具箱和帮助共 13 个菜单项组成。

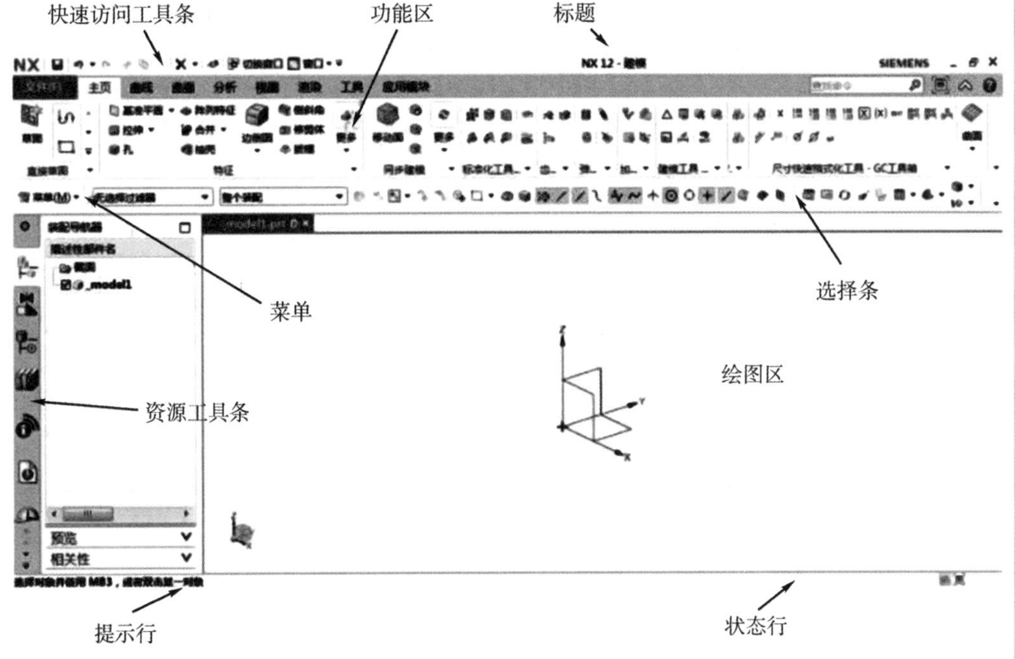

图 1-1-46　NX 12.0 主操作界面

（3）功能区：功能区用于显示 UG NX 12.0 的常用功能，是菜单中相关命令快捷按钮的集合，巧用工具栏上的工具按钮可以提高命令的操作效率。

（4）资源工具条：在资源工具条上包括装配导航器、约束导航器、部件导航器、重用库、HD3D 工具、Web 浏览器、历史记录、Process Studio、加工向导、角色等。在资源工具条上可以很方便地获取所需要的信息。

（5）绘图区：是绘图工作的主区域，在绘图模式中，工作区会显示光标选择球和辅助工具栏，进行建模工作。

（6）提示行：提示行显示了当前选项所要求的提示信息，这些信息会提醒用户所需要进行的下一步操作，有利于用户对具体命令的使用。初学者要特别注意命令提示行的相关信息。

（7）状态行：用于显示当前操作步骤的状态，或当前操作的结果。

五、文件管理基本操作

1. 新建文件

单击“文件”→“新建”按钮，系统弹出“新建”对话框，在“过滤器”选项组的“单位”下拉列表中选择“毫米”“英寸”“全部”中的一项。接着从“模板”列表中选择所需要的模板。在“名称”文本框中输入文件名，在“文件夹”中指定文件放置路径，单击“确定”按钮，如图 1-1-47 所示。

注：UG NX 12.0 版本可以创建中文名的文件，可以打开中文路径中的模型文件。

学习笔记

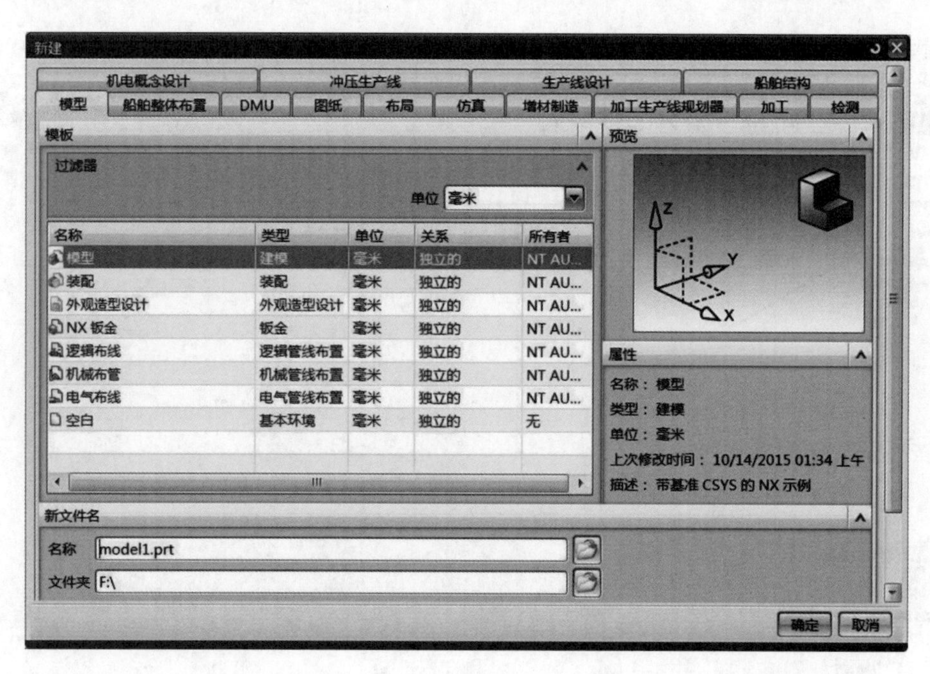

图 1-1-47 “新建”对话框

2. 打开文件

要打开一个已经创建好的文件，可以单击“文件”→“打开”按钮，或单击“快速访问”工具栏中的“打开”按钮，弹出“打开”对话框，如图 1-1-48 所示，选择已保存的部件文件，单击“OK”按钮将其打开，或直接双击打开该部件文件。

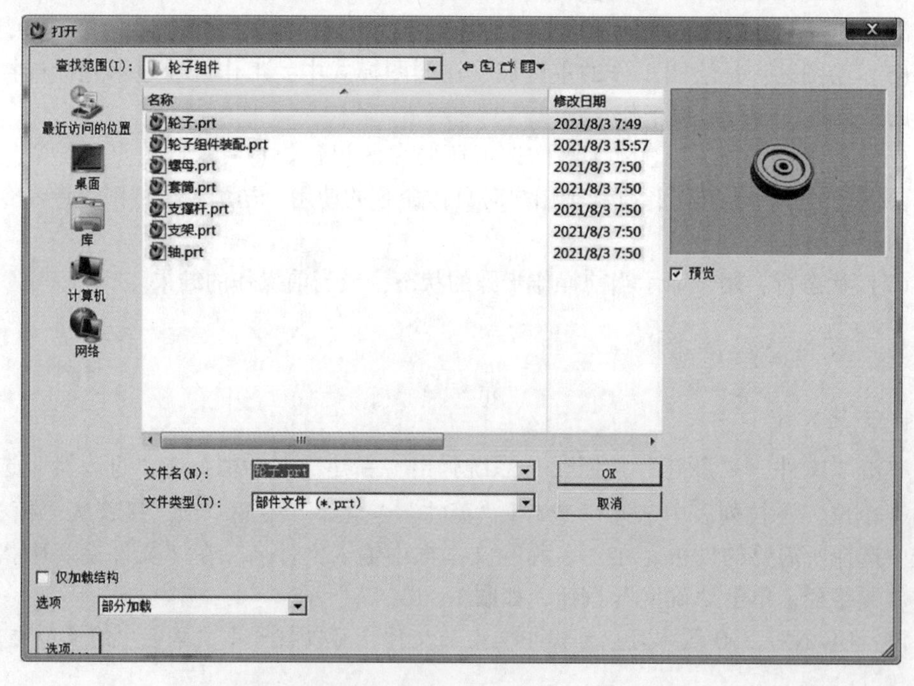

图 1-1-48 “打开”对话框

学习笔记

3. 保存文件

（1）选择“文件”→“保存”→“保存”命令，保存工作部件和任何已经修改的组件。

（2）选择“文件”→“保存”→“另存为”命令，使用其他名称保存此工作部件。

（3）选择“文件”→“保存”→“全部保存”命令，保存所有已经修改的部件和所有的顶级装配部件。

4. 关闭文件

（1）选择“文件”→“关闭”→“选定的部件”命令，通过选择模型部件来关闭。

（2）选择“文件”→“关闭”→“所有文件”命令，关闭程序中所有运行的和非运行的模型文件。

（3）选择“文件”→“关闭”→“保存并关闭”命令，保存并关闭当前正在编辑的文件。

（4）选择“文件”→“关闭”→“另存为并关闭”命令，将当前文件换名保存并关闭。

（5）选择“文件”→“关闭”→“全部保存并关闭”命令，保存并关闭所有文件。

（6）选择“文件”→“关闭”→“全部保存并退出”命令，保存所有文件并退出UG 系统。

另外，单击位于功能区右侧的“关闭”按钮 ☒，也可关闭当前活动的工作部件。

5. 文件的导入和导出

UG NX 12.0 可交换的数据模型很多，这主要是通过“文件”选项卡的“导入”级联菜单和“导出”级联菜单中的命令来完成的。通过 UG NX 12.0 数据交换接口，可以将其他一些设计软件共享数据，以便充分发挥各自设计软件的优势。在 UG NX 12.0 中，可以将其自身的模型数据转换为多种数据格式文件，以被其他设计软件调用，也可以读取其他一些设计软件所生成的特定类型的数据文件。

如果要将现有 NX 12.0 版本的模型文档导出为 NX 或早期 UG 低版本的模型文档，以便在 NX 或早期 UG 低版本中打开并使用该模型数据，那么可以在功能区的“文件”选项卡中选择“导出”→“Parasolid”命令，打开“导出 Parasolid”对话框，在该对话框的“名称”文本框中输入新名称，并从“版本”下拉列表框中选择所需的一个版本，如图 1-1-49 所示，然后单击“确定”按钮即可。

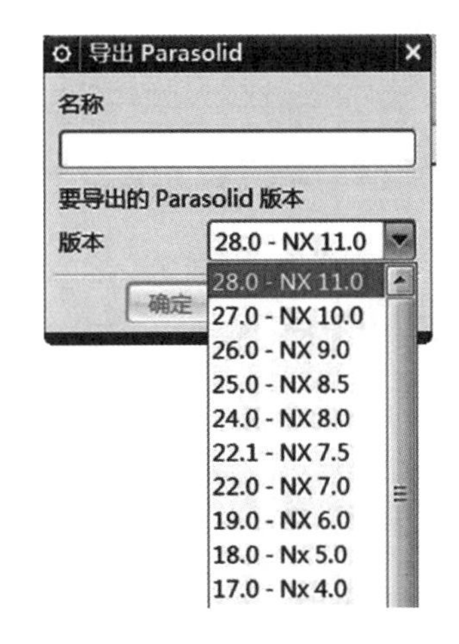

图 1-1-49 “导出 Parasolid”对话框

学有所思

1. 在任务实施过程中，你遇到了哪些障碍？你是如何想办法解决这些困难的？

2. 请你阐述在看到底座草图时，是如何分析并确定绘制步骤的，并准确地说出绘制底座草图的过程中会使用到的命令名称。

拓展训练

绘制如图 1－1－50 所示的三个草图。

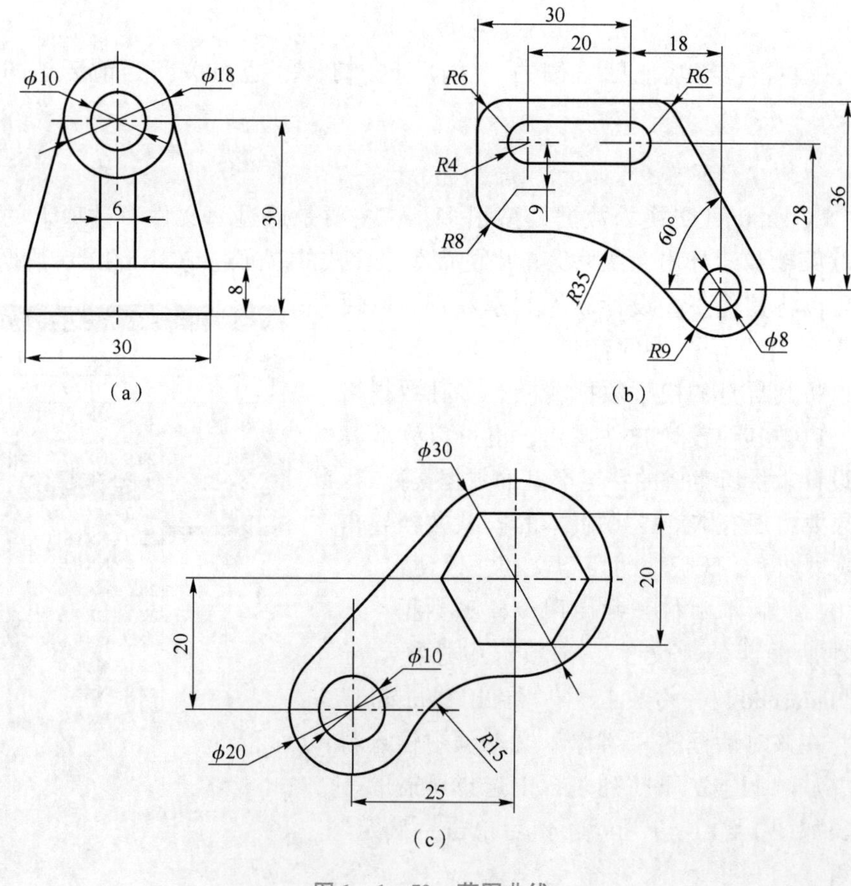

图 1－1－50　草图曲线

任务二　卡盘草图的绘制

学习目标

【技能目标】

1. 会利用 UG 12.0 软件绘制模具零件二维草图。
2. 会利用 UG 12.0 中草图的约束绘制二维草图。

【知识目标】

1. 了解 UG 12.0 草图工作平面。
2. 掌握 UG 12.0 草图曲线绘制。
3. 掌握 UG 12.0 草图编辑。

【态度目标】

1. 勤于反思，勇于探究。
2. 树立规矩意识、责任意识。

工作任务

草图是实体模型相关联的一组二维轮廓的曲线集合。使用 NX 12.0 可以建立各种基本曲线，并对曲线添加约束，最终用来创建拉伸或者旋转等扫掠特征，也可用来创建复杂曲面。当需要对三维轮廓进行统一的参数化控制时，一般要创建草图（先创建一个大致形状），最终通过约束添加达到设计要求。完成如图 1－2－1 所示卡盘草图的绘制。

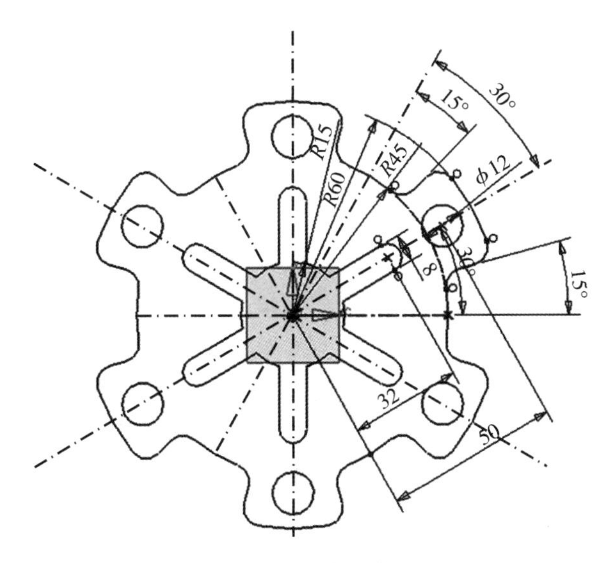

图 1－2－1　卡盘草图线

学习笔记

AR资源

任务实施

1-7 卡盘草图绘制视频

步骤 1. 建立新文件

启动 UG，选择菜单栏中“文件”→“新建”命令，打开“新建”对话框，在对话框的“名称”文本框中输入文件名“卡盘”，单击“确定”按钮。选择“菜单”→“插入”→“在任务环境中草图”命令，进入草绘环境，弹出“创建草图”对话框，单击“确定”按钮。

步骤 2. 绘制参考线

单击“曲线”组中的“直线”按钮，绘制 3 条直线，第一条直线的第一点坐标（0，0），长度 80 mm，角度 0°；第二条直线的第一点坐标（0，0），长度 80 mm，角度 30°；第三条直线的第一点坐标（0，0），长度 80 mm，角度 60°，如图 1－2－2 所示。单击“约束”组中的“转换至/自参考”按钮，将三条直线转化为参考线。单击“圆弧”按钮，选择“中心和端点定圆弧”按钮，以（0，0）为圆心、15 为半径绘制圆弧，角度 60°，如图 1－2－3 所示。

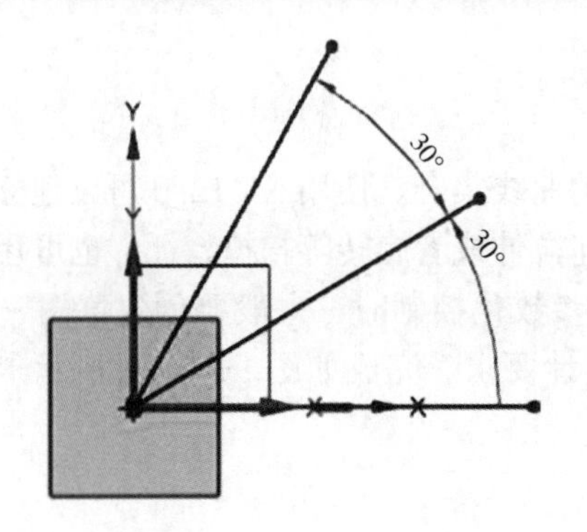

图 1－2－2　绘制参考线

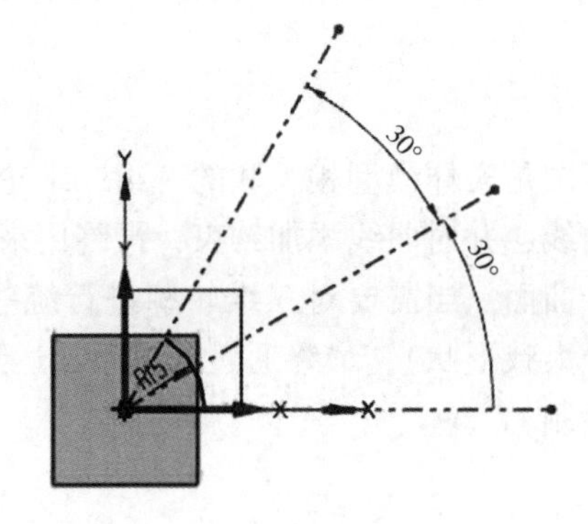

图 1－2－3　绘制圆弧

图 1－2－4　中心线偏置

步骤 3. 偏置直线

单击“派生直线”按钮，选择中心线 1，上、下分别偏置 4 mm，如图 1－2－4 所示。

步骤 4. 创建圆

单击“圆”按钮，圆心在直线 1 上，绘制直径为 ϕ8 mm 的圆。单击“快速尺寸”按钮添加约束条件，弹出“快速尺寸”对话框，如图 1－2－5 所示，在参考栏中“选择第一个对象”为坐标原点，“选择第二个对象”为创建圆的圆心，设定圆心到坐标原点的距离为 32 mm，如图 1－2－6 所示。

图 1-2-5 “快速尺寸”对话框

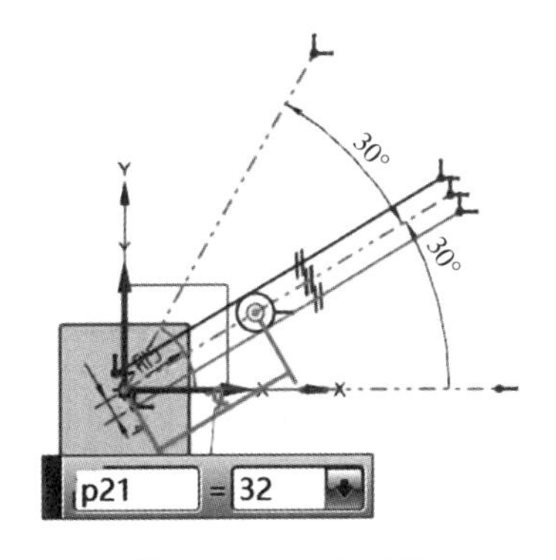

图 1-2-6 创建圆

学习笔记

步骤 5. 修剪曲线

单击“快速修剪”按钮，修剪多余的曲线，如图 1-2-7 所示。

步骤 6. 绘制圆弧

单击“圆弧”按钮，选择“中心和端点定圆弧”按钮，以（0，0）为圆心、45 mm 和 60 mm 为半径绘制圆弧，角度 60°，如图 1-2-8 所示。

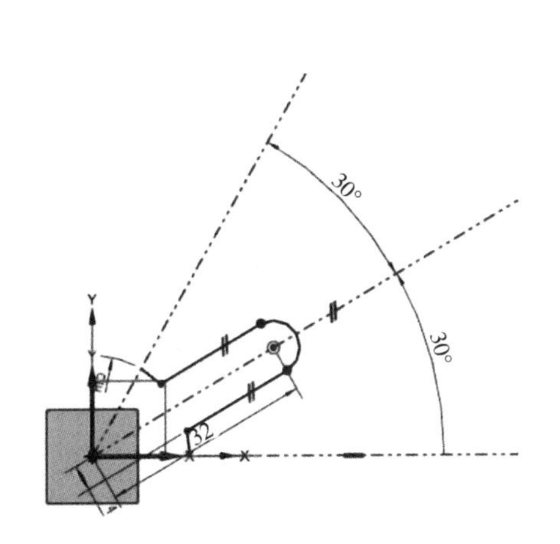

图 1-2-7 修剪后图形

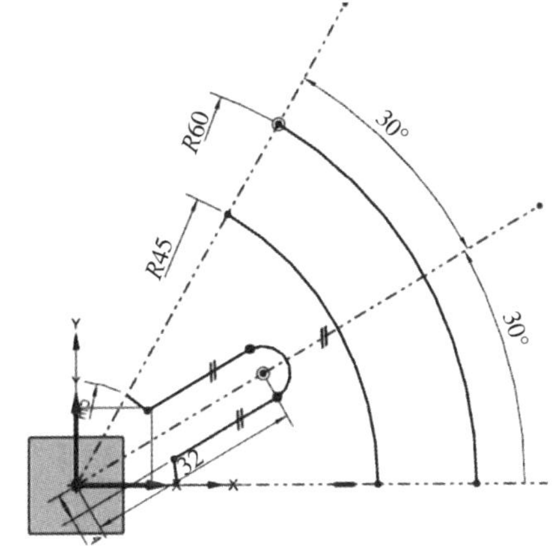

图 1-2-8 绘制圆弧

步骤 7. 绘制直线

单击“直线”按钮，第一条直线的第一点坐标（0，0），第二点的长度 80 mm，角度 15°；第二条直线的第一点坐标（0，0），第二点的长度 80 mm，角度 45°，如图 1-2-9 所示。

步骤 8. 倒圆角

单击“角焊”按钮，半径输入“5”，在“圆角方法”中选择“取消修剪”按钮，半径输入“5”，如图 1-2-10 所示。

学习笔记

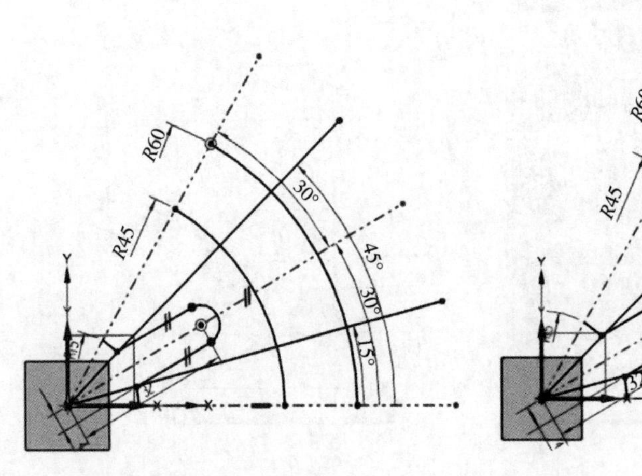

图 1－2－9　绘制直线

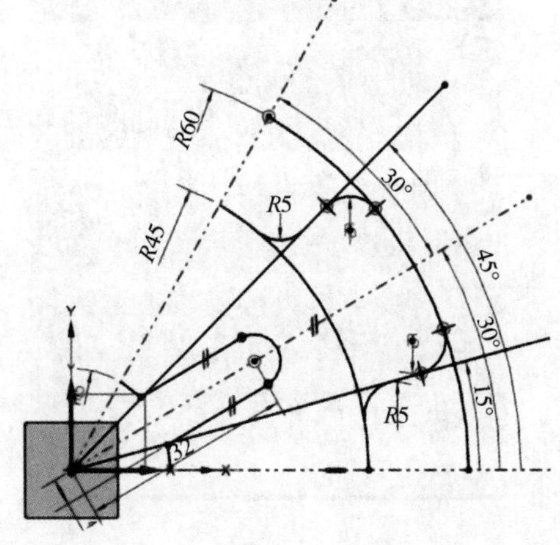

图 1－2－10　倒圆角

步骤 9. 修剪曲线

单击“快速修剪”按钮，修剪多余的曲线，如图 1－2－11 所示。

步骤 10. 创建圆

单击“圆”按钮，圆心落在中心线上，创建直径为 12 mm 的圆，单击“快速尺寸”按钮，添加约束条件，弹出“快速尺寸”对话框，在参考栏中“选择第一个对象”为坐标原点，“选择第二个对象”为创建圆的圆心，设定圆心到坐标原点的距离为 50 mm，如图 1－2－12 所示。

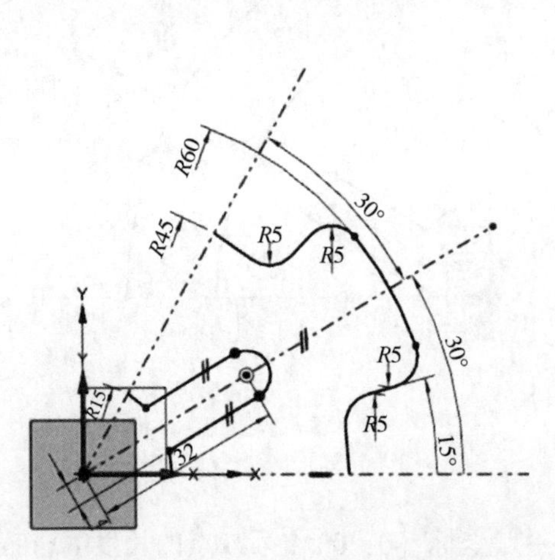

图 1－2－11　修剪后草图

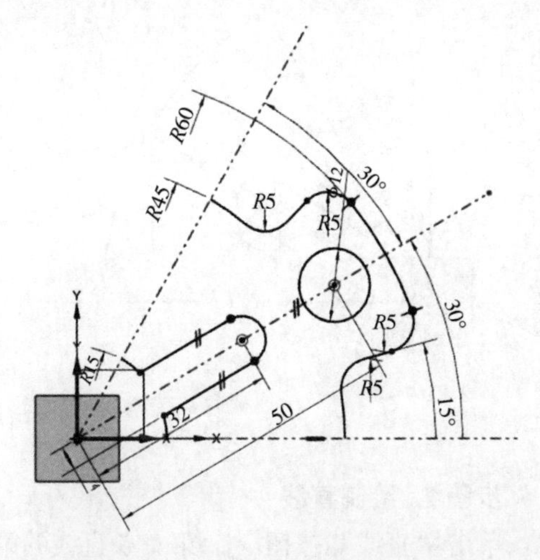

图 1－2－12　创建直径 12 mm 圆

步骤 11. 镜像曲线

单击“编辑”→“显示和隐藏”→“显示和隐藏”按钮，将 PMI 对象隐藏。隐藏尺寸线后，单击按钮，弹出“镜像曲线”对话框，如图 1－2－13 所示，选择参考线 2 为镜像中心线，选择全部草图曲线为要镜像的曲线，单击“应用”按钮，草图曲线镜像结果如图 1－2－13 所示。以参考线 3 为镜像中心线进行第二次镜像草图，草图曲线镜像结果如图 1 –2 –14 所示。同理，以 X 轴为镜像中心线进行第三次镜像草图，草图曲线镜像结果如图 1 –2 –15 所示。单击“完成草图”按钮 完成草图，完成草图绘制。

学习笔记

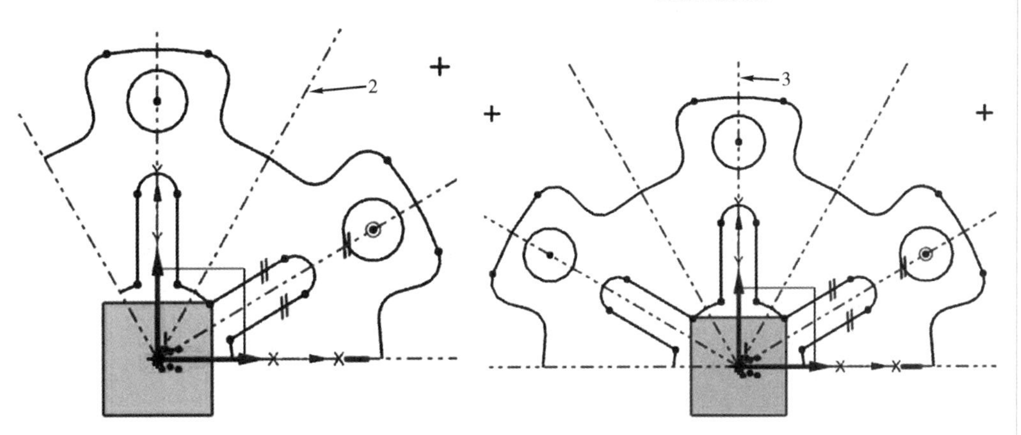

图 1 –2 –13　第一次镜像草图　　图 1 –2 –14　第二次镜像草图

步骤 12. 隐藏不要显示的对象

单击“编辑”→“显示和隐藏”→“显示和隐藏”按钮，弹出“显示和隐藏”对话框，单击“坐标系”后面“ – ”按钮，隐藏基准坐标系，效果如图 1 –2 –16 所示。

步骤 13. 保存文件

单击菜单栏中“文件”→“保存”按钮，保存所绘草图。

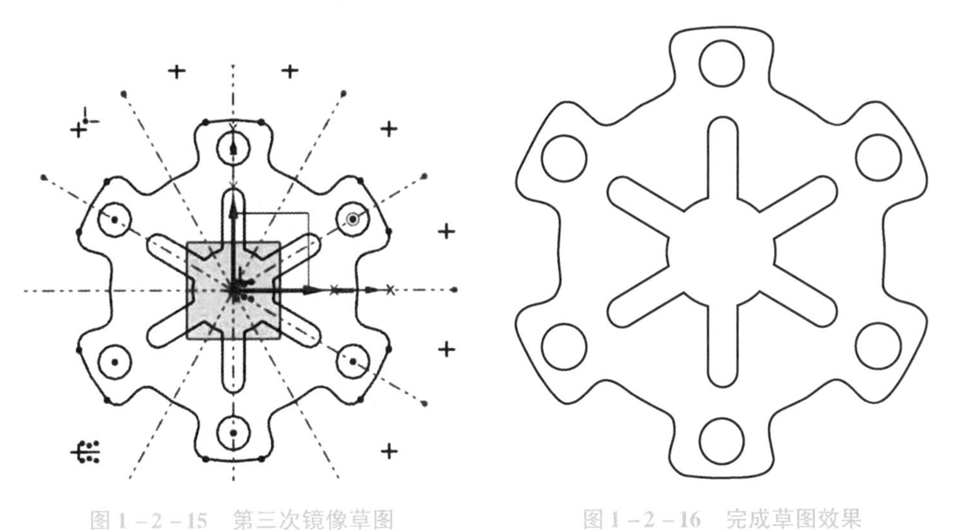

图 1 –2 –15　第三次镜像草图　　图 1 –2 –16　完成草图效果

相关知识

一、草图约束

建立草图对象后，需要对草图对象进行必要的约束。草图约束将限制草图形状和大小，约束有两种类型：几何约束和尺寸约束。

学习笔记

几何约束就是对线条之间施加平行、垂直和相切等约束，充分固定线条之间的相对位置，用于限制对象的形状；尺寸约束用来控制草图对象之间的尺寸大小，如水平、垂直、平行等。一般先添加几何约束以确定草图的形状，再添加尺寸约束以精确控制草图的尺寸大小。

1. 几何约束

几何约束建立起草图对象的几何特性（如要求某一直线具有固定长度）或是两个或更多草图对象间的关系类型（如要求两条直线垂直或平行，或是几个弧具有相同的半径）。单击“约束”按钮，弹出“几何约束”对话框，如图1－2－17 所示。

图1－2－17 “几何约束”对话框

1－8 几何约束视频

在 UG 系统中，几何约束的种类是多种多样的，对于不同的草图对象可以添加不同的几何约束类型，常用的有以下几种：

水平：该类型定义直线为水平直线（平行于工作坐标的 *XC* 轴）。

竖直：该类型定义直线为垂直直线（平行于工作坐标的 *YC* 轴）。

固定：该类型是将草图对象固定在某个位置上。不同的几何对象有不同的固定方法，点一般固定其所在的位置；线一般固定其方向或端点：圆或椭圆一般固定其圆心；圆弧一般固定其圆心或端点。

平行：该类型定义两条曲线相互平行。

垂直：该类型定义两条曲线彼此垂直。

等长：该类型定义选取的两条或多条曲线等长。

重合：该类型定义两个点或多个点重合。

共线：该类型定义两条或多条直线共线。

点在曲线上：该类型定义选取的点在某曲线上。

同心：该类型定义两个或多个圆弧或椭圆弧的圆心相互重合。

相切：该类型定义选取的两个对象相切。

等半径：该类型定义选取的两个或多个圆弧等半径。

几何约束在图形区是可见的。通过激活“显示所有约束”按钮，你可以看到所有几何约束，关闭“显示所有约束”，可以使几何约束显示不可见。你也可以使用“显示/移除约束”命令，在图形窗口中显示与选择的草图几何体相关的几何约束，或移去指定的约束；也可以在信息窗口中列出关于所有几何约束的信息。

学习笔记

2. 尺寸约束

尺寸约束的功能是限制草图的大小和形状。在 UG 系统中，尺寸约束的类型有以下几种：

1－9 尺寸约束视频

（1）快速尺寸：选择该方式时，系统根据所选择草图对象的类型和光标与所选对象的相对位置，采用相应的标注方法。当选择水平线时，采用水平尺寸标注方式；当选择垂直线时，采用竖直尺寸标注方式；当选择斜线时，则根据鼠标位置按水平、竖直或者平行方式标注；当选择圆弧时，则采用半径标注方式；当选择圆时，则采用直径标注方式。

（2）水平：选择该方式时，系统对所选择的对象进行水平方向的尺寸标注。在绘图区中选取一个对象或不同对象的两个点，则用两点的连线在水平方向的投影长度进行尺寸标注。

（3）创建圆形对象的半径或直径约束：选择该方式时，系统会对所选择的圆弧对象进行尺寸约束。标注该类尺寸时，先选取一圆弧直线，则系统直接标注圆弧的直径尺寸。在标注尺寸时所选择的圆弧和圆，必须在草图模式中进行。

（4）成角度：选择该方式时，系统对所选择的两条直线进行角度尺寸约束。标注该类尺寸时一般在远离直线交点的位置选择两直线，则系统会标注这两条直线之间的角度。

（5）周长：选择该方式时，系统对所选择的多个对象进行周长的尺寸约束。标注该类尺寸时，选取一段或者多段曲线，则系统会标注这些曲线的长度。

二、约束操作

1. 自动约束

当将几何体添加到激活的草图，或者几何体是由其他 CAD 系统导入时，往往对这些加入的几何体在所定义公差范围内进行"自动创建约束"，对话框如图 1－2－18 所示。

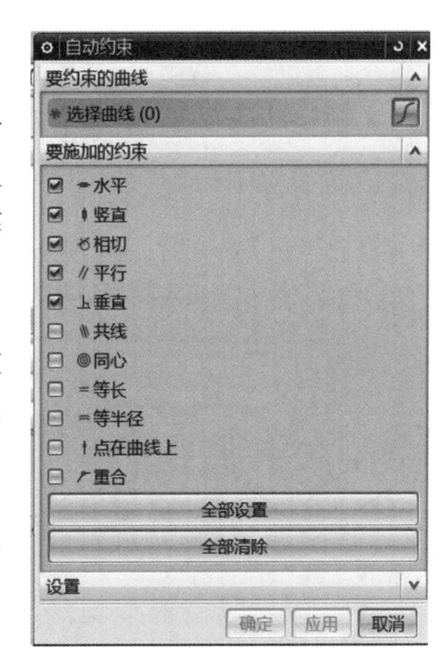

图 1－2－18 自动创建约束对话框

2. 自动判断约束和尺寸

在创建草图对象的过程中，自动判断约束中已打开的选项能辅助我们及时地完成平行、垂直等约束条件的添加，可加快作图过程。

3. 显示所有约束

打开该选项可以显示当前"激活"草图中的所有约束，关闭则不显示。

4. 显示/删除约束

该选项可以显示与所选草图几何体相关的

几何约束，还可以删除指定的约束，或列出有关所有几何约束的信息。

5. 备选解

当一个约束作用，有多于一个的求解可能时，可从一种求解改变到另一种求解。下面以两个示例来说明此选项的用法。

如图 1-2-19 所示，当将两个圆约束为相切时，同一选择如何产生两个不同的解，且两个解都是合法的，而备选解可以用于指定所需的解。

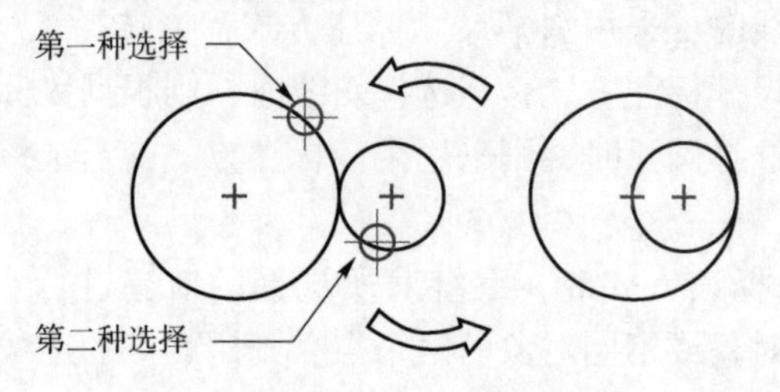

图 1-2-19　两圆相切的解法

如图 1-2-20 所示，显示如何将这一功能应用到尺寸约束上，以便从一个可能的解更换为另一个。尺寸约束 p4 对于任一解都是一个合法的约束。

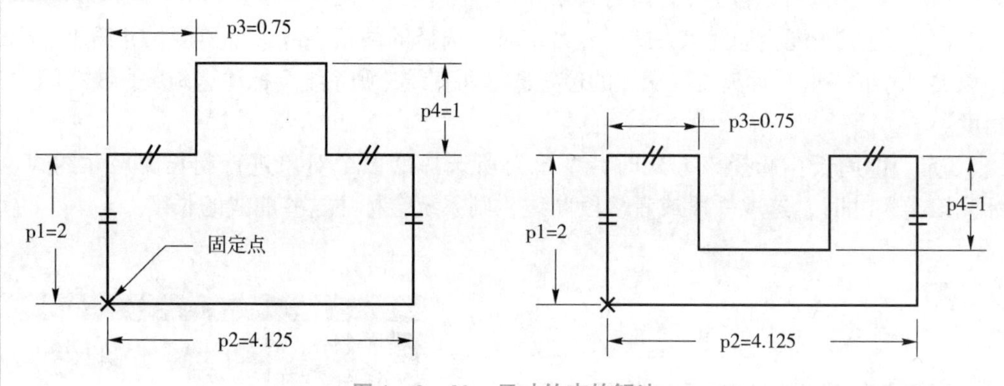

图 1-2-20　尺寸约束的解法

6. 定位草图

对于已经完成的草图，通常通过定位方式来约束草图位置或改变草图平面。

(1) 定位尺寸：该选项可以将整个草图作为相对于已有几何体（边、基准平面和基准轴）的刚性体加以定位。

(2) 重新附着：可以将草图附着到不同的平面或基准平面，而不是它最初生成时的面，如图 1-2-21 所示。

注意：在重新附着时，如果草图与外部几何体之间存在尺寸约束或几何约束，则先应该删除，否则容易出错。

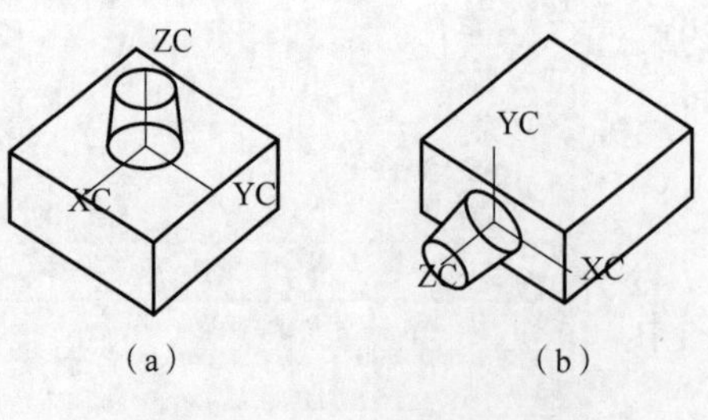

图 1-2-21　重新附着示例

(a) 原始草图模式平面；(b) 重新附着草图平面

学习笔记

7. 草图创建技巧

（1）每个草图尽可能简单，可以将一个复杂草图分解为若干个简单草图。

目的：便于约束。

（2）每一个草图置于单独的层（Layer）里。

目的：便于管理（Layer 21 ~40）。

（3）给每一个草图赋予合适的名称。

目的：便于管理。

（4）对于比较复杂的草图，最好避免"构造完所有的曲线，然后再加约束"，这会增加全约束的难度。一般的过程为：

①创建第一条主要曲线，然后施加约束，同时修改尺寸至设计值；

②按设计意图创建其他曲线，但每创建一条或几条曲线，应随之施加约束，同时修改尺寸至设计值。这种创建几条曲线然后施加约束的过程，可减少过约束、约束矛盾等错误。

（5）施加约束的一般次序。

①定位主要曲线至外部几何体；

②按设计意图施加大量几何约束；

③施加少量尺寸约束（表达设计关键尺寸）。

（6）一般不用修剪操作，而是用线串方法或用重合、点在曲线上等约束。

（7）一般情况下圆角和斜角不在草图里生成，而用特征操作来生成。

8. 草图环境首选项

草图环境首选项可以更改标注尺寸时的文本高度、尺寸数值的表达方式，以及草图图素的颜色。选择"菜单"→"首选项"→"草图"命令，弹出"草图首选项"对话框，如图 1-2-22 所示。"草图首选项"对话框中"草图样式"选项卡相关参数的含义如下。

（1）尺寸标签。显示尺寸标注的样式，如图 1-2-23 所示。

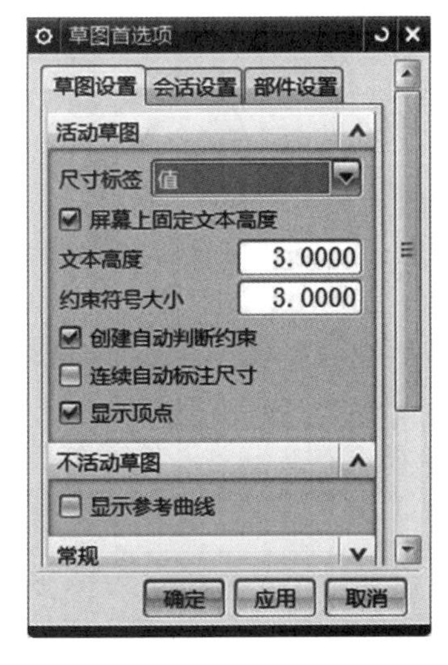

图 1-2-22 "草图首选项"对话框

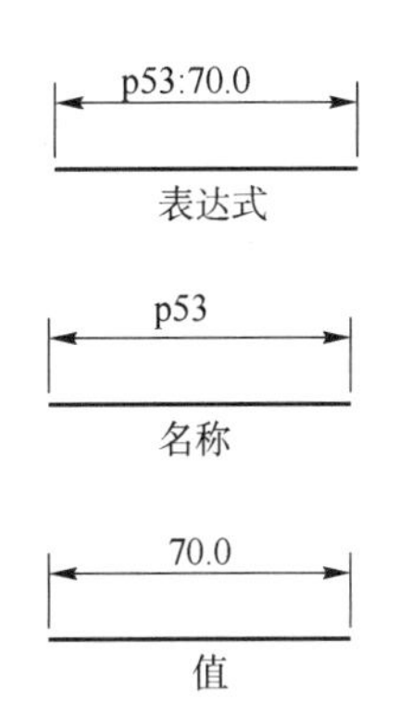

图 1-2-23 尺寸标注的样式

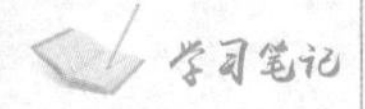

表达式：以表达式的形式来表达尺寸值，包括变量名称和尺寸数值。

名称：仅显示尺寸变量名称。

值：仅显示尺寸数值。

（2）文本高度。标注尺寸的文本高度。

（3）创建自动判断的约束。在进行草图绘制前，可以预先设置相应的约束类型。在绘制草图时，系统可自动判断相应的位置进行绘制，有效地提高草图绘制的速度。

学有所思

1. 请分析卡盘草图的绘制思路，并熟练使用约束条件绘制草图。

2. 通过草图绘制学习，你认为提高绘制草图效率要注意哪些问题？

拓展训练

绘制如图 1－2－24 所示的两个草图。

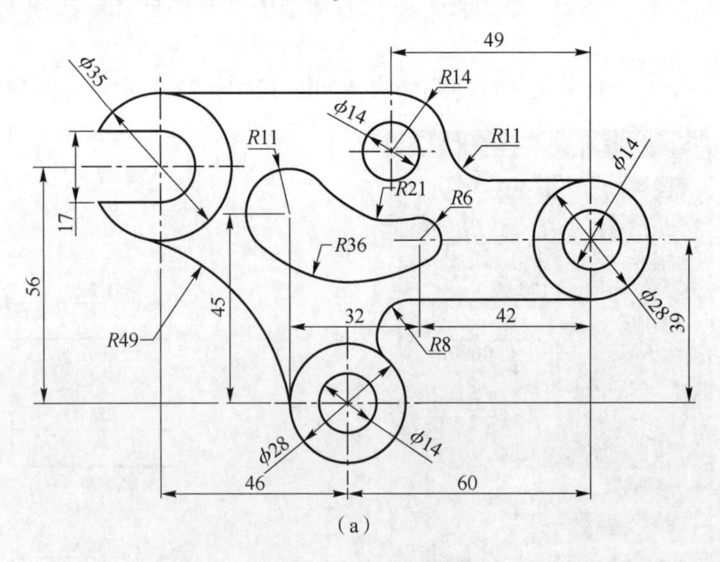

（a）

图 1－2－24　草图绘制

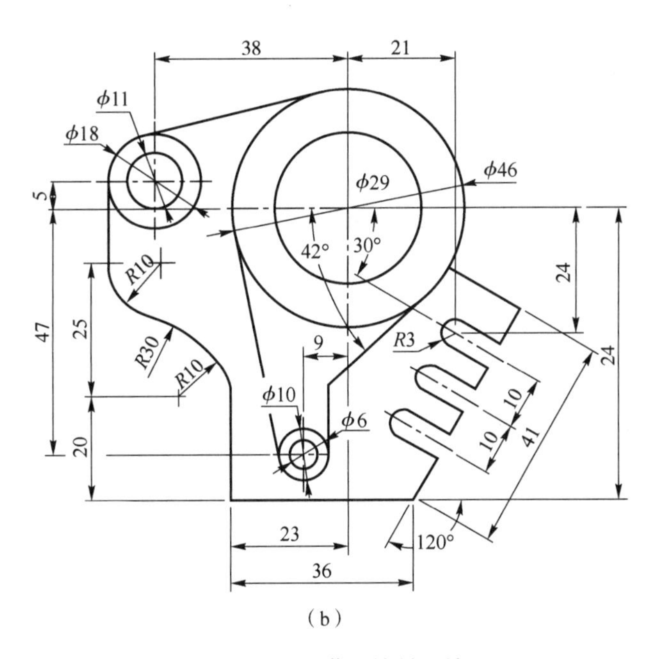

（b）

图 1-2-24　草图绘制（续）

学习笔记

项目二　带轮、油壶盖、箱体零件三维模型的创建

任务一　油壶盖及带轮三维模型设计

学习目标

【技能目标】

1. 能正确绘制带轮和油壶盖三维模型。
2. 会正确使用 UG 12.0 常用三维建模命令。

【知识目标】

1. 掌握“基准”，“设计特征”和“关联复制”命令。
2. 掌握模型编辑命令。

【态度目标】

1. 培养团结协作精神、集体观念。
2. 培养责任意识，养成工匠精神。

工作任务

根据提供的油壶盖和带轮尺寸参数，如图 2-1-1 和图 2-1-2 所示，能正确分析产品的结构特点和技术要求并选择合理的造型方法，完成产品三维模型的创建。

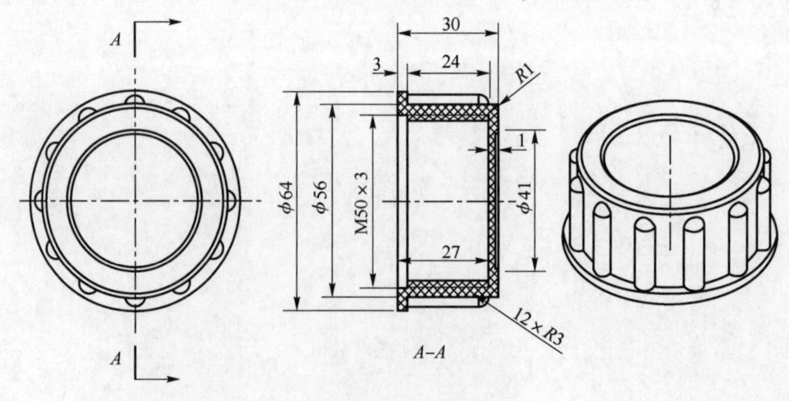

图 2-1-1　油壶盖

学习笔记

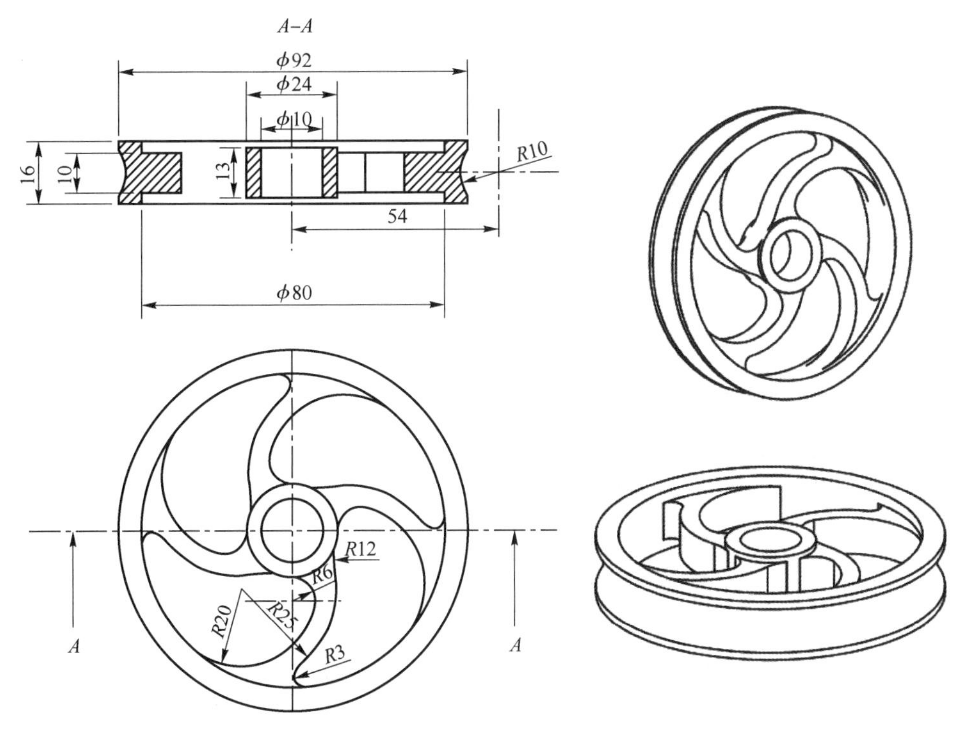

图 2－1－2　带轮

一、油壶盖三维建模

2－1　油壶盖三维建模

建模思路：如图 2－1－1 所示，油壶盖外形可用圆柱体命令创建，内部空腔与螺纹可用圆柱体和螺纹命令创建，加强筋部分可用圆柱体、球体、布尔运算、圆形列阵命令创建，顶部细节特征用边倒圆和倒斜角命令完成。

步骤 1. 建立新文件

启动 UG 12.0 软件，单击“文件”→“新建”按钮，弹出“新建”对话框，单位选择“毫米”，在文件“名称”文本框中输入“油壶盖”，选择文件存盘的位置，单击“确定”按钮，进入建模模块。

步骤 2. 建立圆柱体

单击“菜单”→“插入”→“设计特征”→“圆柱”按钮，弹出“圆柱”对话框：“类型”选择“轴、直径和高度”选项；在“指定矢量”中选择 ZC；在“指定点”中单击“点”对话框按钮，弹出“点”对话框，单击“确定”按钮，返回“圆柱”对话框；在其中“直径”文本框中输入“56”，“高度”文本框中输入“30”，如图 2－1－3 所示。单击“应用”按钮，生成“圆柱”特征，如图 2－1－4 所示。

学习笔记

保持默认"指定矢量"为ZC方向，在"指定点"单击"点"对话框中按钮，保持默认的（0，0，0）作为圆柱底面圆心的坐标。单击"确定"按钮，返回"圆柱"对话框，在其中将圆柱直径设为"64"，圆柱高度设为"3"，在"布尔"下拉列表中选择"合并"选项，如图2-1-5所示。单击"应用"按钮，生成"圆柱"特征，效果如图2-1-6所示。

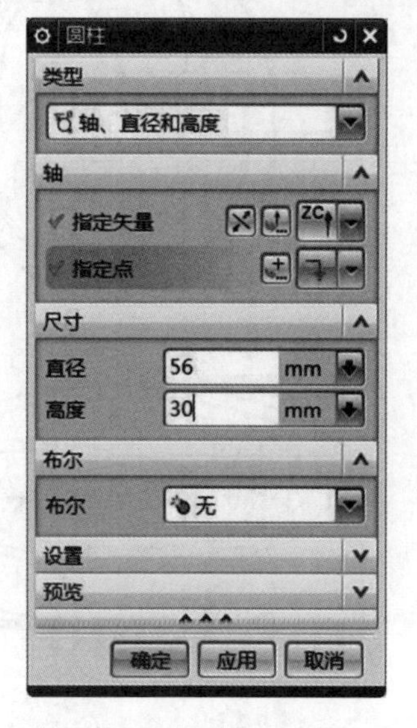

图2-1-3　设置圆柱参数（一）　图2-1-4　生成的"圆柱"特征（一）

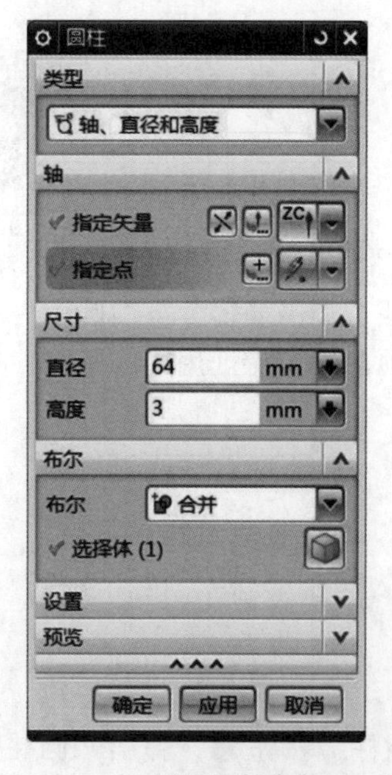

图2-1-5　设置圆柱参数（二）　图2-1-6　生成的"圆柱"特征（二）

保持默认的ZC矢量方向，弹出"点"对话框按钮，在弹出的"点"对话框"参考"下拉列表中选择"WCS"选项，在坐标文本框中输入（28，0，0）作为圆柱底面圆心的坐标，如图2-1-7所示，单击"确定"按钮，返回"圆柱"对话框，在其中将圆柱直径设为“6”、圆柱高度设为“24”，在“布尔”下拉列表中选择“合并”选项，单击“确定”按钮，效果如图 2－1－8 所示。

学习笔记

图 2－1－7　“点”对话框

图 2－1－8　直径 ϕ6 mm、高 24 mm 的“圆柱”

步骤 3. 建立球体

单击“菜单”→“插入”→“设计特征”→“球”按钮，弹出“球”对话框，在“类型”下拉列表中选择“圆弧”选项，如图 2－1－9 所示。选择球，单击如图 2－1－10 所示圆弧，在“布尔”下拉列表中选择“合并”选项，单击“确定”按钮，形成球体，如图 2－1－11 所示。

图 2－1－9　“球”对话框

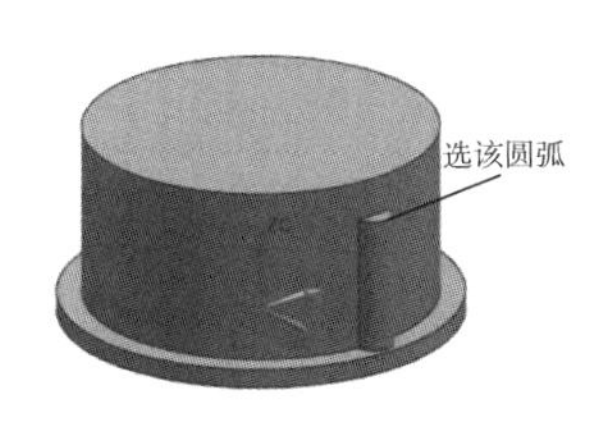

图 2－1－10　选择圆弧

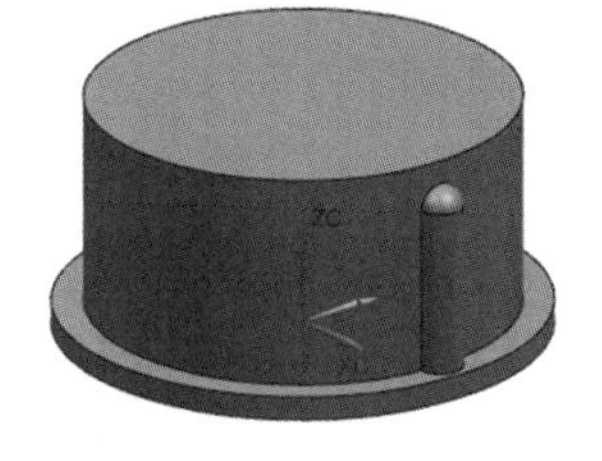

图 2－1－11　创建球体效果

步骤 4. 圆形阵列

单击“菜单”→“插入”→“关联复制”→“列阵特征”按钮，弹出“列阵特征”对话框，如图 2－1－12 所示：在“布局”下拉列表中选择“圆形”选项；在“指定矢量”中选择方向 ZC 选项；在“指定点”中单击“点”对话框按钮，弹出“点”对话框，单击“确定”按钮，返回“列阵特征”对话框；在“数量”文本框中输入“12”，在“节距角”文本框中输入“30”；选择直径为 $S\phi6$ mm 的球体

学习笔记

和直径为 ϕ6 mm、高为 24 mm 的圆柱，如图 2-1-13 所示。单击“确定”按钮，圆形列阵效果如图 2-1-14 所示。

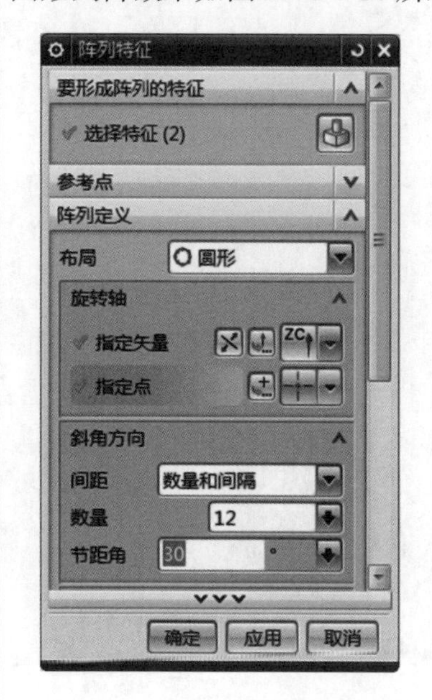

图 2-1-12 “列阵特征”对话框

图 2-1-13 选择球和圆柱

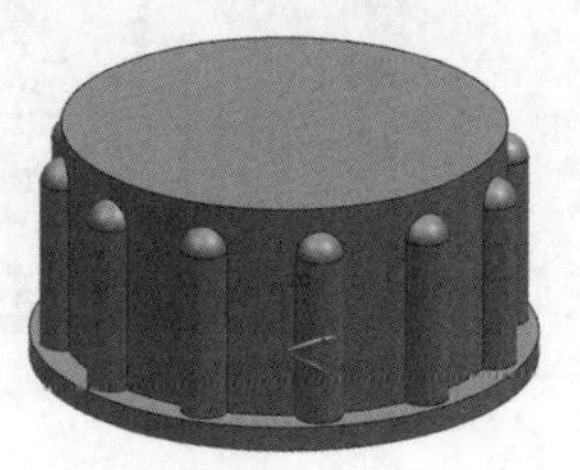

图 2-1-14 圆形列阵效果

步骤 5. 创建腔体部分特征

单击“菜单”→“插入”→“设计特征”→“圆柱”按钮，弹出“圆柱”对话框：“类型”选择“轴、直径和高度”选项；在“指定矢量”中选择 ZC；在“指定点”中单击“点对话框”按钮，弹出“点”对话框，单击“确定”按钮，返回“圆柱”对话框；在“直径”文本框中输入“50”，“高度”文本框中输入“3”；在“布尔”下拉列表中选择“减去”选项，单击“应用”按钮，生成“圆柱”特征，如图 2-1-15 所示。

同理，在同一位置创建直径为 ϕ46.7 mm、高度为 24 mm 的圆柱，单击“应用”按钮，效果如图 2-1-16 所示。再创建一个直径为 ϕ39 mm、高度为 1 mm 的圆：在“指定矢量”中选择 -ZC 选项；在“指定点”中捕捉油壶盖上表面圆心（见图 2-1-17）；在“布尔”下拉列表中选择“减去”选项，单击“确定”按钮，效果如图 2-1-18 所示。

图 2-1-15 创建直径为 ϕ50 mm、高度为 3 mm 圆柱效果

图 2-1-16 创建直径为 ϕ46.7 mm、高度为 24 mm 的圆柱效果

学习笔记

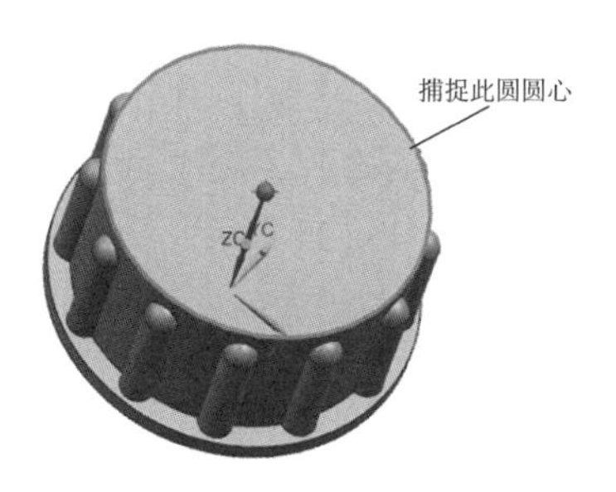

图 2-1-17 捕捉直径为 ϕ39 mm、高度为 1 mm 圆柱圆心

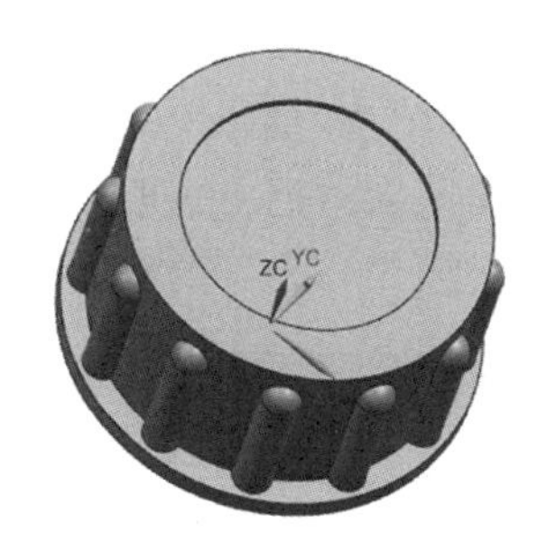

图 2-1-18 创建直径为 ϕ39 mm、高度 1 mm 圆柱后效果

步骤 6. 攻螺纹

单击“菜单”→“插入”→“设计特征”→“螺纹”按钮，弹出“螺纹切削”对话框，在“螺纹类型”中选择“详细”选项，选择直径为 ϕ46.7 mm 腔体的内表面，如图 2-1-19 所示，在“螺纹切削”对话框“大径”中输入“50”，“长度”输入“24”，“螺距”输入“3”，如图 2-1-20 所示，单击“确定”按钮，形成内螺纹，如图 2-1-21 所示。

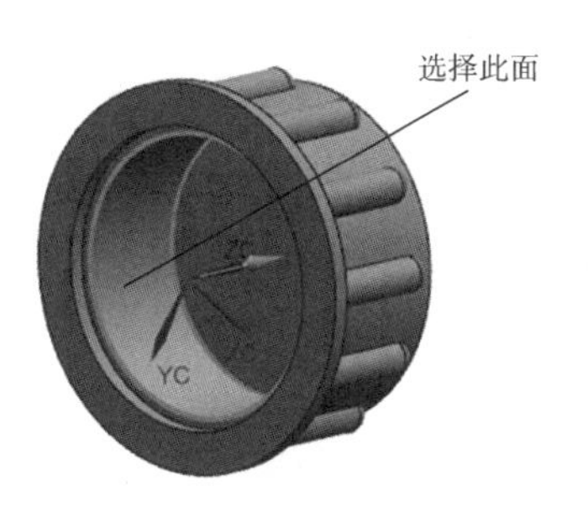

图 2-1-19 选取腔体内表面

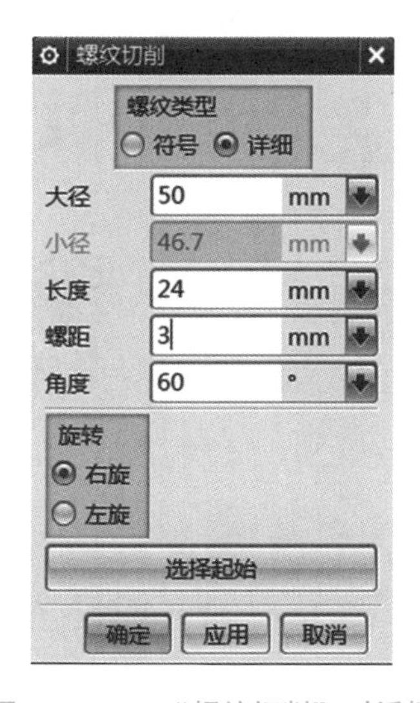

图 2-1-20 “螺纹切削”对话框

图 2-1-21 内螺纹效果

步骤 7. 倒圆角

单击“菜单”→“插入”→“细节特征”→“边倒圆”按钮，弹出如图 2-1-22 所示“边倒圆”对话框，选取要倒角的直径为 ϕ56 mm 的边，在“半径 1”文本框中输入“1”，单击“确定”按钮，完成倒圆角，如图 2-1-23 所示。

步骤8. 倒斜角

单击“菜单”→“插入”→“细节特征”→“倒斜角”按钮，弹出如图2-1-24所示“倒斜角”对话框，选取要倒角的直径为ϕ56 mm的边，在“距离”文本框中输入“1”，单击“确定”按钮，完成倒斜角，如图2-1-25所示。

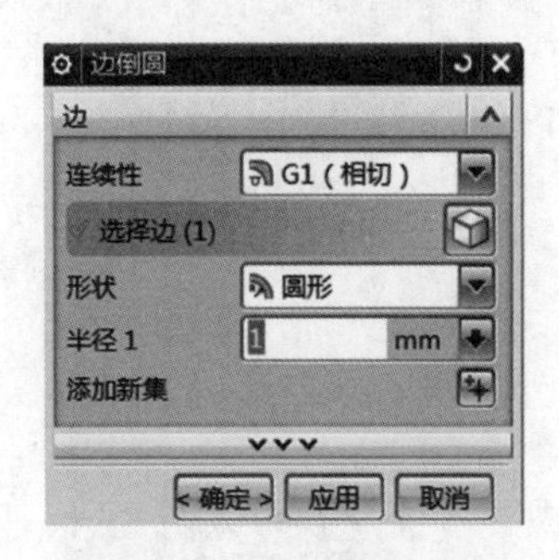

图2-1-22 “边倒圆”对话框

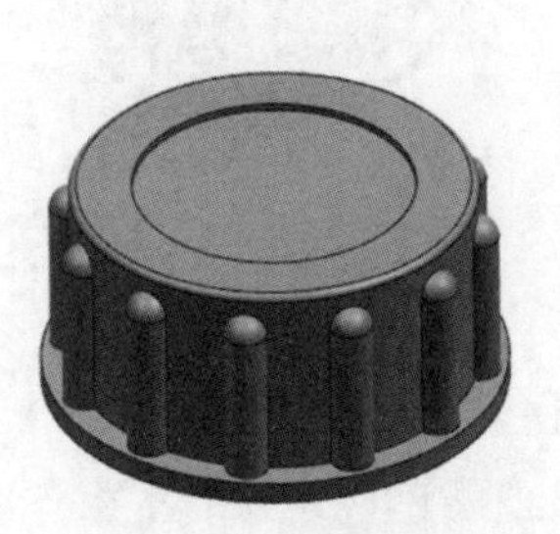

图2-1-23 倒圆角效果

图2-1-24 “倒斜角”对话框

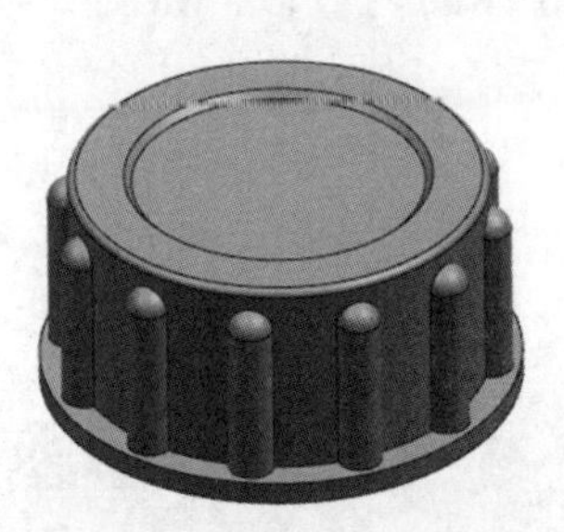

图2-1-25 倒斜角效果

二、带轮三维建模

2-2 带轮三维建模

建模思路：如图2-1-2所示零件是拉伸体零件，可先绘制草图，再用拉伸命令拉出内圈、外圈和轮毂，最后用管道命令做出外圈凹槽。

步骤1. 建立新文件

启动UG 12.0软件，单击“文件”→“新建”按钮，弹出“新建”对话框，单位选择“毫米”，在文件“名称”文本框中输入“带轮”，选择文件存盘的位置，单击“确定”按钮，进入建模模块。

步骤2. 绘制草图

（1）绘制圆。单击“菜单”→“插入”→“在任务环境中绘制草图”按钮，弹出“创建草图”对话框，单击“确定”按钮，进入草图环境。单击“圆”按钮，弹出“圆”对话框，绘制圆心坐标为（0，0），直径分别是ϕ16 mm、ϕ24 mm、ϕ80 mm、ϕ92 mm、ϕ108 mm的五个同心圆，如图2-1-26所示。再绘制圆心坐标为（20，0），直径分别是ϕ40 mm、ϕ50 mm的两个同心圆，如图2-2-27所示。

（2）倒圆角。单击“角焊”按钮，弹出“圆角”对话框，在“圆角方法”中单击“取消修剪”按钮，在“半径”文本框中分别输入“3”“6”和“12”，并选择对应的草图曲线，效果如图 2－1－28 所示。

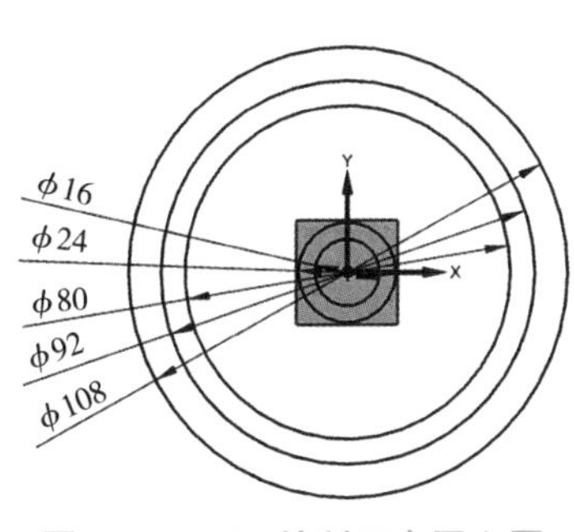

图 2－1－26　绘制五个同心圆

图 2－1－27　绘制两个同心圆

（3）快速修剪曲线。单击“快速修剪”按钮，弹出“快速修剪”对话框，选择要修剪的曲线，完成修剪后单击“关闭”按钮。修剪后的草图如图 2－1－29 所示。再单击“完成”按钮，退出草图，效果如图 2－1－30 所示。

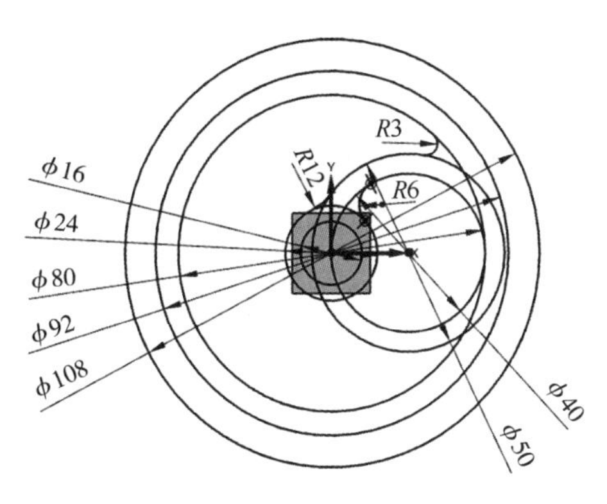

图 2－1－28　绘制圆角

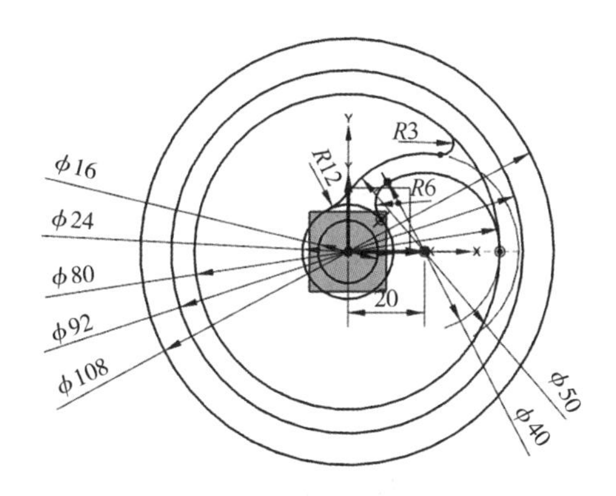

图 2－1－29　草图修剪后效果

步骤 3. 拉伸草图曲线

单击“菜单”→“插入”→“设计特征”→“拉伸”按钮，或者按下键盘快捷键“X”，弹出“拉伸”对话框，在该对话框“结束”下拉列表中选择“对称值”选项，在“距离”文本框中输入“6.5”，在选择条的下拉列表中选择“区域边界曲线”选项，然后选择内圈区域，如图 2－1－31 所示，单击“应用”按钮，拉伸效果如图 2－1－32 所示。在“距离”文本框中输入“5”，“布尔”下拉列表中选择“合并”选项，再选择轮毂区域，单击“应用”按钮，创建出轮毂区域拉伸体，如图 2－1－33 所示。在“距离”文本框中输入“8”，其他选项不变，再选择带轮外圈区域，单击“确定”按钮，创建出外圈区域拉伸体，如图 2－1－34 所示。

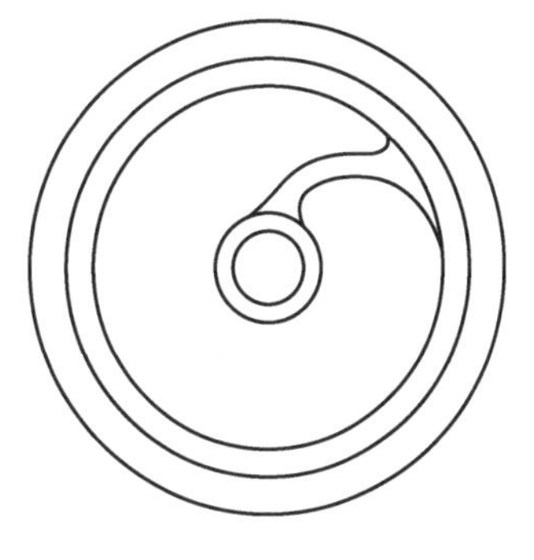

图 2－1－30　完成草图效果

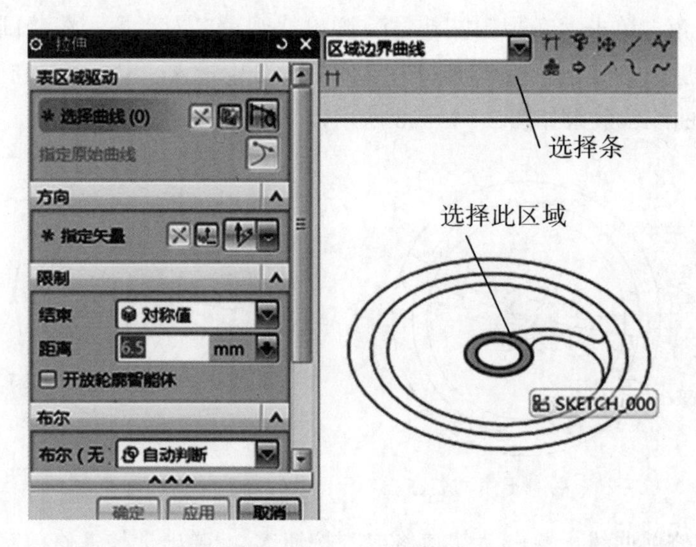

图 2-1-31　拉伸对象选择

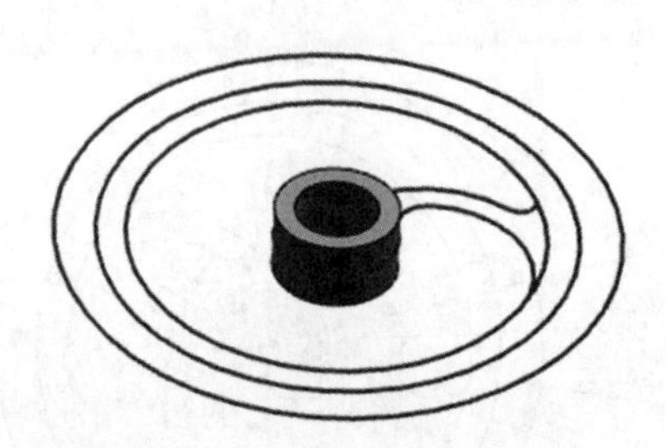

图 2-1-32　拉伸带轮内圈效果

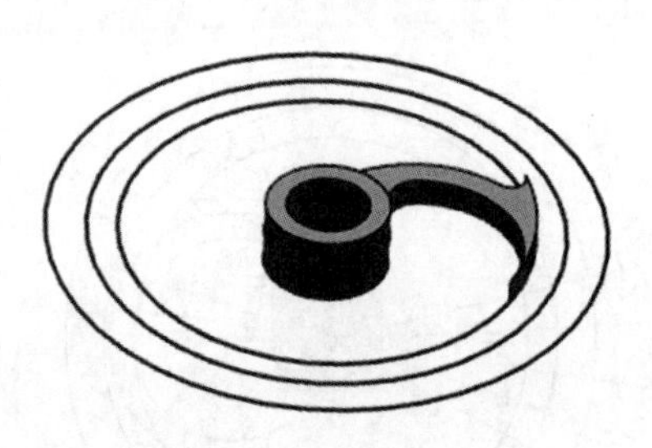

图 2-1-33　拉伸带轮轮毂效果

图 2-1-34　拉伸带轮外圈效果

步骤 4. 创建其他三个轮毂

单击“菜单”→“插入”→“关联复制”→“列阵特征”按钮，弹出“列阵特征”对话框：选择带轮轮毂部分，在“布局”下拉列表中选择“圆形”选项；在“指定矢量”中选择方向 ZC 选项，在“指定点”中单击“点对话框”按钮，弹出“点”对话框，单击“确定”按钮，返回“列阵特征”对话框；在“数量”文本框中输入“4”，在“节距角”文本框中输入“90”，如图 2-1-35 所示。单击“确定”按钮，轮毂圆形列阵效果如图 2-1-36 所示。

步骤 5. 创建带轮外圈凹槽

单击“菜单”→“插入”→“扫掠”→“管”按钮，弹出“管”对话框，如图2-1-37所示：“选择曲线”时选择草图上 $\phi 108$ 圆的曲线；在“外径”文本框中输入“20”；在“布尔”下拉列表中选择“减去”选项。单击“确定”按钮，创建带轮外圈凹槽的效果如图 2-1-38 所示。

图 2-1-35　“列阵特征”对话框

图 2-1-36　轮毂圆形列阵效果

图 2-1-37　“管”对话框

图 2-1-38　创建带轮外圈凹槽效果

步骤 6. 隐藏草图

单击“菜单”→“格式”→“移动至图层”按钮，弹出“类选择”对话框，选择带轮实体，单击“确定”按钮，弹出“图层移动”对话框，在“目标图层或类别”文本框中输入“20”，如图 2-1-39 所示，单击“确定”按钮，将带轮实体移动到 20 层。再单击“菜单”→“格式”→“图层设置”按钮，弹出“图层设置”对话框，如图 2-1-40 所示，双击其中“20”层，使其成为工作层，再将“1”层和“61”层前面的钩选去除。单击“关

图 2-1-39　“图层移动”对话框

学习笔记

闭”按钮，效果如图 2 -1 -41 所示。

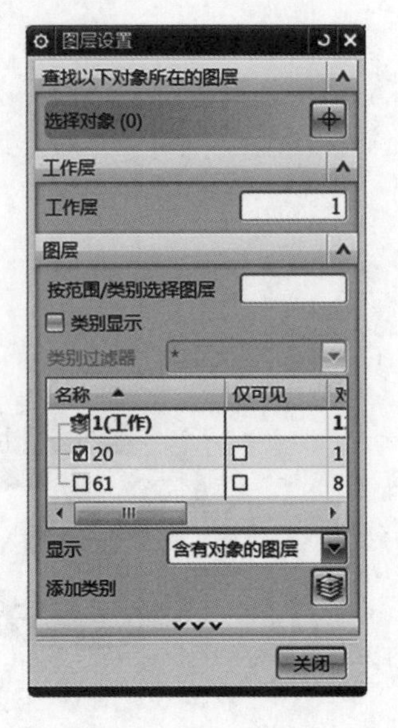

图 2 -1 -40 “图层设置”对话框

图 2 -1 -41 带轮实体

步骤 7. 保存文件

单击“保存”按钮，保存此文件。

一、视图操作

1. 鼠标操作

通过鼠标左键、右键和滚轮可以快速实现基本视图操作，鼠标示意图如图 2 -1 -42 所示。

图 2 -1 -42 鼠标示意图

1—右键；2—滚轮；3—左键

1）缩放视图

利用鼠标进行视图的缩放操作有三种方法：

（1）将鼠标放在工作区中，滚动鼠标滚轮；

（2）同时按下鼠标的左键和鼠标滚轮，并任意拖动；

（3）按下“Ctrl”键的同时按下鼠标滚轮并上下拖动鼠标。

2）旋转视图

在绘图区中按下鼠标滚轮，并在各个方向拖动鼠标，即可旋转对象到任意角度和位置。

3）平移视图

利用鼠标进行视图平移的操作有两种方法：

（1）在工作区中按下鼠标滚轮和右键，移动鼠标；

（2）按下“Shift”键的同时按下鼠标滚轮，并在任意方向拖动鼠标，视图将随鼠标移动的方向进行平移。

学习笔记

2. 鼠标右键菜单

将鼠标放在绘图区域，单击右键，弹出如图 2－1－43 所示对话框，视图操作常用功能如表 2－1－1 所示。

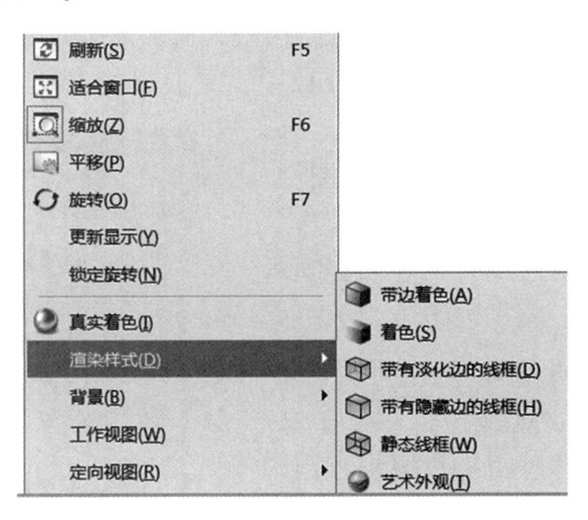

图 2－1－43　鼠标右键菜单

表 2－1　视图操作功能说明

按钮	含义及操作方法
刷新	重画图形窗口中的所有视图。擦除临时显示的对象，例如作图过程中遗留下的点或线的轨迹
适合窗口	调整工作视图的中心和比例以显示所有对象，即在工作区全屏显示全部视图
缩放	对视图进行局部放大。单击该按钮后，在图形中放大位置按下鼠标左键并拖动，到合适的位置后松开鼠标左键，则矩形线框内的图形将被放大
平移	单击该按钮后，在工作区中按下鼠标左键并移动，视图将随鼠标移动的方向进行平移
旋转	按下该按钮后，在工作区中按下鼠标左键并移动，即可完成视图的旋转操作
渲染样式	带边着色：用以渲染工作实体的面并显示面的边。 着色：用以渲染工作实体中实体的面，不显示面的边。 带有淡化边的线框：图形中隐藏的线将显示为灰色。 带有隐藏边线框：不显示图形中隐藏的线。 静态线框：图形中的隐藏线将显示为虚线。 艺术外观：根据制定的基本材料、纹理和实际渲染工作视图中的面

二、图层操作

在 UG 12.0 建模过程中，可以将不同类型的对象置于不同的图层中，并可以方便

学习笔记

地控制图层的状态，这可使复杂的设计过程具有条理性，提高设计效率。一个 UG 部件可以包含 1～256 个层，层类似于透明的图纸，每个层可放置各种类型的对象。通过层可以将对象隐藏和显示，提高可视化。

1. 图层设置

单击“菜单”→“格式”→“图层设置”按钮，系统弹出如图 2－1－44 所示的“图层设置”对话框，设置工作图层、可见和不可见图层，定义图层的类别和名称等。

工作图层：输入图层的号码后，按“回车”键即可将该图层切换为当前工作图层。设定某个层为工作层后，其后的一些操作所建立的特征就属于该层。任何时候都必须有一层为工作层。

在图层状态列表框中选择某一图层，单击右键可改变图层的显示状态。

(1) 工作：此选项可用于将所指定的图层设为工作层（仅可选取单一图层），并在图层号码右方显示文字“工作”，表示该图层为工作图层。

(2) 可选择：若图层状态为可选择的，则系统允许选取属于该图层的对象，即该图层是开放的。

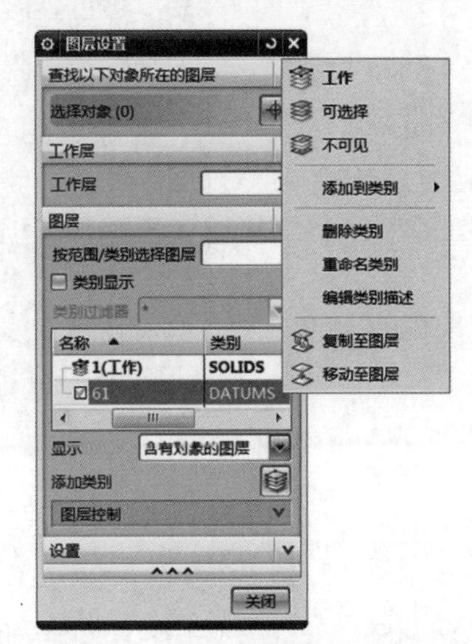

图 2－1－44 “图层设置”对话框

(3) 不可见：此选项可用于将所指定的图层的属性设定为不可见的。当图层状态为“不可见”时，系统会隐藏所有属于该图层的对象，也不能选取。

2. 移动至图层

在创建实体时，如果在创建对象前没有设置图层，或者由于设计者的误操作把一些不相关的元素放在了一个图层，此时就需要用到移动图层功能。

将选定的对象从其原图层移动到指定的图层中，原图层中不再包含这些对象。单击“菜单”→“格式”→“移动至图层”按钮，弹出“类选择”对话框，如图 2－1－45 所示，在对话框中选择要移动的对象，单击“确定”按钮，弹出“图层移动”对话框，如图 2－1－46 所示，在对话框“目标图层或类别”文本框中输入移动的目标层名称，或者在“图层”列表框中选择一个目标层，单击“确定”按钮完成移动。

3. 复制至图层

将对象从一个图层复制到另一个图层，这个功能在建模中非常有用。在不知是否需要对当前对象进行编辑时，可以先将其复制到另一个图层，然后再进行编辑，如果编辑失误还可以调用复制对象，不会对模型造成影响。

单击“菜单”→“格式”→“复制至图层”按钮，弹出“类选择”对话框，选择要复制的对象，单击“确定”按钮，弹出“图层复制”对话框，在“图层复制”对话框的“目标图层或类别”文本框中输入复制的目标层名称，单击“确定”按钮，完成复制。

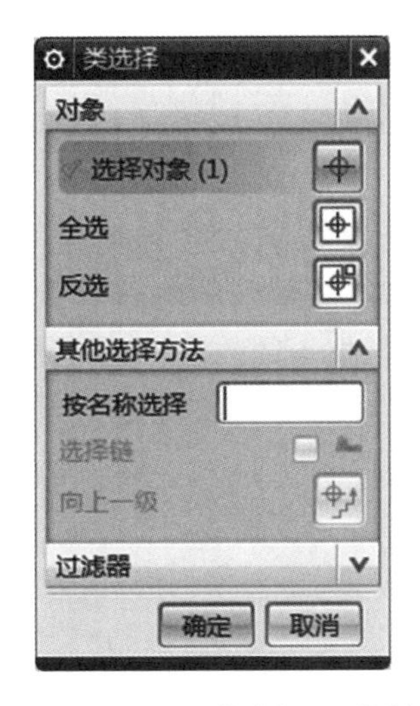

图 2－1－45 “类选择”对话框

图 2－1－46 “图层移动”对话框

三、编辑操作

2－3 编辑对象显示

1. 编辑对象显示

通过对象显示方式的编辑，可以修改对象的颜色、线型、透明度等属性，特别是用于创建复杂的实体模型时对各部件的观察、选取以及分析修改等操作。

单击“菜单”→“编辑”→“对象显示”按钮，系统弹出“类选择器”对话框，利用该对话框选择要编辑显示方式的对象，然后单击“确定”按钮，弹出“编辑对象显示”对话框，如图 2－1－47 所示。

在“编辑对象显示”对话框中，“常规”选项卡相关参数的含义如下。

1）“常规”选项卡

（1）图层：为当前选择的对象指定所属图层。在没有进行设置的情况下，所有对象都默认为图层 1，可以根据需要在此处进行对象图层的指定。在 UG NX 里，一个 UG 部件可以含有 1～256 个图层，图层设置不能超出这个范围。

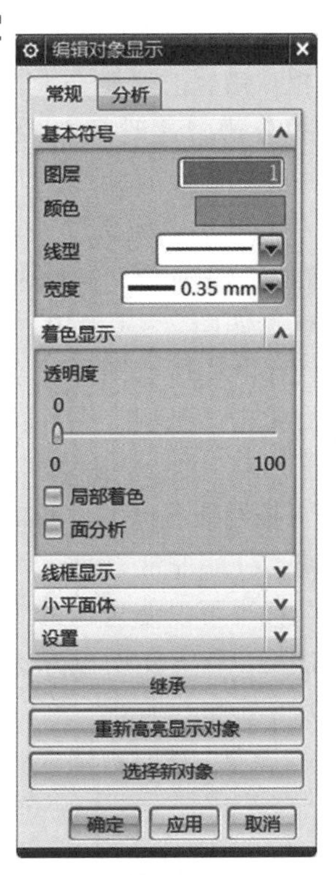

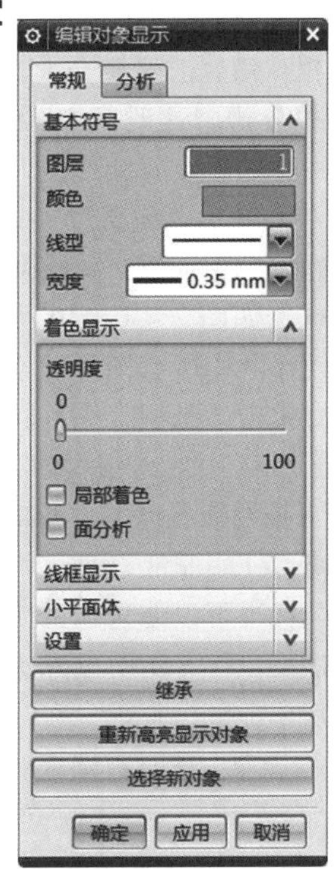

图 2－1－47 “编辑对象显示”对话框

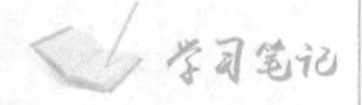

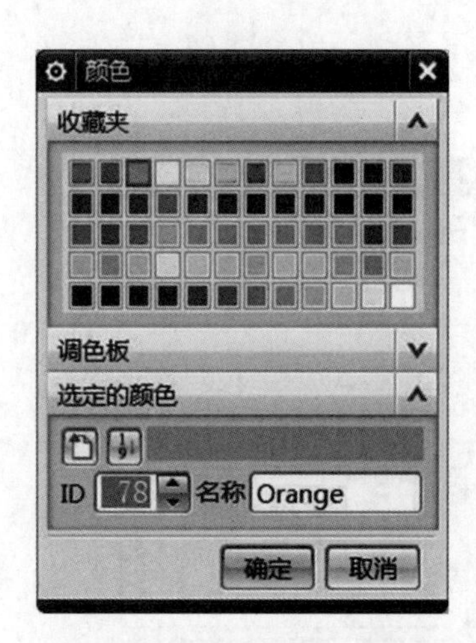

图 2－1－48 “颜色”对话框

(2) 颜色：对当前选择对象的颜色进行编辑。如需设置，则可在“编辑对象显示”对话框中单击“颜色”右边的“　　”图标，打开如图 2－1－48 所示“颜色”对话框，在其中选择需要的颜色，单击“确定”按钮，返回对话框，继续单击“确定”按钮便可完成颜色的设置。

(3) 线型：对选定对象的线型进行设置。线型有虚线、双点画线、中心线、点线、长点线。点画线可以根据不同的需要进行设置。

(4) 宽度：对选定对象宽度进行设置，可以根据不同的需要进行选取。

2）“着色显示”选项组

(1) 透明度：设置所选对象的透明度，以便于用户观察对象的内部情况。

(2) 局部着色：选中“局部着色”复选框，可对所选对象进行部分着色。

(3) 面分析：选中“面分析”复选框，可对所选对象进行面分析。

3）线框显示

设置实体或片体以线框显示时在 U 和 V 方向的栅格数量。

2. 对象的隐藏

在创建复杂的模型时，一个文件中往往存在多个实体造型，造成各实体之间的位置关系相互错叠。这样在大多数观察角度上将无法看到被遮挡的实体，或者各个部件不容易分辨，这时只要轻松隐藏那个部件即可对其覆盖的对象进行方便的操作。

单击“菜单”→“编辑”→“显示和隐藏”→“显示和隐藏”按钮，系统弹出“显示和隐藏”对话框，如图 2－1－49 所示。该对话框用于控制工作区中所有图形元素的显示或隐藏状态。通过单击“类型”名称右侧“显示”列中的按钮“+”或“隐藏”列中的按钮“－”，即可控制该名称类型所对应图形的显示和隐藏状态，使用非常方便。

图 2－1－49 “显示和隐藏”对话框

利用鼠标也可以使选定的对象在绘图区中隐藏。方法是：首先要用鼠标选取需要隐藏的对象，然后单击鼠标右键，在弹出的菜单中选择“隐藏”选项。此时被选取的对象将被隐藏。

3. 对象的删除

单击“菜单”→“编辑”→“删除”按钮，弹出“类选择”对话框，选择需要删除的对象后单击“确定”按钮即可。

学习笔记

四、基准特征

基准特征是用户为了生成一些复杂特征而创建的一些辅助特征，它主要用来为其他特征提供放置和定位参考。基准特征主要包括基准平面、基准轴和基准坐标系。

2－4　基准平面

（1）基准平面。单击“菜单”→“插入”→“基准/点”→“基准平面”命令或选择“主页”选项卡，选择“特征”组→“基准平面”命令，打开如图 2－1－50 所示的“基准平面”对话框，根据设计需要，指定“类型”“要定义平面的对象”“面方位”和“偏置”。

在“基准平面”对话框的“类型”下拉类表中提供的类型选项如图 2－1－51 所示。

图 2－1－50　“基准平面”对话框

图 2－1－51　用于创建基准平面的类型选项

自动判断：根据选取对象可自动生成各基准平面。

按某一距离：选择某平面，并输入距离值，得到偏置基准平面。

成一角度：选择参考平面及旋转轴，则所选平面绕所选旋转轴旋转指定角度。

二等分：选择两平面，生成中置面。

曲线和点：利用点和曲线创建基准平面。

两直线：生成的基准平面一次通过两条所选直线。

相切：选择某曲面，并指定点，生成通过点且相切于指定面的基准平面。

通过对象：选择某曲面，并指定点，生成与所选平面重合的基准平面。

点和方向：选择点和方向，生成基准平面。

在曲线上：选择曲线上的某点，生成与曲线所在平面垂直、重合的基准平面。

视图平面：创建平行于视图平面并穿过 ACS 原点的固定基准平面。

此外，也可以选择 *YC－ZC* 面、*XC－ZC* 面、*XC－YC* 面为基准平面。

（2）基准轴。单击“菜单”→“插入”→“基准/点”→“基准轴”按钮，弹出如图 2－1－52 所示的“基准轴”对话框。该对话框提供了以下几种创建基准轴的方法。

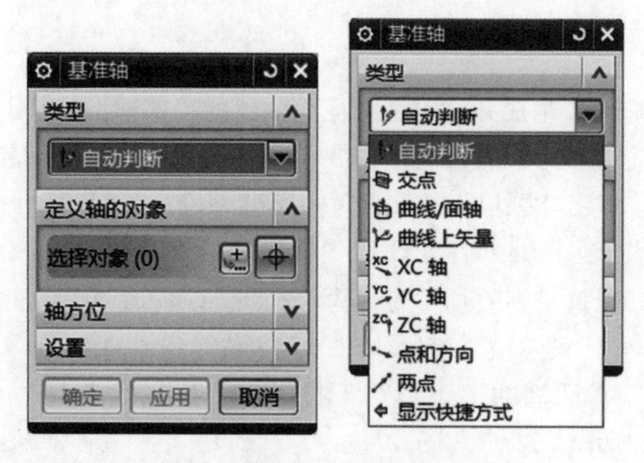

图 2-1-52 “基准轴”对话框

自动判断：根据所选的对象确定要使用的最佳基准轴类型。

交点：在两个面的相交处创建基准轴。

曲线/面轴：沿线性曲线、线性边、圆柱面、圆锥面或环的轴创建基准轴。

曲线上矢量：创建与曲线或边上的某点相切、垂直或双向垂直，或者与另一对象垂直或平行的基准轴。

XC 轴：沿工作坐标系（WCS）的 *XC* 轴创建固定基准轴。

YC 轴：沿工作坐标系（WCS）的 *YC* 轴创建固定基准轴。

ZC 轴：沿工作坐标系（WCS）的 *ZC* 轴创建固定基准轴。

点和方向：选择点和直线，生成通过所选点且与所选直线平行的基准轴。

两点：生成依次通过两选择点的基准轴。

（3）基准坐标系。单击“菜单”→“插入”→“基准/点”→“基准坐标系”按钮，弹出如图 2-1-53 所示“基准坐标系”对话框，在“类型”选项组的下拉列表中选择其中一种所需的类型选项，根据所选类型进行相关设置。

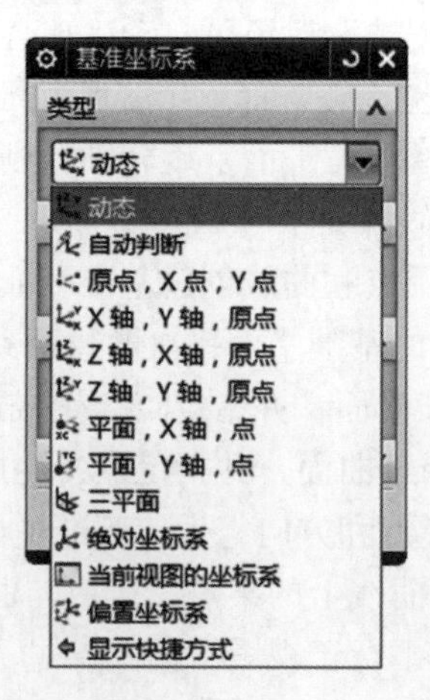

图 2-1-53 “基准坐标系”对话框

在绘图过程中，可以根据需要建立不同位置、不同坐标轴方位的基准坐标系，多余的基准坐标系也可以删除，因此基准坐标系具有多个及可变性的特点。

学习笔记

五、设计特征

1. 基本实体特征

用于建立各种零部件产品的基本实体模型，包括长方体、圆柱体、圆锥体和球等一些特征形式。

(1) 长方体。长方体绘制功能主要用于创建正方体和长方体形式的实体特征，其各边的边长通过给定的具体参数来确定。单击“菜单”→“插入”→“设计特征”→“长方体”按钮，弹出“长方体”对话框，如图 2-6 所示。

2-5 长方体

①“原点和边长”方式。在“长方体”对话框中选取按钮，如图 2-1-54 所示，在“尺寸”参数文本框设定长方体的边长，并指定其左下角顶点的位置，创建长方体。

②“两点和高度”方式。在“长方体”对话框中选取按钮，如图 2-1-55 所示，输入在“ZC”轴方向上的高度及底面两个对角的位置，创建长方体。

提示：在定义长方体底面的对角点时，两点的连线不能与坐标轴平行，长方体的定位点是第一个指定的角点。

③“两个对角点”。在“长方体”对话框中选取按钮，如图 2-1-56 所示，输入长方体两个对角点的位置，创建长方体。

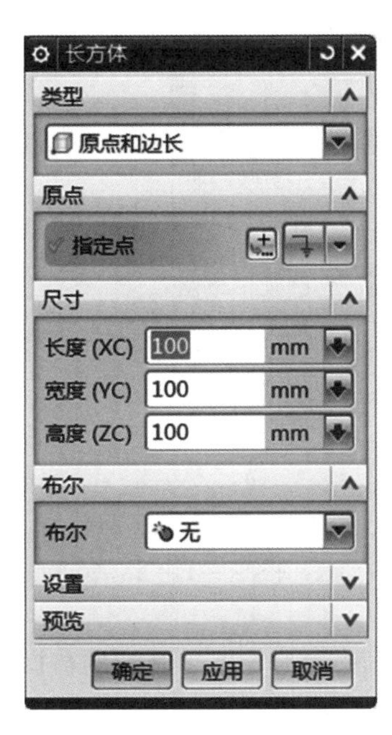

图 2-1-54 “原点和边长”方式

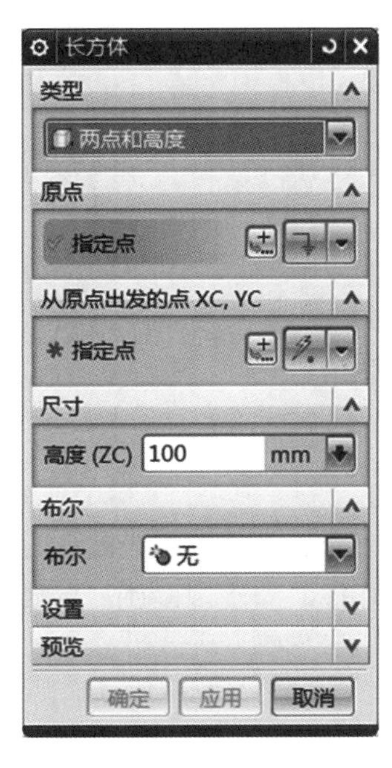

图 2-1-55 “两点和高度”方式

图 2-1-56 “两个对角点”方式

④布尔运算，生成多个实体时，实体间的作用方式有以下几类：

无——能生成一个独立于现有实体的新长方体。

合并——能将新生成长方体的体积与两个或多个目标体结合起来。

减去——能从目标实体上减去新生成的长方体。

相交——能生成含有由两个不同体共有的体积。

(2) 圆柱体的创建。在“特征”组中单击“更多”→“设计特征”→“圆柱”按钮或选择“菜单”→“插入”→“设计特征”→“圆柱”命令，弹出“圆柱”对话框，系统提供以下两种圆柱体的创建方式。

①“轴、直径和高度”方式，即通过直径与高度方向的数据来生成圆柱体。选择该选项时，需要指定轴矢量的方向及圆柱体原点的放置位置，根据需要分别在“直径”与“高度”文本框中输入所需要的参数，单击“确定”按钮即可，如图 2-1-57 所示。

2-6 圆柱体

②“圆弧和高度”方式。当用户选择该方式时，系统对话框如图 2-1-58 所示，用户选择一条当前视图中需要进行圆柱体操作的弧线，单击反向来设置生成的圆柱体 *ZC* 轴的正、负方向，设置高度尺寸，根据需要选择后，单击“确定”按钮即可。

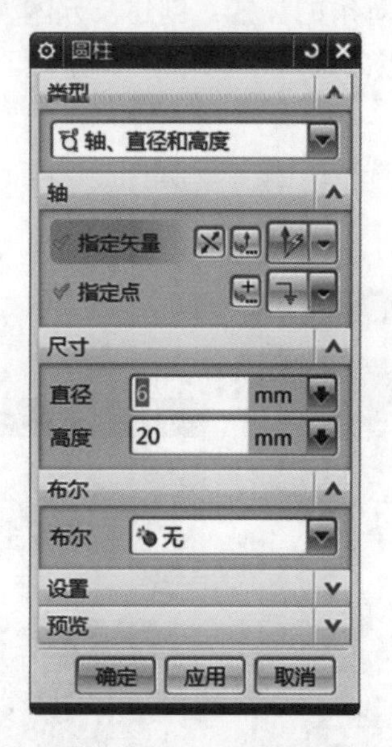

图 2-1-57 “轴、直径和高度”方式

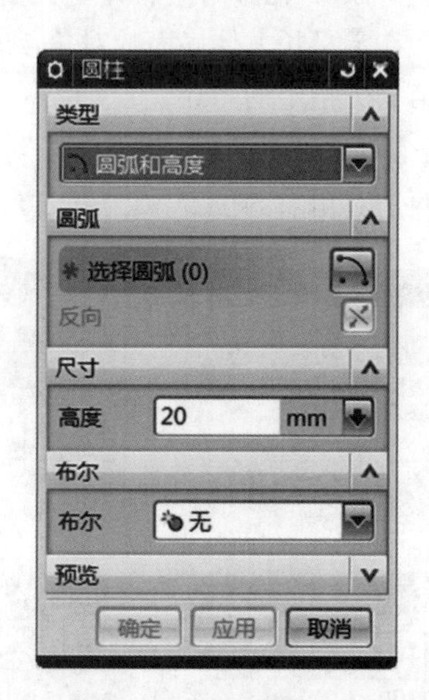

图 2-1-58 “圆弧和高度”方式

(3) 圆锥体。UG 中的圆锥体命令主要用于圆台的建立，也可进行圆锥的建立。单击“菜单”→“插入”→“设计特征”→“圆锥体”按钮，弹出如图 2-1-58 所示的“圆锥”对话框，系统提供了 5 种创建方式：

①“直径和高度”方式。该方式为系统默认方式，即通过直径与高度方向的数据来生成圆锥体。当用户在“类型”中选择“直径和高度”选项后，需在“轴”中定义一个矢量作为圆锥体的轴线方向；定义完轴线方向后，在“指定点”中输入圆锥底面圆心坐标；在如图 2-1-59 所示的圆锥体“尺寸”选项区中，根据需要分别在“底部直径”“顶部直径”与“高度”文本框中输入所需要的参数，单击“确定”按钮，生成如图 2-1-60 所示圆锥。

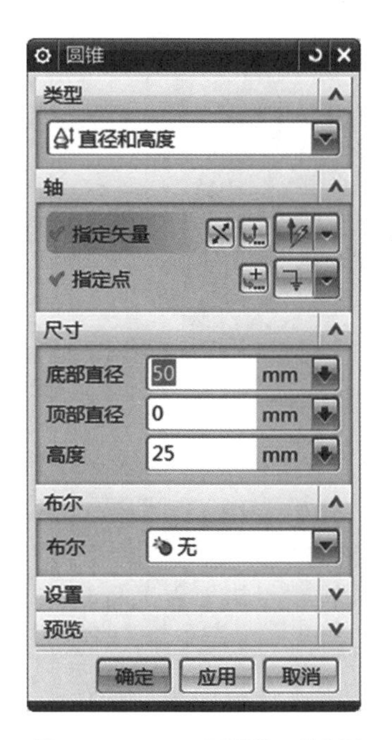

图 2－1－59 “圆锥”对话框

2－7 圆锥

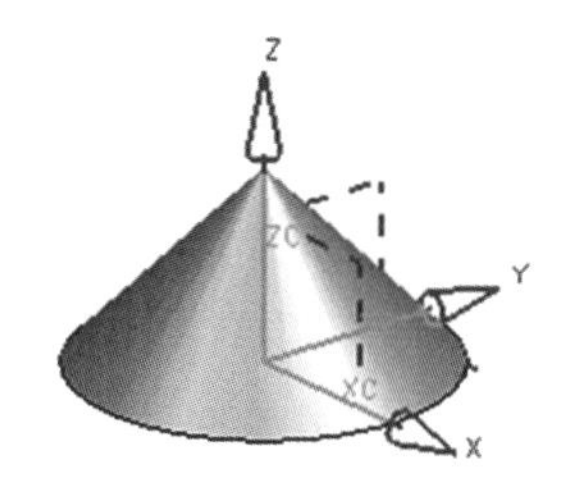

图 2－1－60 圆锥

②“直径和半角”方式。该方式为用户选择方式，即通过直径与半角方向的数据来生成圆锥体。先在“轴”中定义一个矢量作为圆锥体的轴线方向，定义完轴线方向后，在“指定点”中定义圆锥体底部中心位置点，系统默认为原点，用户可根据需要分别在“XC”“YC”“ZC”文本框中输入所要指定的点；在“尺寸”选项区中，根据需要分别在“底部直径”“顶部直径”与“半角”文本框中输入所需要的参数，最后单击“确定”按钮。

③“底部直径，高度和半角”方式。选择该方式后，需要定义轴线方向、原点，根据需要分别在“底部直径”“高度”与“半角”文本框中输入所需要的参数，最后单击“确定”按钮。

④“顶部直径，高度和半角”方式。需定义一个矢量作为圆锥体的轴线方向，定义圆锥体底部中心位置点，根据需要分别在“顶部直径”“高度”与“半角”文本框中输入所需要的参数，最后单击“确定”按钮。

⑤“两个共轴的圆弧”方式。即通过当前工作视图中已存在的两个共轴的弧来生成圆锥体。当用户选择该方式后，对话框如图 2－1－61 所示，此时用户需要在当前视图中选择已存在的第 1 条弧（该圆弧的半径与中心分别为所需要生成圆锥的底圆半径与中心），再选择第 2 条弧，单击“确定”按钮，创建的圆锥如图 2－1－62 所示。

图 2－1－61 “两个共轴的圆弧”方式

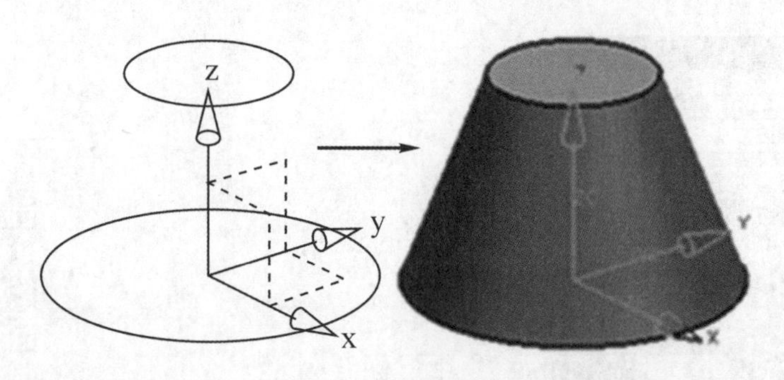

图 2-1-62 “两个共轴的圆弧”创建的圆锥

（4）球体创建。在“特征”组中单击“更多”→“设计特征”→“球”按钮或选择“菜单”→“插入”→“设计特征”→“球体”命令，弹出“球”对话框，在该对话框的“类型”下拉列表框中提供了以下两种球体的创建方式。

①“中心点和直径”方式。选择该类型选项，可通过指定中心点和直径尺寸生成球体，如图 2-1-63 所示。

②“圆弧”方式。选择该类型选项，可通过选择当前工作视图中已存在的一条弧来生成球体，如图 2-1-64 所示。

图 2-1-63 选择“中心点和直径”方式

图 2-1-64 选择“圆弧”方式

2. 基本成形设计特征

2-8 拉伸

（1）拉伸。拉伸特征是指截面图形沿指定方向拉伸一段距离所创建的特征。

选择“菜单”→“插入”→“设计特征”→“拉伸”命令，或者单击“特征”组→“设计特征下拉菜单”中的“拉伸”按钮，弹出如图 2-1-65 所示的“拉伸”对话框。

①表区域驱动：指定要拉伸的曲线或边。

绘制截面：进入草图，定义草图平面，绘制拉伸截面曲线。

曲线：选择截面的曲线、边、面进行拉伸。

②定义方向：设定拉伸方向。单击矢量构造器定义矢量，也可以采用自动判断的矢量，单击其右侧的下拉箭头选择一种矢量，或单击按钮反转拉伸方向。

③设置拉伸限制参数值：

值：距离的“零”位置是沿拉伸方向，定义在所选剖面几何体所在面，分别定义“起始距离”与“结束距离”的数值。“起始距离”与“结束距离”可以定义为“负”值。

直至下一个：沿拉伸方向，直到下一个面为终止位置。

直至选定：沿拉伸方向，直到下一个被选定的终止面位置。

对称值：将开始限制距离转换为与结束限制相同的值。

图 2-1-65 “拉伸”对话框

贯通：对于要打穿多个体，该命令最为方便。

④布尔：选择“布尔”操作命令，以设置拉伸体与原有实体之间的存在关系。

⑤拔模：拔模角度选项可以在生成拉伸特征的同时，对面进行拔模，拔模角度可正可负。

例如，当选择的拔模选项为“从起始限制”时，设置角度值为“20”，拉伸特征的效果如图 2-1-66 所示。

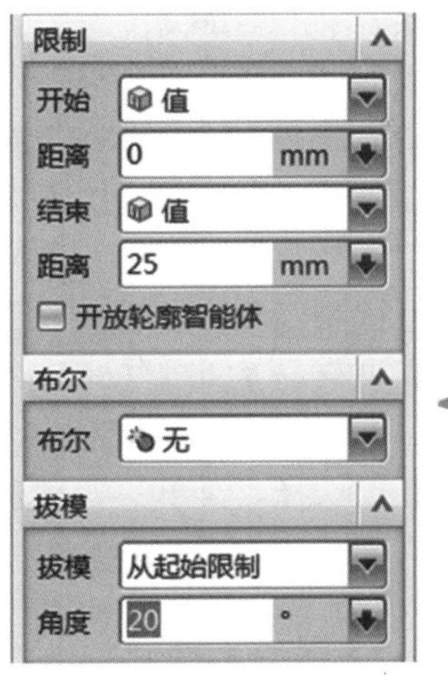

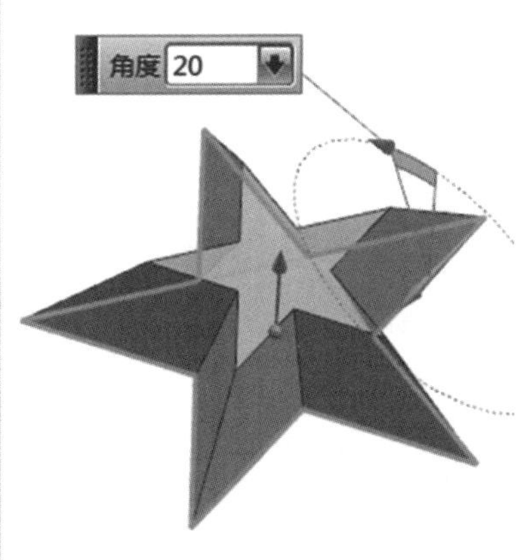

图 2-1-66 设置拔模示例

⑥定义偏置：在“偏置”选项组中定义拉伸偏置选项及相应的参数，以获得特定的拉伸效果。下面以结果图例对比的方式让读者体会 4 种偏置选项（“无”“单侧”

学习笔记

"两侧"和"对称"）的差别效果，如图 2－1－67 所示。

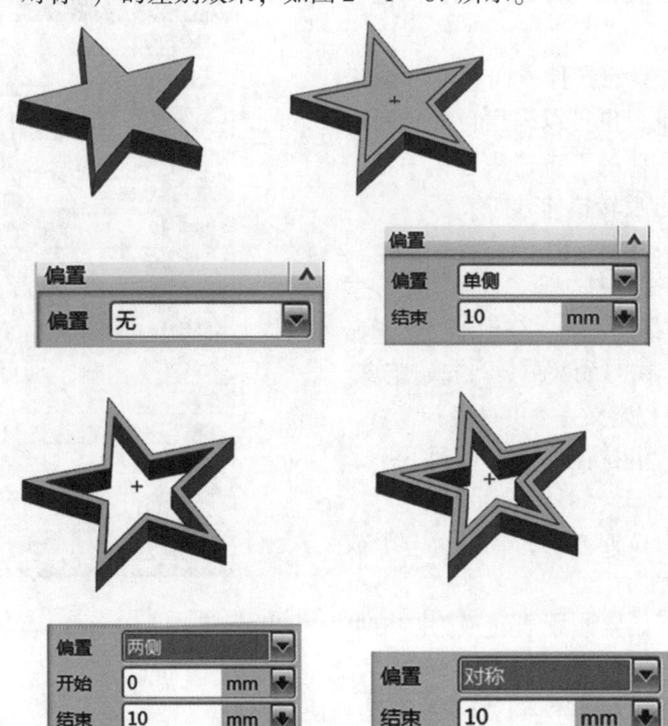

图 2－1－67 定义偏置的 4 种情况

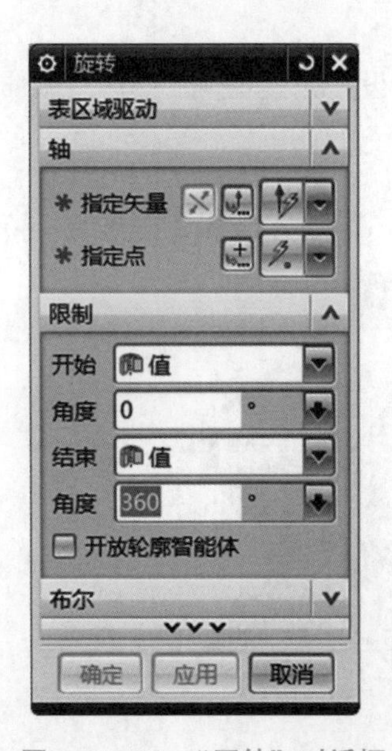

图 2－1－68 "回转"对话框

（2）旋转。指截面线通过绕旋转轴来创建回转特征。

选择"菜单"→"插入"→"设计特征"→"旋转"命令或者单击"特征"组→"设计特征下拉菜单"中的"旋转"按钮，弹出"旋转"对话框，如图 2－1－68 所示。选择或创建草图（曲线），设置旋转轴矢量和旋转轴的定位点，再输入"限制"参数，设置"偏置"方式，进行回转。进行无偏置回转时，若回转截面为非封闭曲线且回转角度小于 360°，则可得片体，如图 2－1－69 所示。

（3）孔。选择"菜单"→"插入"→"设计特征"→"孔"命令，或单击单击"特征"组→"设计特征下拉菜单"中的"孔"按钮，弹出"孔"对话框，如图 2－1－70 所示。

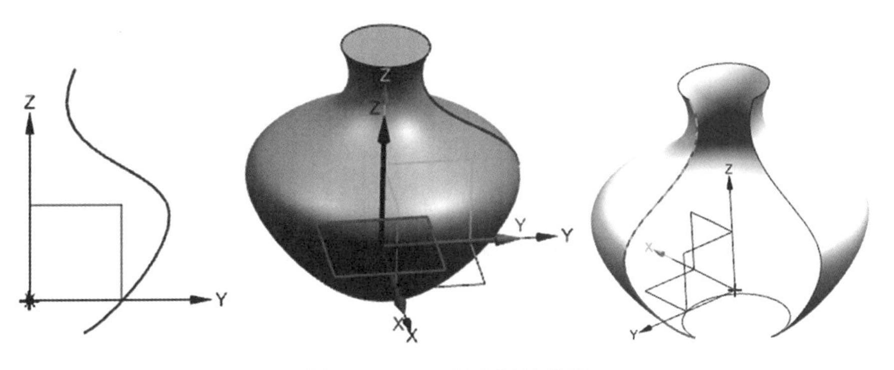

图 2-1-69　创建回转特征

①类型：可在部件中添加不同类型孔的特征。

②位置：指定孔的中心。

③方向：指定孔方向。

④形状和尺寸：根据孔的类型不同，确定不同形状的孔及其尺寸参数。

其中“常规孔”最为常用，该孔特征包括简单孔、沉头孔、埋头孔和锥孔 4 种成形方式，如图 2-1-71所示。

①简单孔：以指定的直径、深度和顶点的顶尖角生成一个简单的孔。

②沉头孔：指定孔直径、孔深度、顶尖角、沉头直径和沉头深度生成沉头孔。

③埋头孔：指定孔直径、孔深度、顶尖角、埋头直径和埋头角度生成埋头孔。

④锥形：指定孔直径、锥角和深度生成锥形孔。

(4) 凸台。凸台是隐藏命令，可以通过选择“定制”命令，在其“搜索”中输入要搜索的名称，会显示该命令，可以将该命令按钮拖到快捷

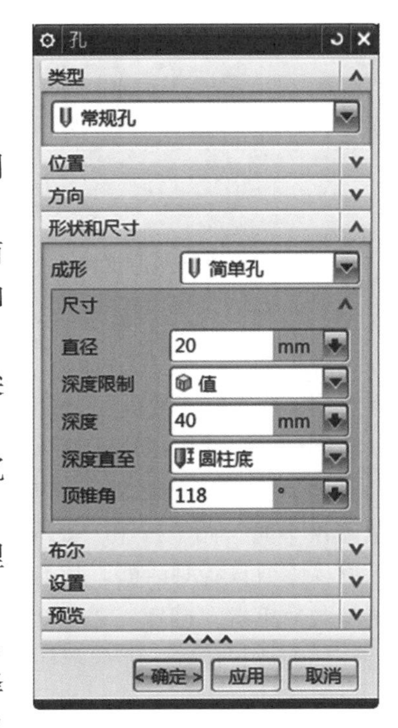

图 2-1-70　创建简单孔

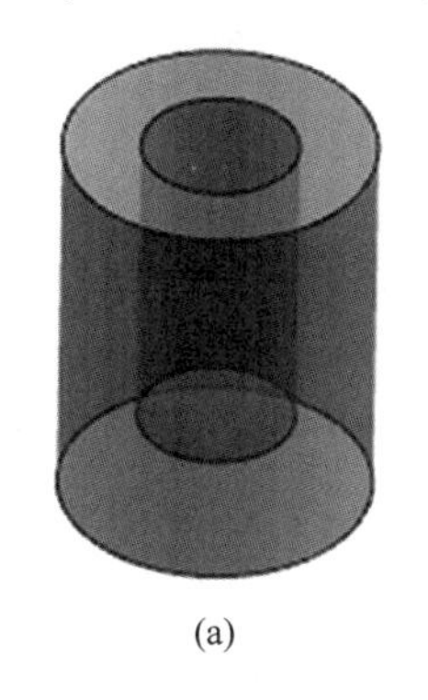
(a)

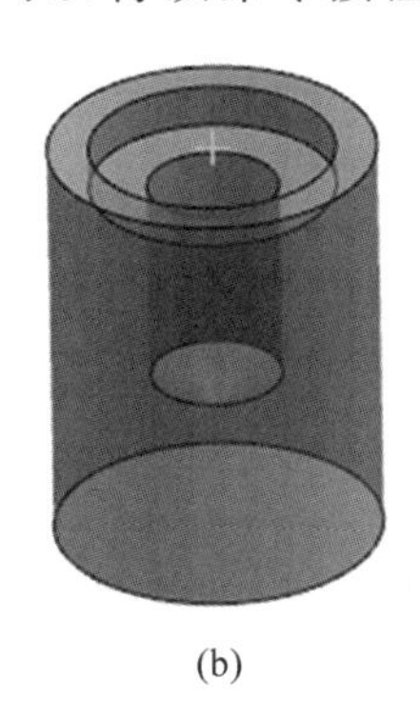
(b)

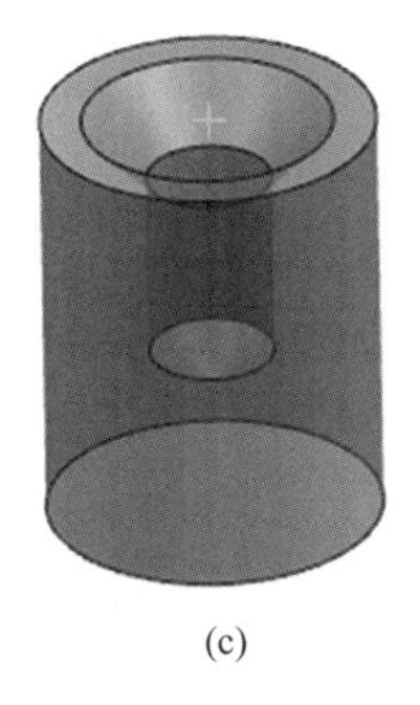
(c)

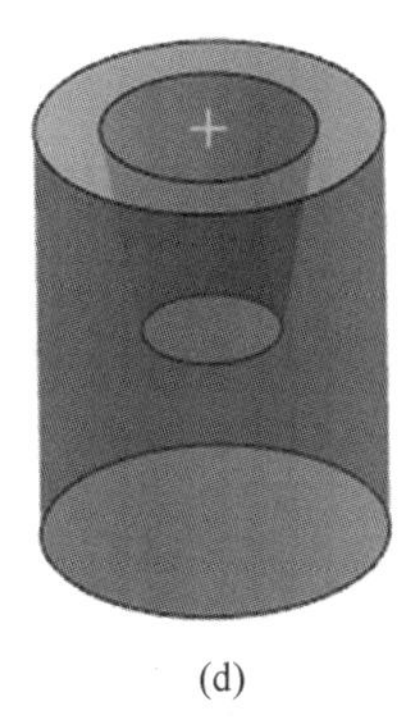
(d)

图 2-1-71　四种常规孔

(a) 简单孔；(b) 沉头孔；(c) 埋头孔；(d) 锥形

学习笔记

菜单里再使用。选择“菜单”→“插入”→“设计特征”→“凸台（原有）”命令，弹出如图 2－1－72 所示的“支管”对话框。凸台的生成步骤为：选择放置面，在“支管”对话框的参数区中输入直径、高度和锥度值；设置好参数后，单击“确定”按钮，弹出“定位”对话框，定位凸台的位置或者直接单击“确定”按钮，完成凸台的创建操作。如图 2－1－73 所示。

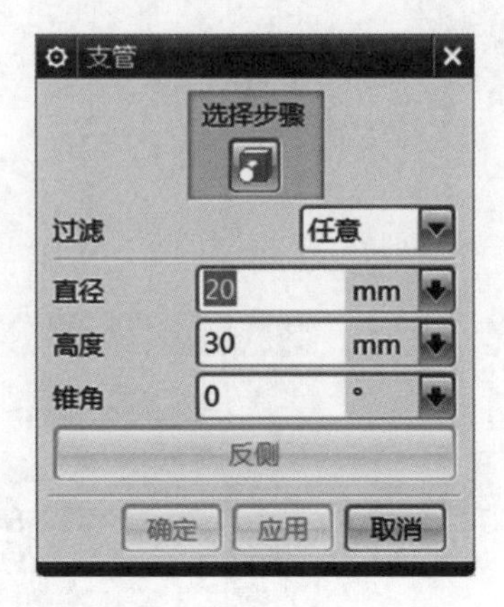

图 2－1－72 “凸台”对话框

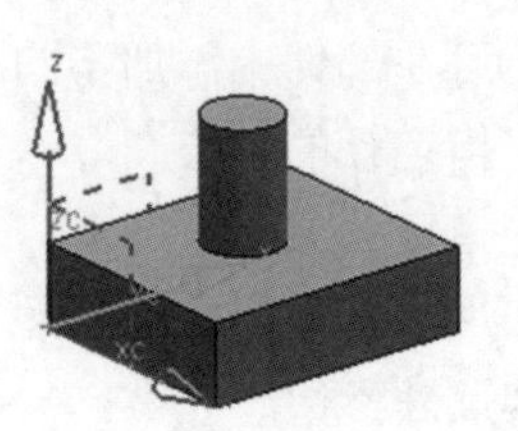

图 2－1－73 凸台特征

（5）腔体。选择“菜单”→“插入”→“设计特征”→“腔（原有）”命令，弹出如图 2－1－74 所示“腔体”对话框，该对话框包含“圆柱形”“矩形”和“常规”三个按钮。

2－9 腔体

①圆柱形。此按钮用于在实体上创建圆柱形腔体。单击“圆柱形”按钮，将弹出“选择腔体放置平面”对话框，包括“实体面”和“基准平面”两个按钮，提示用户选择平的放置面。选择好放置平面以后，弹出圆柱腔体参数设置对话框，其中深度值必须大于底面半径，如图 2－1－75 所示。放置好参数后单击“确定”按钮，弹出“定位”对话框，配以适当的定位方式，确定圆柱腔体的放置位置，完成圆柱形腔体的创建。

图 2－1－74 “腔”对话框

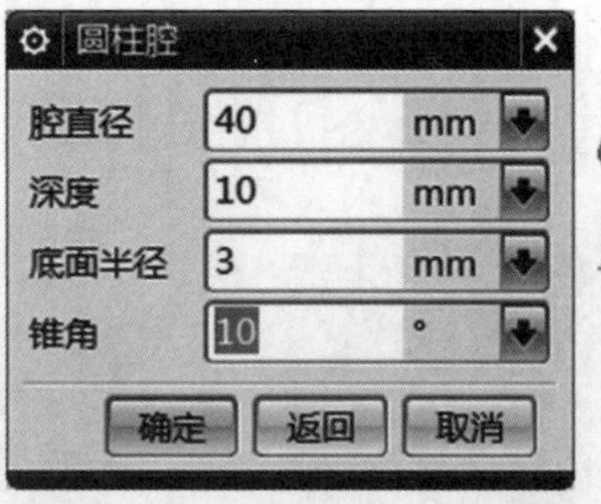

图 2－1－75 圆柱体腔体参数设置对话框

②矩形腔。在“腔”对话框中单击“矩形”按钮，弹出“矩形腔”对话框，先定义腔体的放置面和水平参考，然后定义矩形腔体的参数和定位尺寸，指定长度、宽度和深度，以及拐角处和底面上的半径，如图 2－1－76 所示。

学习笔记

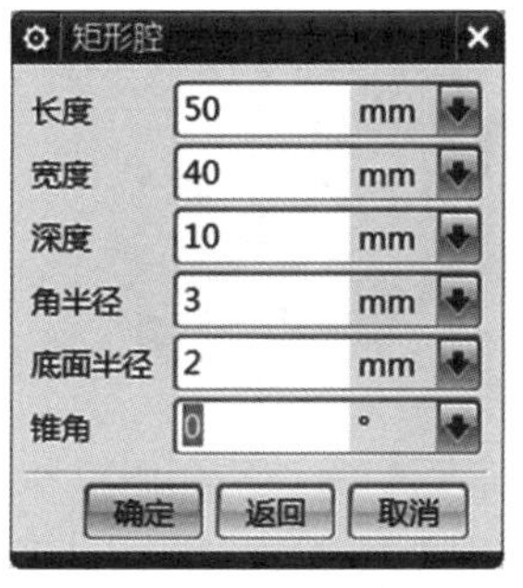

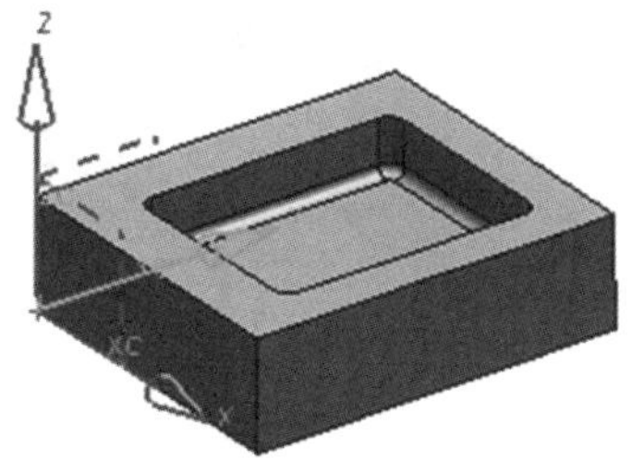

图 2－1－76　矩形腔参数的定义

2－10　垫块

（6）垫块。选择“菜单”→“插入”→“设计特征”→“垫块（原有）”命令，打开“垫块”对话框，单击“矩形”按钮，选择放置面，定义水平参考，在出现的“矩形垫块”对话框中定义参数，如图 2－1－77 所示，单击“确定”按钮，在弹出的“定位”对话框中定义定位尺寸，单击“确定”按钮，完成垫块创建。

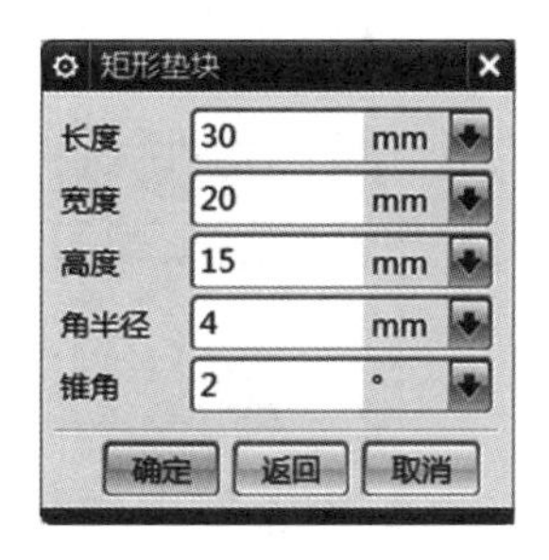

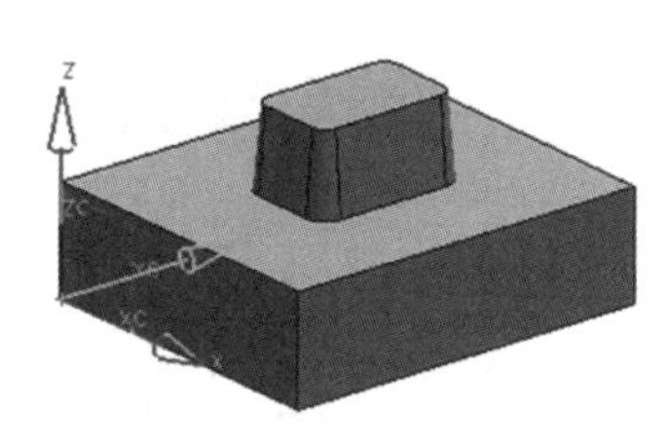

图 2－1－77　矩形凸垫参数定义

2－11　凸起

（7）凸起。选择“菜单”→“插入”→“设计特征”→“凸起”命令，弹出“凸起”对话框，如图 2－1－78 所示。

“截面”选择如图 2－1－79 所示曲线；单击“选择面”按钮，选择曲面；在“端盖”的“几何体”选项中选择“凸起的面”，“位置”选择“偏置”，“距离”输入“5”，单击“确定”按钮。

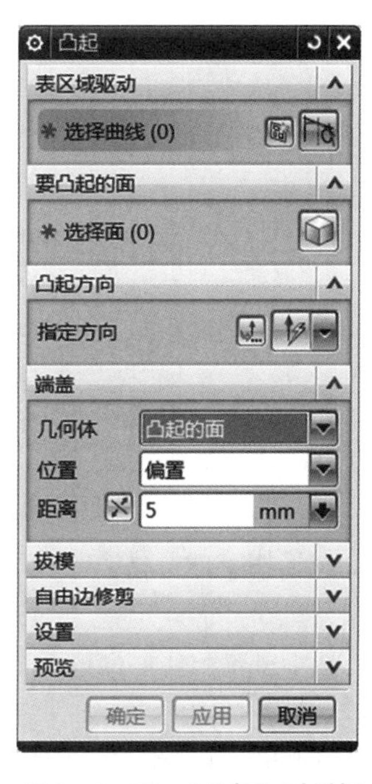

图 2－1－78　“凸起”对话框

（8）键槽。选择“菜单”→“插入”→“设计特征”→“键槽（原有）”命令，弹出如图 2－1－80 所示的“键槽”对话框，其中包含“矩形槽”“球形端槽”“U 形槽”“T 形槽”和“燕尾槽”5 个单选按钮，其中“通槽”复选框用来设置是否生成通槽。“键槽”中所有槽类型的深度值按垂直于平面放置面的方向测量。

①矩形槽。在如图 2－1－80 所示的“槽”对话框中选择“矩形”单选按钮，勾选“通槽”选项，然后单击“确定”按钮，弹出如图 2－1－81

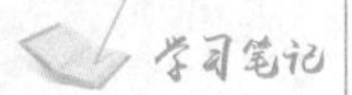

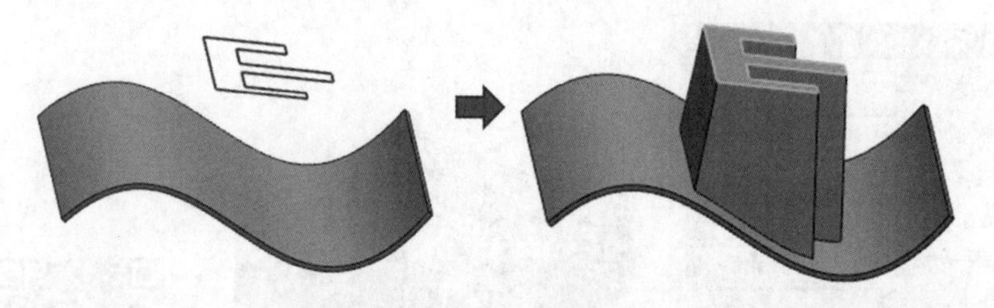

图 2－1－79　创建凸起

所示“矩形槽”对话框，其中包含“实体面”和“基准平面”两种类型。放置平面选定后，确定水平参考方向，如图 2－1－82 所示。确定水平参考方向后，选择两个面作为起始面和终止面，弹出如图 2－1－83 所示的矩形键槽参数设置对话框。参数设置完成后，单击“确定”按钮，弹出“定位”对话框，设置适当的定位方式，确定矩形槽的位置，即可完成键槽的创建。

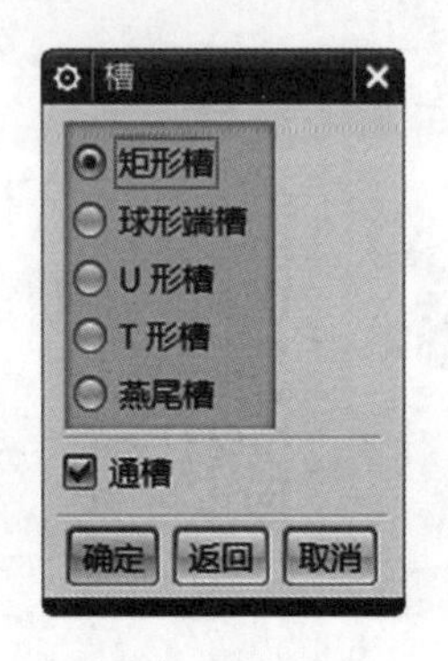

图 2－1－80　“槽”对话框

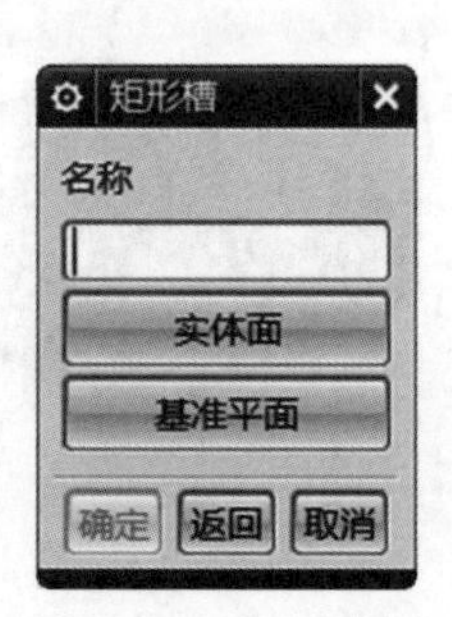

2－1－81　“矩形槽”对话框

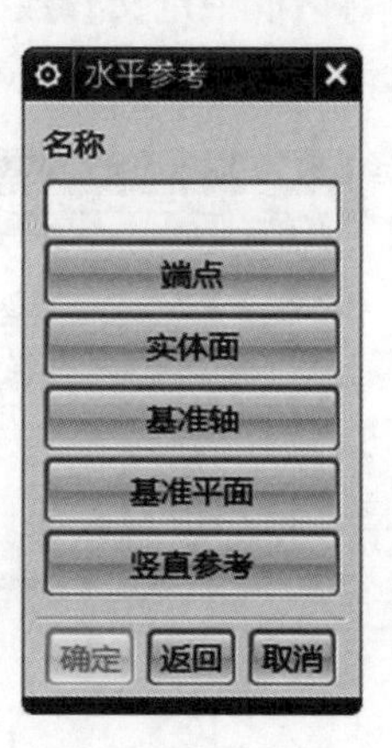

图 2－1－82　“水平参考”对话框

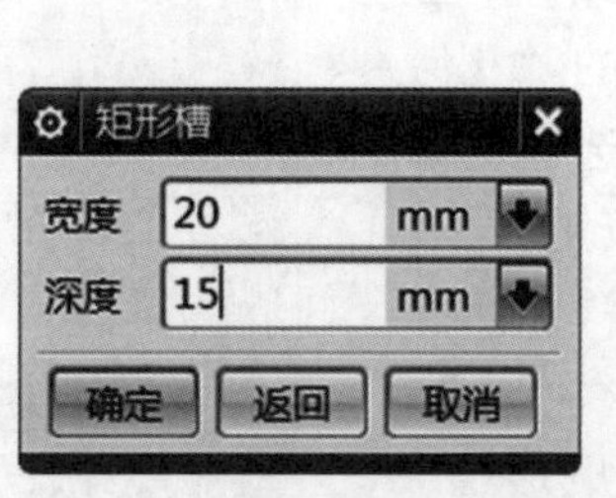

2－12　键槽

图 2－1－83　矩形键槽参数设置对话框

②球形槽。球形槽需要定义，如图 2－1－84 所示，其中深度值必须大于球的半径。

③U 形键槽。U 形键槽参数的定义如图 2－1－85 所示，其中深度值必须大于拐角半径的值。

④T 形槽。T 形键槽参数的定义如图 2－1－86 所示。

学习笔记

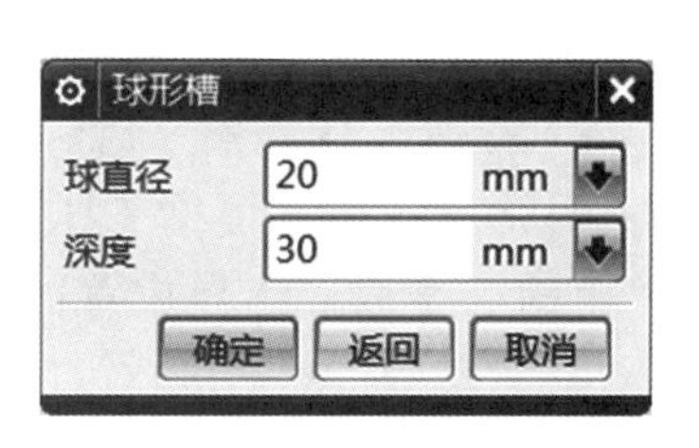

图 2－1－84　球形槽参数定义

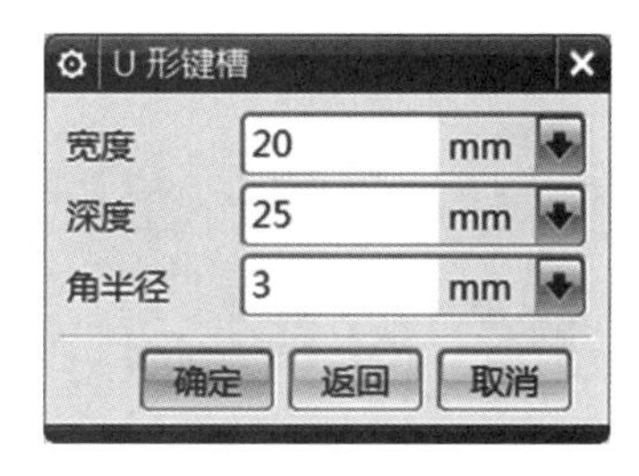

图 2－1－85　U 形键槽参数定义

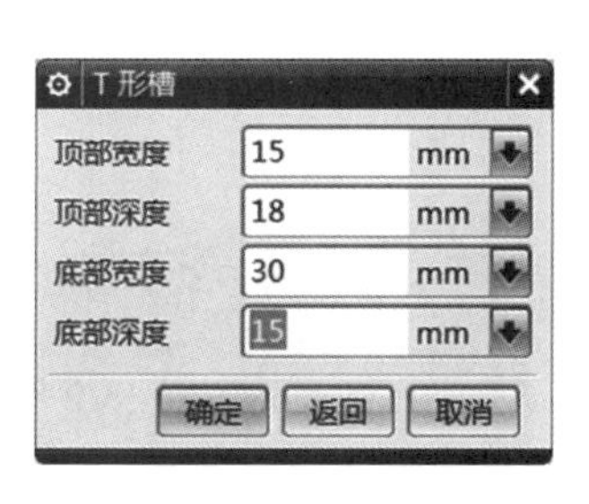

图 2－1－86　T 形槽参数定义

⑤燕尾槽。燕尾槽参数的定义如图 2－1－87 所示。

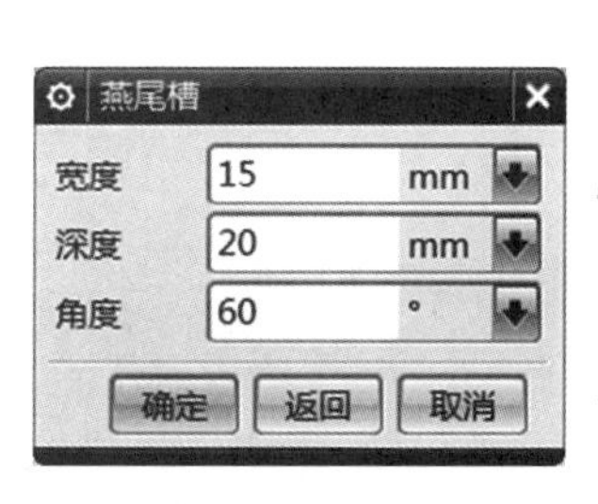

图 2－1－87　燕尾槽参数定义

(9) 槽。“槽”选项如同车削操作中一个成形刀具在旋转部件上向内（从外部定位面）或向外（从内部定位面）移动，从而在实体上生成一个沟槽。该选项只在圆柱形或圆锥形的面上起作用。旋转轴是选中面的轴，沟槽在选择该面的位置（选择点）附近生成并自动连接到选中的面上。可以选择一个外部的或内部的面作为沟槽的定位

2－13　槽

学习笔记

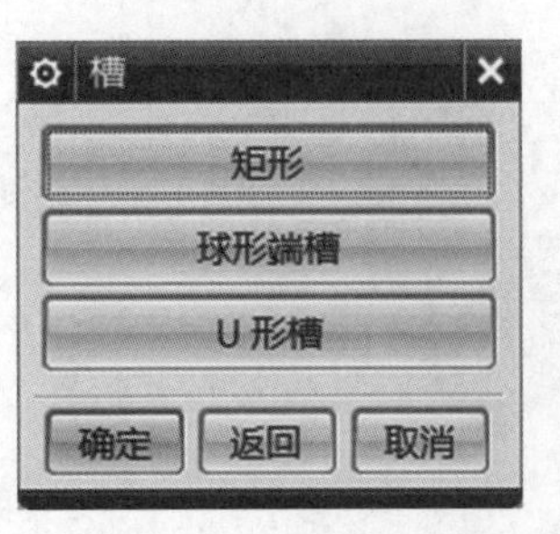

图 2-1-88 “槽”对话框

面，沟槽的轮廓对称于通过的平面并垂直于旋转轴。

选择“菜单”→“插入”→“设计特征”→“槽”命令，弹出如图 2-1-88 所示的“槽”对话框。通过该对话框可创建矩形、球形端槽和 U 形槽三种类型的槽。在该对话框中选择槽的类型后，选择放置面（圆柱面或圆锥面）设置槽的特征参数，然后进行定位，输入位置参数，再单击“确定”按钮，完成槽的创建。

①矩形槽。矩形槽参数的定义如图 2-1-89 所示，需要有两个参数：槽直径和宽度。

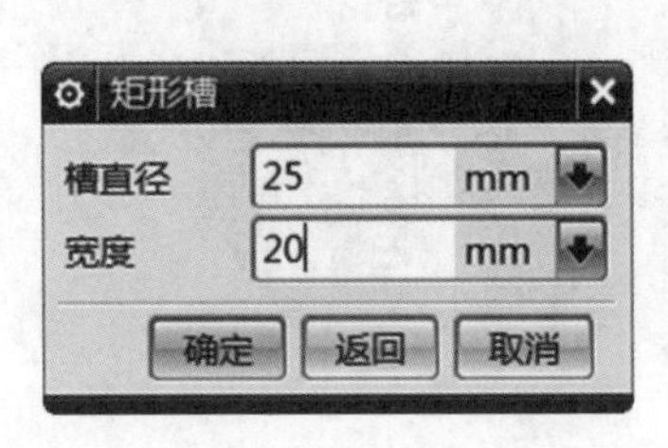

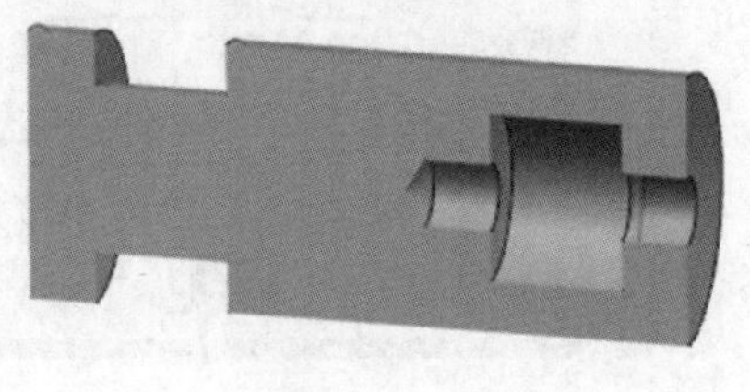

图 2-1-89 矩形沟槽的参数的定义

②球形端槽。球形端槽参数的定义如图 2-1-90 所示，需要定义槽的直径和球的直径两个参数。

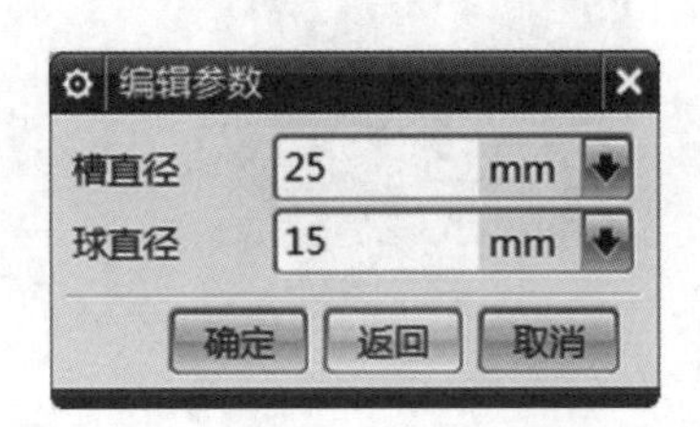

图 2-1-90 球形沟槽参数的定义

③U 形槽。U 形槽参数的定义如图 2-1-91 所示，需要定义槽直径、宽度和角半径。U 形槽宽度应该大于两倍的角半径。

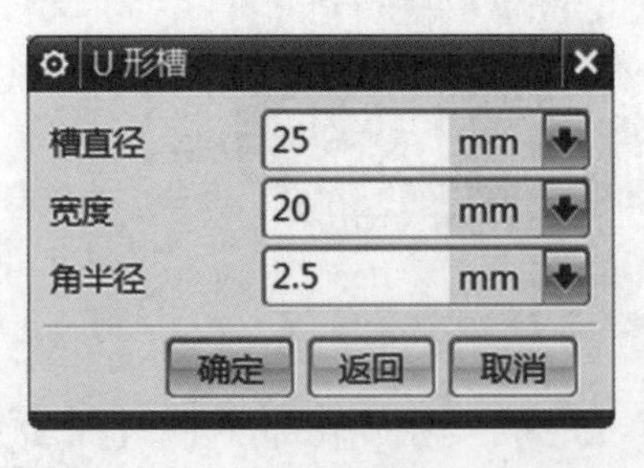

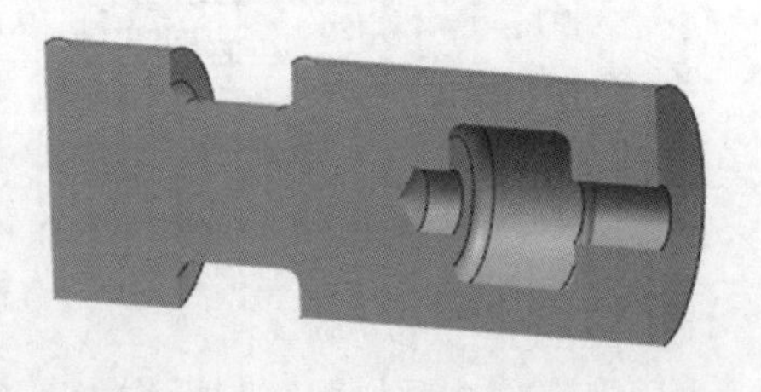

图 2-1-91 U 形沟槽的参数定义

（10）螺纹。选择“菜单”→“插入”→“设计特征”→“螺纹”命令，或者选择“主页”选项卡，单击“特征”组→“更多”库→“螺纹刀”按钮，弹出如图 2-1-92 所示的“螺纹切削”对话框。系统提供了两种螺纹的创建形式：符号和

学习笔记

详细。符号螺纹如图 2－1－93 所示。

①符号。该命令为系统默认命令，用于创建符号螺纹。符号螺纹，即符号性的螺纹，它用虚线表示螺纹而不显示螺纹实体，在工程图中用于表达螺纹与螺纹标注，由于其不生成螺纹实体，因此计算量小、生成速度快。用户根据需要进行所需参数的设置后，单击“确定”按钮即可。参数设置主要有以下几项。

a. 大径：用于进行螺纹大径的设置。当用户定完操作对象后，其文本框将会显示系统默认的数值，此默认数值是根据用户所定义的圆柱面与螺纹的形式由系统自动计算而得的，用户可以根据需要进行设置。

图 2－1－92 “螺纹”对话框

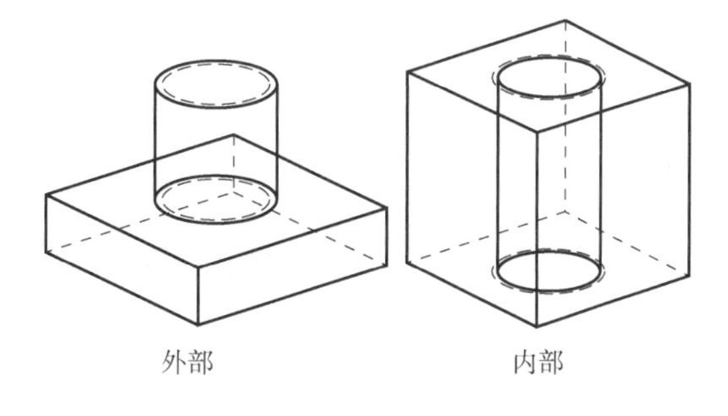

图 2－1－93 “符号螺纹”

b. 小径：用于进行螺纹小径的设置。当用户定义完操作对象后，其文本框会显示系统默认的数值，此默认数值是根据用户所定义的圆柱面与螺纹的形式由系统自动计算而得的，用户也可以根据需要进行设置。

c. 螺距：用于进行螺距的设置。当用户定义完操作对象后，其文本框会显示系统默认的数值。此默认数值是根据用户所定义的圆柱面与螺纹的形式由系统自动计算而得的，用户可以根据需要进行设置。

d. 角度：用于进行螺纹牙型角的设置。当用户定义完操作对象后，其文本框将会显示系统默认的数值。此默认数值为螺纹标准值 60°，用户可以根据需要设置。

e. 标注：用于标记螺纹。当用户定义完操作对象后，其文本框将会显示系统默认的数值，用户可以根据需要进行设置。

f. 螺纹钻尺寸：用于进行外螺纹轴的尺寸或内螺纹钻孔尺寸的设置，当用户定义完操作对象后，其文本框将会显示系统默认的数值，用户可以根据需要进行设置。

g. 方法：用于进行螺纹加工方式的设置，系统为用户提供了4种螺纹加工方式，即切削、轧制、研磨、铣削，用户可以根据需要进行设置。

h. 成形：用于进行螺纹标准的设置，用户可以根据需要对其进行设置，系统默认为公制。

i. 螺纹头数：用于进行螺纹单头或多头头数的设置，系统默认值为1。

j. 锥孔：用于进行螺纹是否拔模螺纹的设置。

k. 完整螺纹：用于指定螺纹在整个定义圆柱面上创建的设置，当用户选择此命令，对所创建的圆柱体进行了长度参数的改变时，螺纹也将会进行自动更改。

l. 长度：用于进行螺纹长度的设置。当用户定义完操作对象后，其文本框将会显示系统默认的数值，且螺纹长度从用户定义的起始面开始计算，用户也可以根据需要对其进行设置。

m. 手工输入：用于通过键盘进行螺纹参数的设置。

n. 从表格中选择：用于指定螺纹参数的设置，即从系统螺纹参数表中进行选择。

o. 旋转：用于进行螺纹旋转方式的设置。系统提供了两种旋转方式，即左旋螺纹与右旋螺纹，用户可以根据需要进行选择。

p. 选择起始：用于进行螺纹创建起始位置的设置，用户可以根据需要进行螺纹起始平面的定义，可以是实体表面或基准平面等。

②详细。该命令为系统选择命令，用于创建详细的螺纹。详细的螺纹将创建螺纹实体，因此计算量大、生成速度慢，当用户单击“详细”选项后，系统将会弹出如图2－1－94所示的“螺纹”对话框。详细的螺纹如图2－1－95所示，用户根据需要进行所需参数的设置后，单击“确定”按钮。

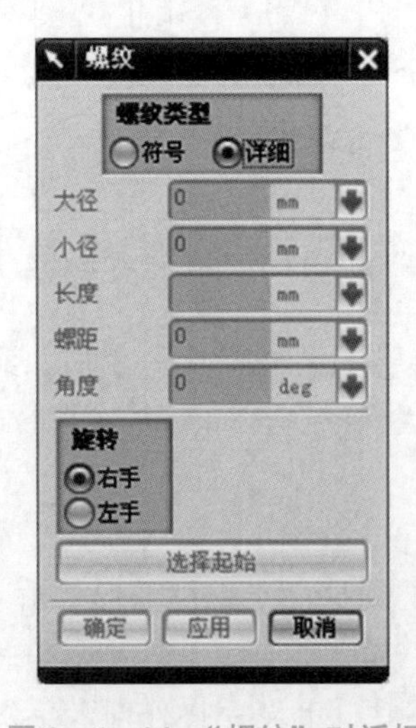

图2－1－94　“螺纹”对话框

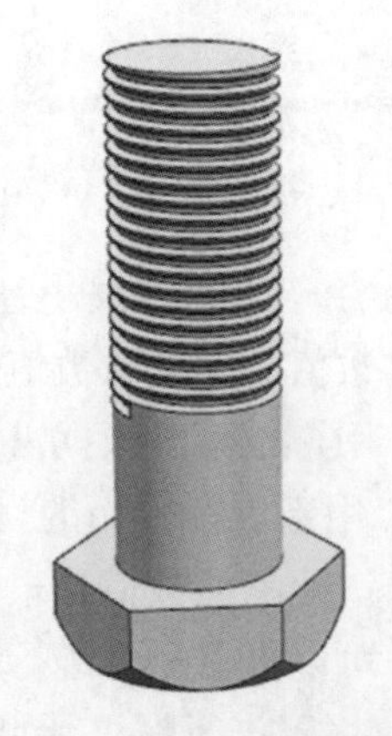

图2－1－95　“详细螺纹”

a. 大径：用于进行螺纹大径的设置，当用户定义完操作对象后其文本框将会显示系统默认的数值，此默认数值是根据用户所定义的圆柱面与螺纹的形式由系统自动计算而得的，用户可以根据需要对其进行所需参数的设置。

b. 小径：用于进行螺纹小径的设置，当用户定义完操作对象后其文本框将会显示系统默认的数值，此默认数值是根据用户所定义的圆柱面与螺纹的形式由系统自动计算而得的，用户可以根据需要对其进行所需参数的设置。

c. 长度：用于进行螺纹长度的设置，当用户定义完操作对象后其文本框将会显示系统默认的数值，且螺纹长度从用户定义的起始面开始计算，用户可以根据需要对其进行所需参数的设置。

d. 螺距：用于进行螺距的设置，当用户定义完操作对象后其文本框将会显示系统默认的数值，此默认数值是根据用户所定义的圆柱面与螺纹的形式由系统自动计算而得的，用户可以根据需要对其进行所需参数的设置。

e. 角度：用于进行螺纹牙型角的设置，当用户定义完操作对象后其文本框将会显示系统默认的数值，此默认数值为螺纹标准值60°，用户可以根据需要对其进行所需参数的设置。

f. 旋转：用于进行螺纹旋转方式的设置，系统提供了两种旋转方式，即左旋螺纹与右旋螺纹，用户可以根据需要进行选择设置。

g. 选择起始：用于进行螺纹创建起始位置的设置，用户可以根据需要进行螺纹起始平面的定义，可以是实体表面或基准平面等。

(11) 管道

管道特征是将圆形横截面沿着一个或多个相切连续的曲线扫掠而生成实体，当内径大于0时生成管道。

选择“菜单”→“插入”→“扫掠”→“管”命令，弹出如图2-1-96所示的“管”对话框，“路径”单击作为管道路径的曲线，“横截面”输入管道外径和内径的值。管道内径可以为0，但管道外径必须大于0，外径必须大于内径。创建管道如图2-1-97所示。

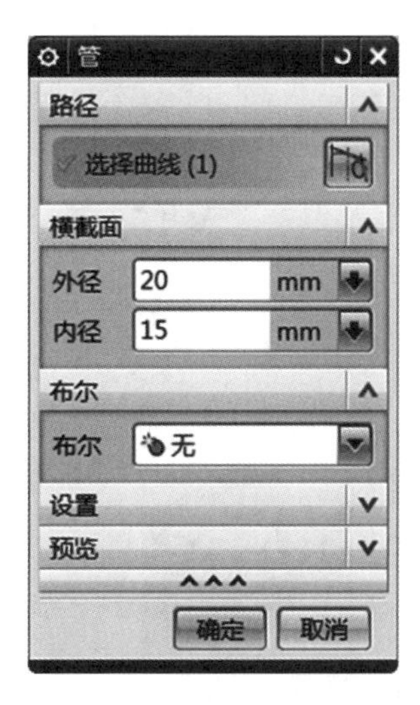

图2-1-96 “管”对话框

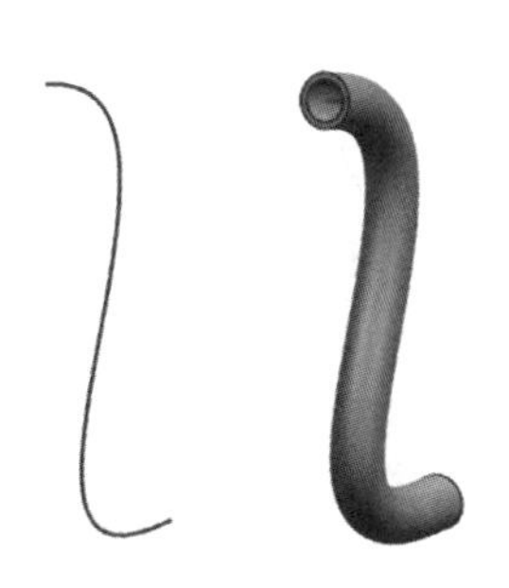

图2-1-97 创建管道结果

学习笔记

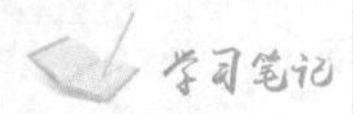

六、细节特征

1. 边倒圆

2-14 边倒圆

“边倒圆”操作用于实体边缘去除材料或添加材料，使实体上的尖锐边缘变成圆角过渡曲面。选择“菜单”→“插入”→“细节特征”→“边倒圆”命令，或单击“主页”选项卡，选择“特征”组中的“边倒圆”按钮，可以将选择的实体边缘线变为圆角过渡。“边倒圆”对话框如图2-1-98所示。

（1）创建半径恒定的边倒圆，选择“边倒圆”命令。选择要倒圆的边，并在“半径”文本框中输入边倒圆的半径值，单击“确定”按钮。结果如图2-1-99所示。

（2）创建可变半径的边倒圆，选择“边倒圆”命令，选择实体的一条或多条边缘线。展开“变半径”选项，再单击按钮，弹出“点”对话框，或者单击右侧的下拉箭头，从列表中选择点类型；指定可变点后，在对话框中设定“半径”和“%圆弧长”来确定倒圆半径和可变半径的位置，也可以在工作区直接拖拉可变半径及其手柄来改变可变半径点的位置和倒角半径，如图2-1-100所示。重复上述过程，可定义多个可变半径点，最后单击“应用”按钮即可。

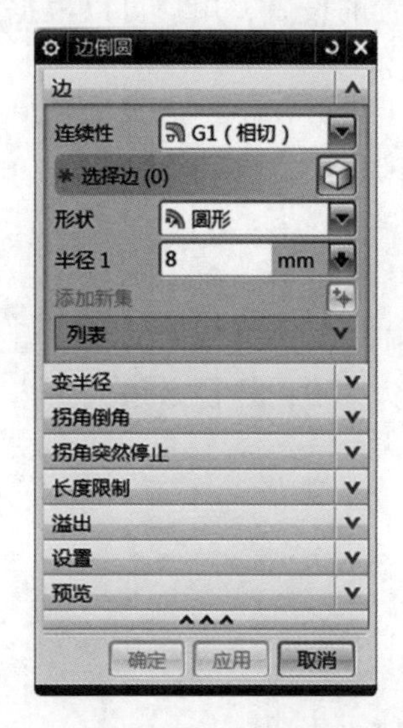

图2-1-98 “边倒圆”对话框

图2-1-99 恒半径倒圆角

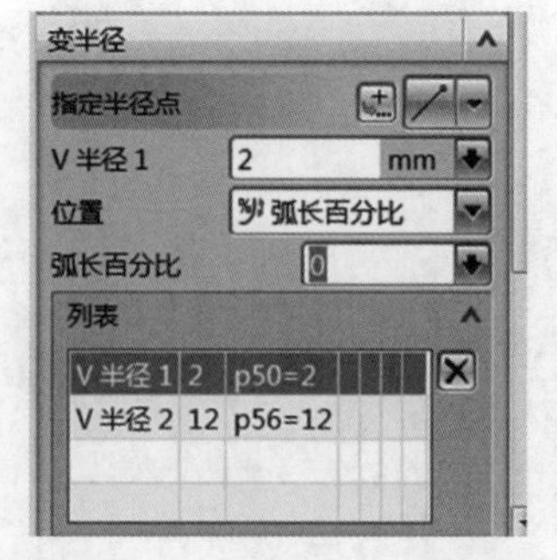

图2-1-100 创建可变半径的边倒圆

学习笔记

2. 倒斜角

倒斜角是在尖锐的实体边上通过偏置的方式形成斜角。斜角在机械零件上很常用，为了避免应力和锐角伤人，通常需要倒斜角。选择“菜单”→“插入”→“细节特征”→“倒斜角”命令，或选择“主页”选项卡，单击“特征”组中的“倒斜角”按钮，可以在实体上创建简单的斜边。“倒斜角”对话框如图 2－1－101 所示。该对话框提供了 3 种倒角方式。

图 2－1－101 “斜倒角”对话框

(1) 对称。从选定边开始沿着两表面上的偏置值是相同的，如图 2－1－102 所示。

(2) 非对称。从选定边开始沿着两表面上的偏置值不相等，需要指定两个偏置值，如图 2－1－103 所示。

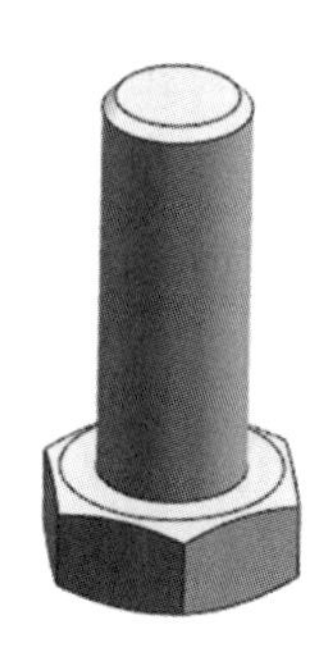
图 2－1－102 对称偏置

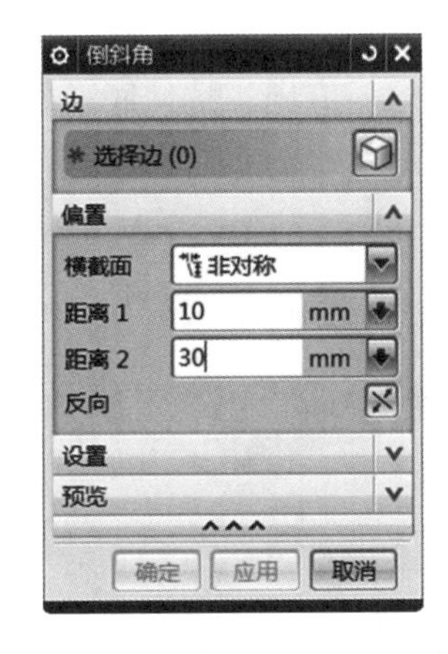

图 2－1－103 非对称偏置

(3) 偏置和角度。从选定边开始沿着两表面上的偏置值不相等，需要指定一个偏置值和一个角度，如图 2－1－104 所示。

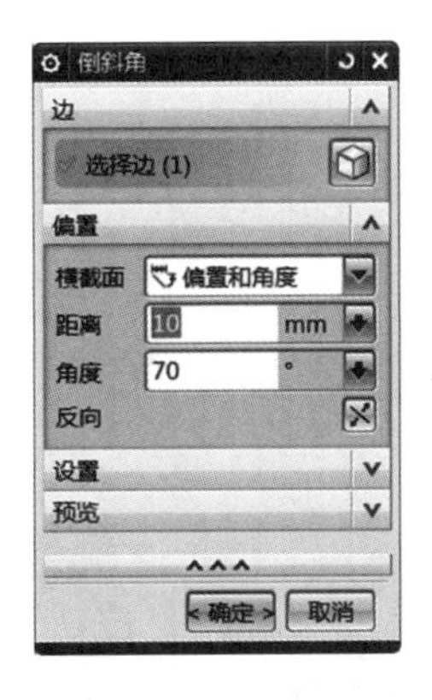

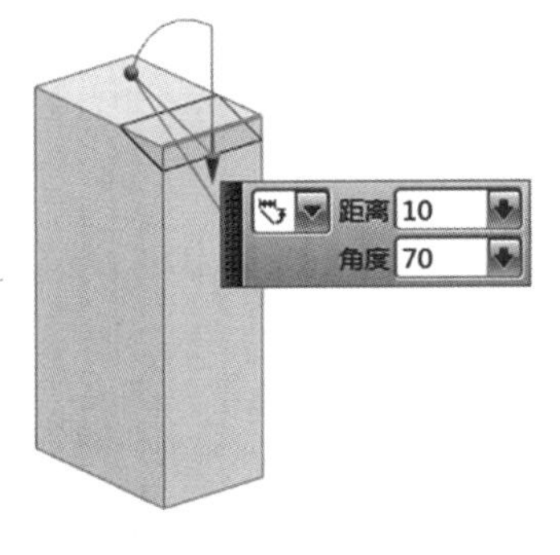

图 2－1－104 偏置和角度

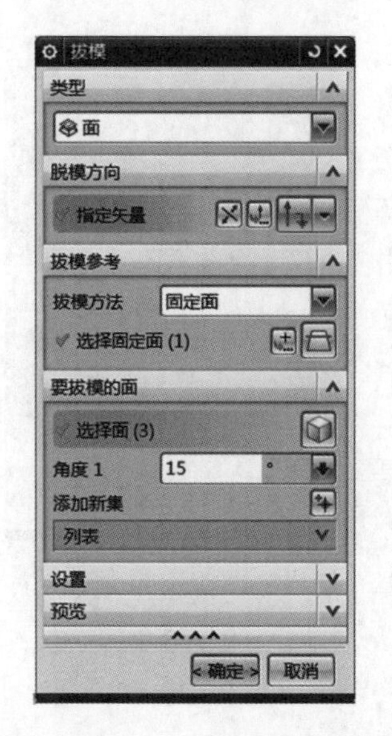

图 2－1－105 “拔模”对话框

3. 拔模

在铸造和塑料模具设计中，为了顺利脱模，必须将“直边”沿开模方向添加一定的拔模斜度。通过“拔模”选项，可以相对于指定矢量和可选的参考点将拔模应用于面或边。

选择“菜单”→“插入”→“细节特征”→“拔模”命令，或选择“主页”选项卡，单击“特征”组中的“拔模”按钮，弹出如图 2－1－105 所示的“拔模”对话框。

（1）“面”拔模。在执行从平面拔模命令时，固定平面（或称拔模参考点）定义了垂直于拔模方向拔模面上的一个截面，实体在该截面上不因拔模操作而改变。

操作步骤：选择“面”拔模，指定 ZC 轴为脱模方向，选择底平面为固定面，侧面为拔模面，设定拔模角度，单击“确定”按钮，完成拔模，如图 2－1－106 所示。

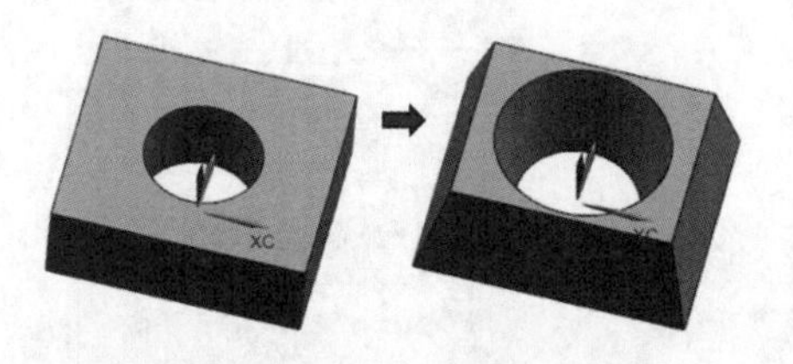

图 2－1－106 “从平面”拔模

（2）“边”拔模。通常情况下，当需要拔模的边不包含在垂直于方向矢量的平面内时，这个选项特别有用。选择 ZC 轴为脱模方向，选择下表面边缘为固定边缘，设定拔模角度，单击“确定”按钮，结果如图 2－1－107 所示。

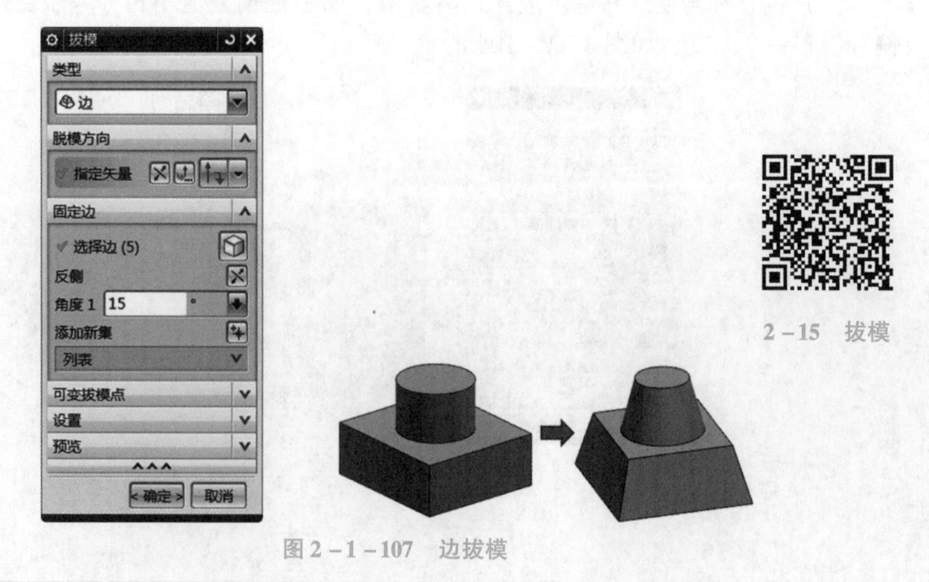

2－15 拔模

图 2－1－107 边拔模

学习笔记

七、关联复制特征

1. 抽取几何特征

“抽取几何特征”操作可通过复制一个面、一组面或另一个体来创建体。选择“菜单”→“插入”→“关联复制”→“抽取几何特征”命令，弹出如图2-1-108所示的“抽取几何特征”对话框，“类型”选项区中常用的有“面”“面区域”和“体”等。

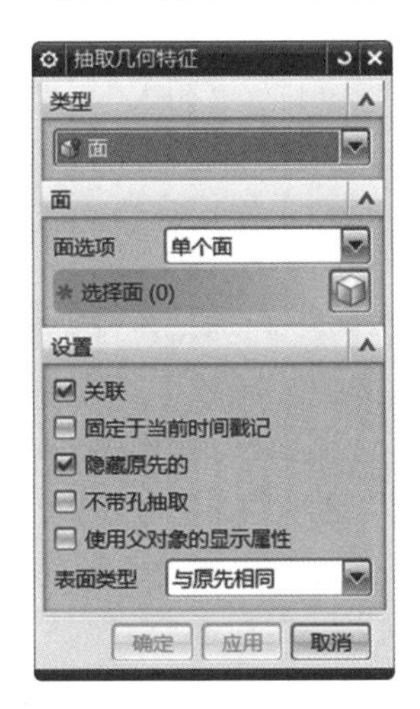

图2-1-1-108 “抽取几何特征”对话框

（1）面。该方式可以将选取的实体或片体表面抽取为片体。例如，抽取类型为“面”，在提示下选择面参照，在“设置”选项区中选中“隐藏原先的”复选框，单击“确定”按钮，结果如图2-1-109所示。

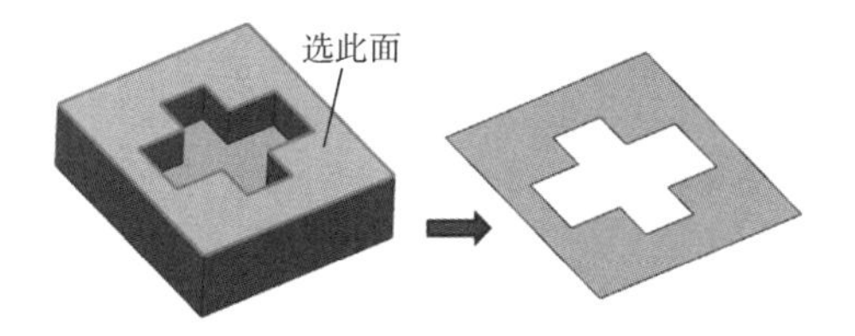

图2-1-109 抽取单个面

2-16 抽取几何特征

（2）面区域。该方式可以在实体中选取种子面和边界面，种子面是区域中的起始面，边界面是用来对选取区域进行界定的一个或多个表面，即终止面。选择“类型”中的“面区域”选项，然后选择如图2-1-110所示的腔体底面为种子面，选

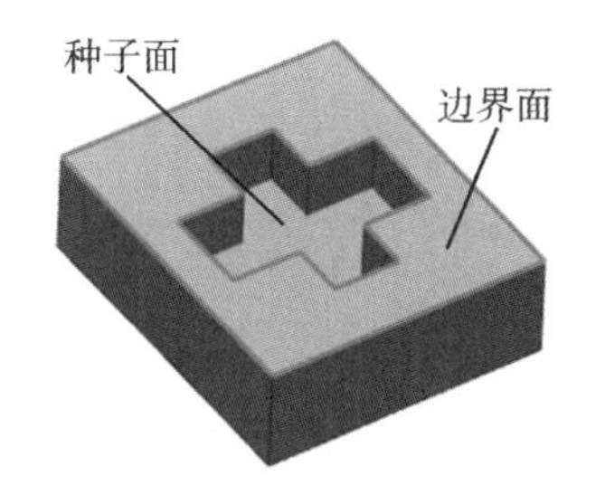

图2-1-110 抽取面区域

学习笔记

取上表面为终止面，在“设置”选项区中选中“隐藏原先的”复选框，单击“确定”按钮，即可创建抽取面区域的片体特征。

（3）体：该方式可以对选择的实体或片体进行复制操作，复制的对象和原来的对象相关。

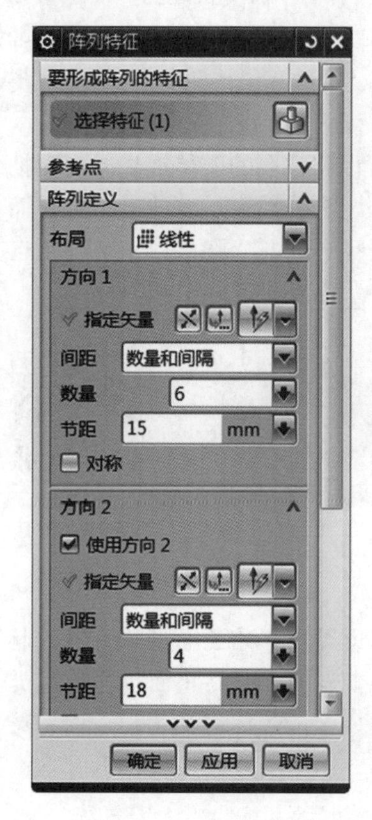

图 2－1－111 “列阵特征”对话框

2. 列阵特征

在建模模块中，选择“菜单”→“插入”→“关联复制”→“列阵特征”命令，弹出“列阵特征”对话框，如图 2－1－111 所示，可以根据现有特征创建线性阵列和圆形阵列。

（1）线性阵列。在弹出的“阵列特征”对话框“选择特征（1）”中选择本例中已有模型（图 2－1－112）中的孔，在“布局”下拉列表框中选择“线性”选项，在“边界定义”选项组的“方向 1”子选项组中选择“XC 轴”图标，“间距”选项为“数量和间隔”，“数量”为“6”，“节距”为“15”；在“方向 2”子选项组中勾选“使用方向 2”复选框，选择“YC 轴”图标，“间距”选项也为“数量和间隔（节距）”，“数量”为“4”，“节距”为“18”。单击“确定”按钮，完成线性阵列操作，结果如图 2－1－113所示。

（2）圆形阵列。在弹出的“列阵特征”对话框中“选择特征”中选择本例中已有模型（图 2－1－114）中的孔，在“布局”下拉列表框中选择“圆形”选项，在“旋转轴”选项区中选择“ZC 轴”，从“指定点”下拉列表框中选“圆弧中心/椭圆中心/球心”，并在模型中选择圆的边，在“斜角方向”选项区中，“间距”设置为“数量和间隔”，“数量”为“6”，“节距角”为“60”，如图 2－1－115 所示。单击“确定”按钮，结果如图 2－1－116 所示。

图 2－1－112 已有模型

图 2－1－113 创建的矩形列阵效果

学习笔记

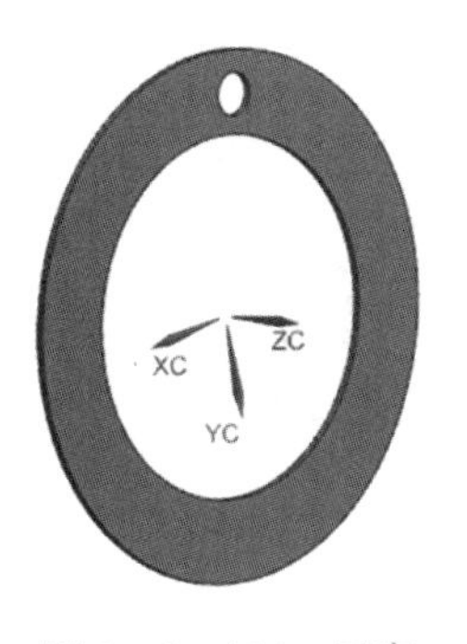

图 2-1-114　已有模型

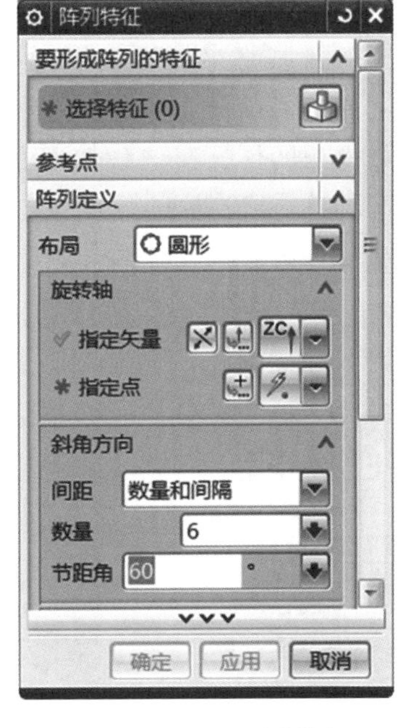

图 2-1-115　“列阵特征”圆形对话框

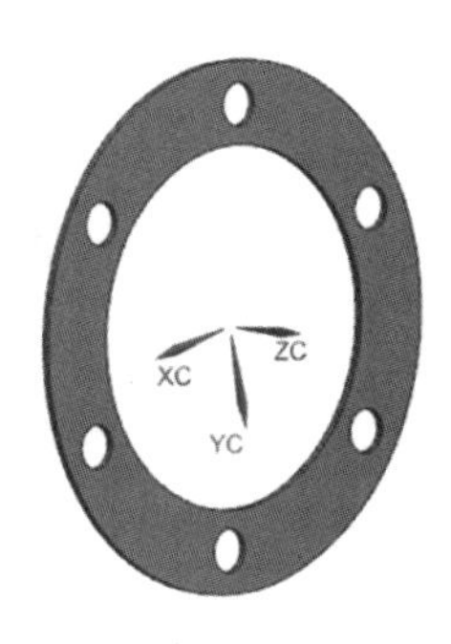

图 2-1-116　圆形列阵效果

3. 镜像特征

“镜像特征”操作可以通过基准平面或平面镜像选定的特征，以创建对称的模型。操作步骤：选择“菜单”→“插入”→“关联复制”→“镜像特征”命令，弹出“镜像特征”对话框，如图 2-1-117 所示。选择需要镜像的特征（圆柱和简单孔），再选择“镜像平面”选项，选择圆柱上平面为镜像平面，单击“确定”按钮，完成操作，其镜像了圆柱和简单孔两个特征，圆形列阵特征没有镜像。结果如图 2-1-118 所示。

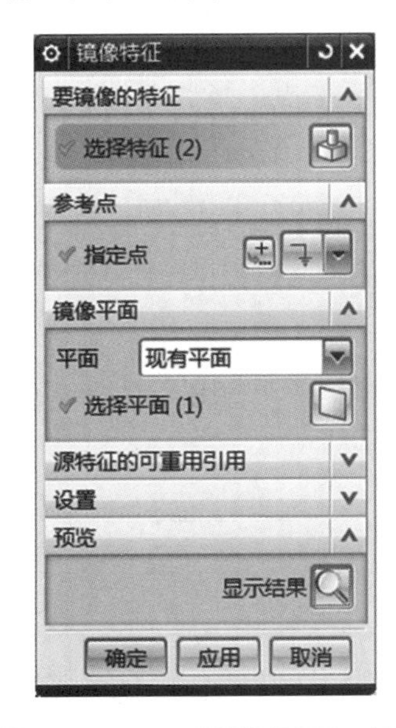

图 2-1-117　“镜像特征”对话框

2-17　镜像特征

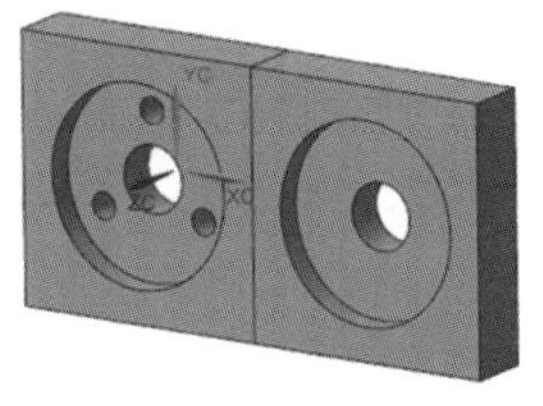

图 2-1-118　创建镜像特征示例

4. 镜像几何体

“镜像几何”体操作可以通过基准平面镜像选定的体。操作步骤：选择“菜单”→“插入”→“关联复制”→“镜像几何体”命令，弹出“镜像几何体”对话框，如图2－1－119所示。选择需要镜像的体，在“镜像平面”选项区中选择基准平面，单击“确定”按钮，结果如图2－1－120所示。

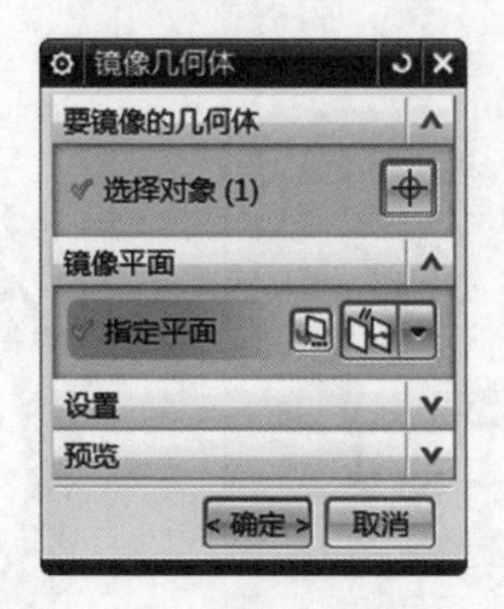

图2－1－119 “镜像几何体”对话框

2－18 镜像几何体

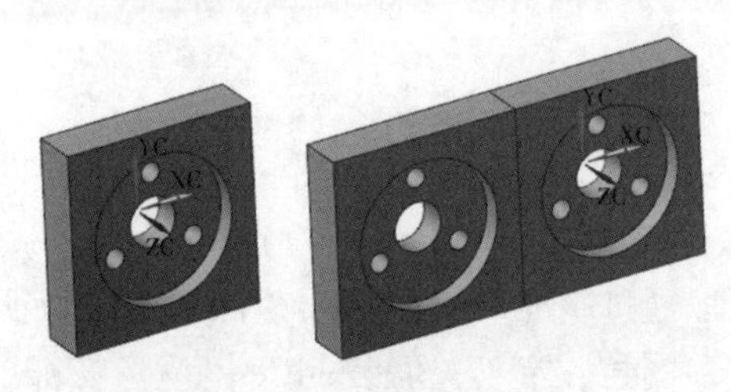

图2－1－120 创建镜像体示例

学有所思

1. 在任务实施过程中，你遇到了哪些障碍？你是如何想办法解决这些困难的？

______

______

______

______

2. 请你准确地说出在创建油壶盖和带轮中所使用的命令名称，以及它们的主要功能。你是如何理解工匠精神的？

______

______

______

______

学习笔记

1. 创建如图 2－1－121 所示五角星三维模型。

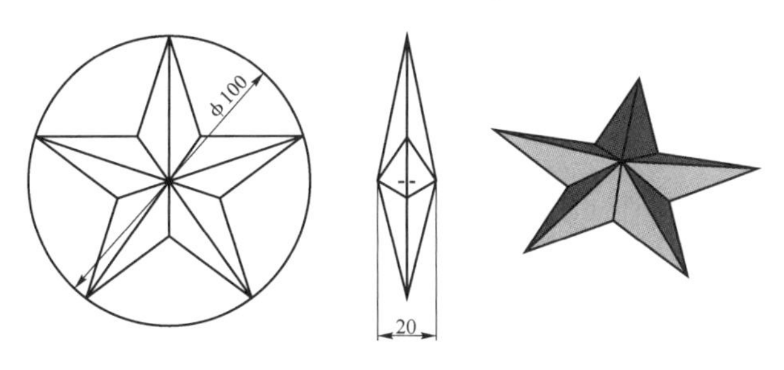

图 2－1－121　五角星

2. 电位器盒零件图如图 2－1－122 所示，进行三维建模。

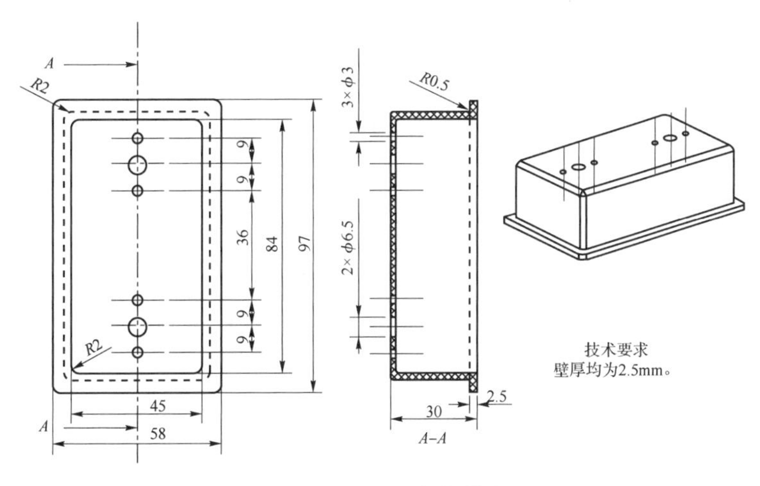

图 2－1－122　电位器盒

3. 对基座零件进行三维建模，如图 2－1－123 所示。

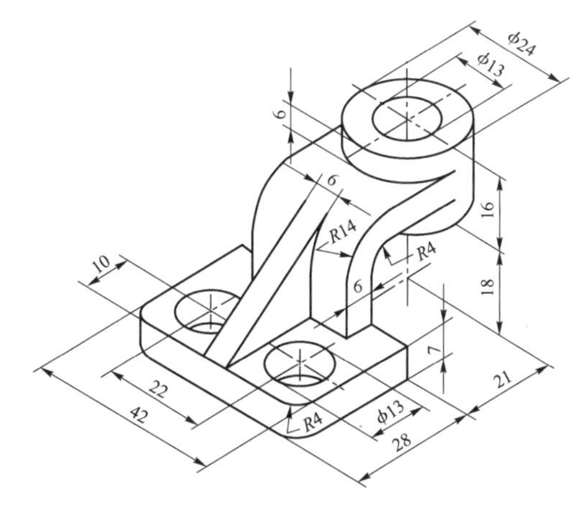

图 2－1－123　基座

AR资源

AR资源

4. 对阀体零件进行三维建模，如图 2－1－124 所示。

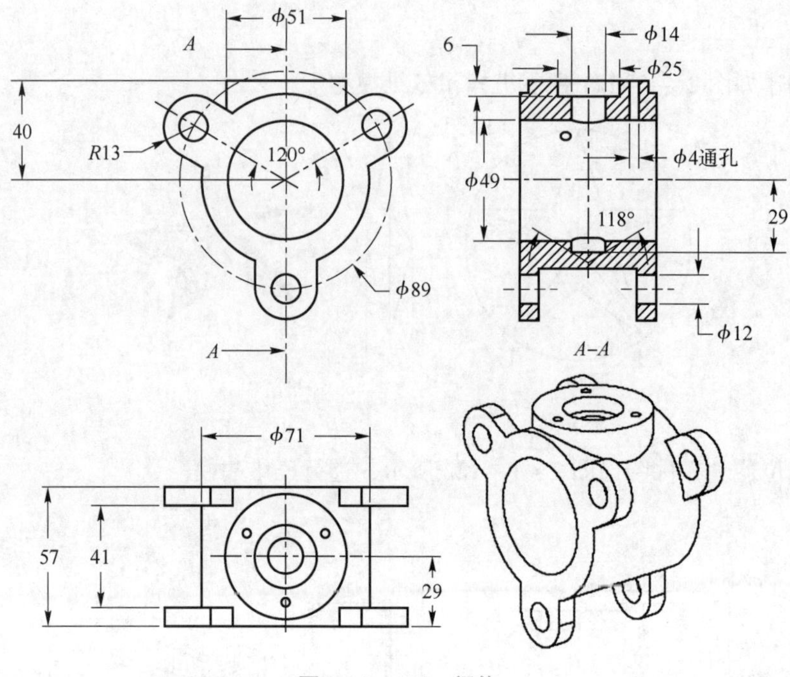

图 2－1－124 阀体

任务二 箱体零件三维模型的创建

【技能目标】

1. 会应用 UG NX 12.0 进行箱体三维建模。
2. 会对中等复杂零件确定建模思路，熟练应用建模命令进行三维造型。

【知识目标】

1. 掌握设计特征中各命令的使用方法。
2. 掌握细节特征中各命令的使用方法。
3. 掌握关联复制中各命令的使用方法。

【态度目标】

1. 培养乐学、善学及劳动意识。
2. 具有人文情怀、审美情趣和创新精神。

根据如图 2－2－1 所示蜗轮蜗杆箱体零件尺寸参数，分析零件形状特征，确定建

模思路，用 UG NX 12.0 建模模块完成三维的创建。

学习笔记

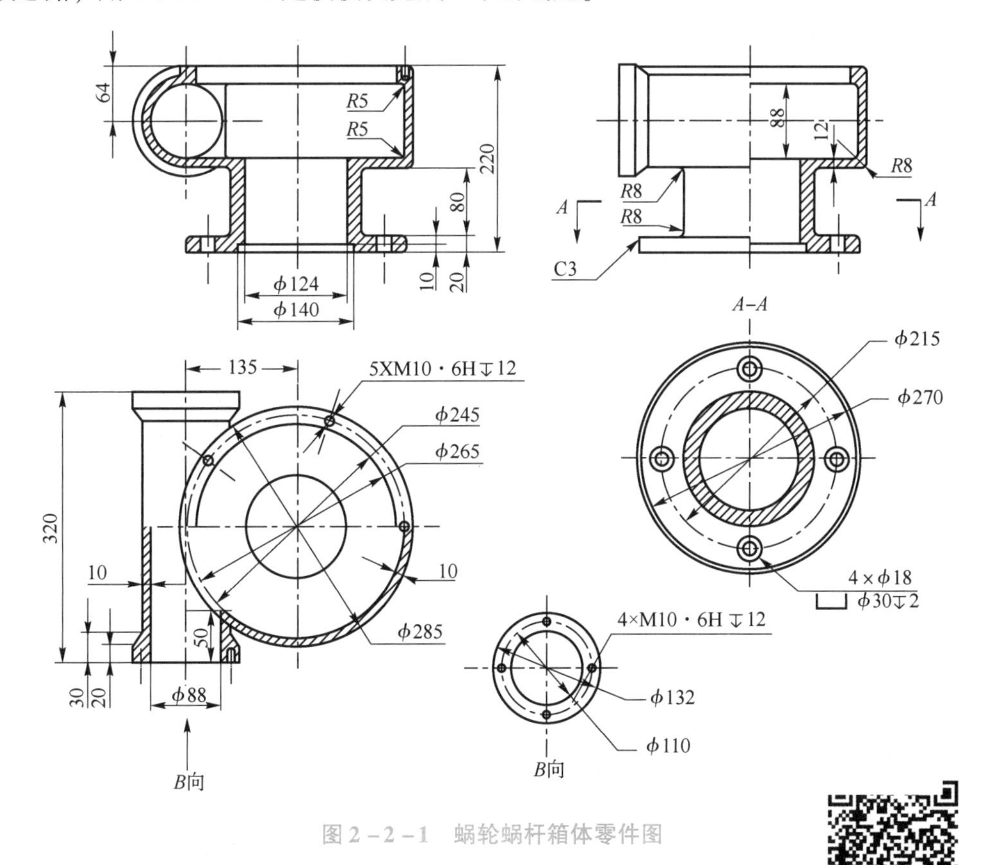

图 2-2-1　蜗轮蜗杆箱体零件图

AR资源

2-19　蜗轮蜗杆箱体三维建模

任务实施

一、蜗轮蜗杆箱体三维建模

步骤 1. 建立新文件

启动 UG NX 12.0 软件，单击“文件”→“新建”按钮，弹出“新建”对话框，单位选择“毫米”，文件“名称”文本框中输入“箱体”，选择文件存盘的位置，单击“确定”按钮，进入建模模块。

步骤 2. 创建蜗轮箱部分结构

（1）创建蜗轮箱外形回转体。单击“特征”组中“旋转”按钮，弹出“旋转”对话框，单击“绘制截面”按钮，创建草图，如图 2-2-2 所示，完成草图。选择 Z 轴为旋转轴，在开始“角度”文本框中输入“0”，在结束“角度”文本框中输入“360”。单击“确定”按钮，完成回转实体的创建，如图 2-2-3 所示。

（2）创建基准平面。单击“菜单”→“插入”→“基准/点”→“基准平面”按钮，弹出“基准平面”对话框，如图 2-2-4 所示，选择“类型”为“按某一距离”，选

学习笔记

择刚创建的实体顶平面为平面参考，“偏置”中“距离”输入“64”。单击“确定”按钮，建立基准平面，如图2-2-5所示。

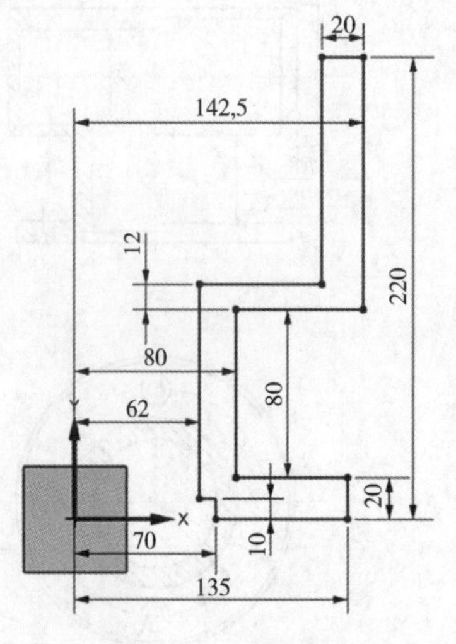

图2-2-2　创建蜗轮箱外形草图

图2-2-3　回转实体

图2-2-4　“基准平面”对话框

图2-2-5　创建的基准平面

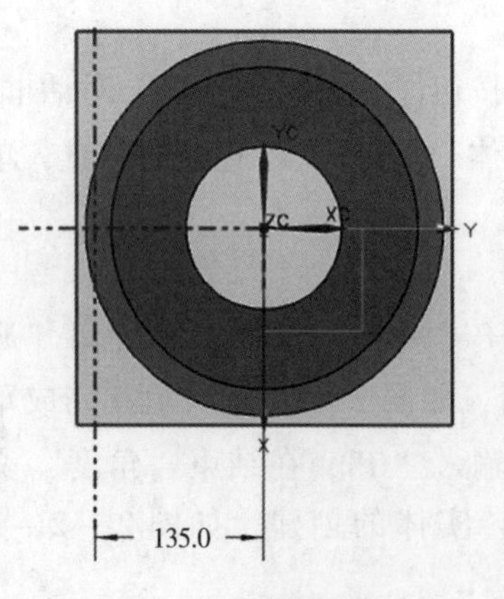

图2-2-6　创建草图参考线

步骤3. 创建蜗杆部分外形回转体

单击“特征”组中“旋转”按钮，弹出“旋转”对话框，在其中单击“绘制截面”按钮，在刚创建的基准面创建草图，先创建两条实线并选中后右击，选择“转换为参考”选项，如图2-2-6所示。接下来草绘蜗杆箱体回转截面，可先按尺寸绘制下半部分，再用“草图”中的“镜像曲线”命令完成上半部分的创建，如图2-2-7所示，单击“完成”按钮，返回“旋转”对话框。在“开始”的“角度”文本框中输入“0”，在“结束”的“角度”文本框中输入“360”。单击“确定”按钮，完成蜗杆箱体回转体的创建，效果如图2-2-8所示。

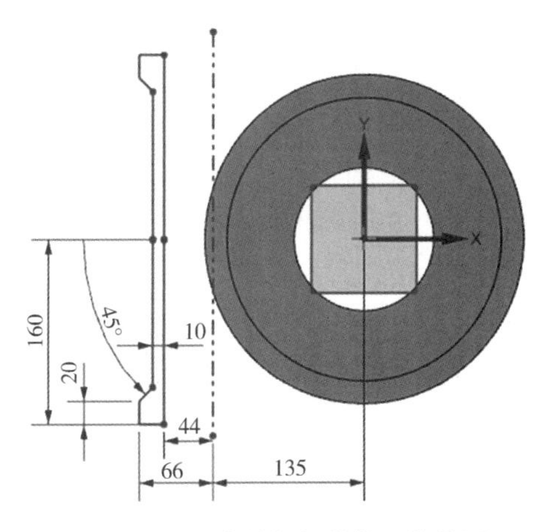

图 2－2－7　草绘蜗杆箱体回转截面

图 2－2－8　创建出蜗杆箱体回转体效果

学习笔记

步骤 4. 修剪蜗轮蜗杆箱内部结构

单击“菜单”→“插入”→“修剪”→“修剪体”按钮，弹出“修剪体”对话框，如图 2－2－9 所示。在“修剪体”对话框中选择右边的蜗轮箱为“目标”，如图 2－2－10 所示，单击“工具”中的“面或平面”按钮，将工具栏下方的“面规则”下拉框设置为“单个面”，选择左边的蜗杆箱内孔面为“工具”，单击“应用”按钮，完成蜗杆内孔修剪，效果如图 2－2－11 所示。再选择左边的蜗杆箱为目标体，将工具栏下方的“面规则”下拉框设置为“单个面”，选择蜗轮箱内侧面和内部底面为工具，如图 2－2－12 所示。单击“确定”按钮，完成内孔修剪，如图 2－2－13 所示。

图 2－2－9　修剪体对话框

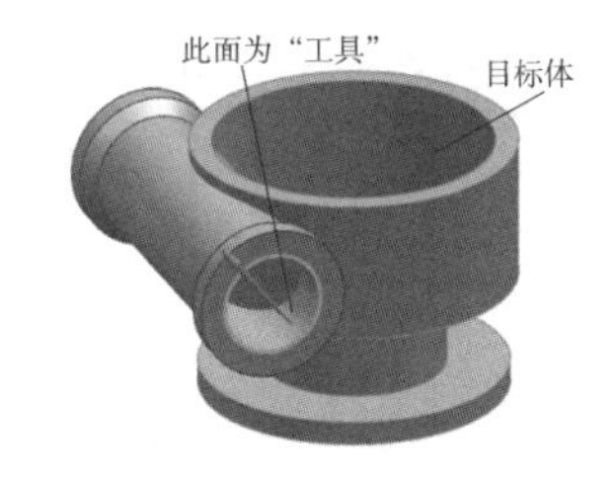

图 2－2－10　选择修剪蜗轮体部分

图 2－2－11　蜗杆孔修剪后效果

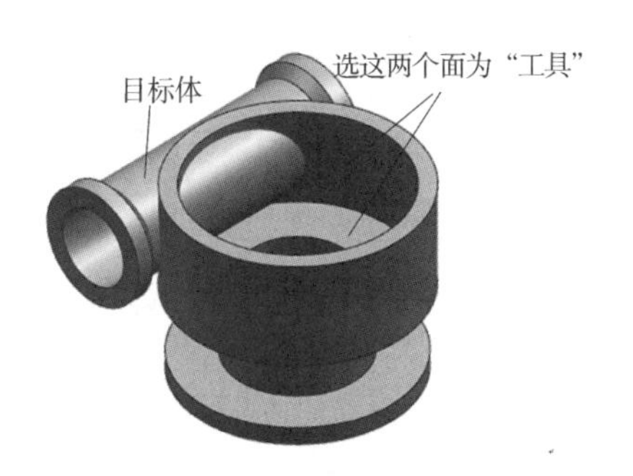

图 2－2－12　选择修剪蜗杆体目标

图 2－2－13　内孔修剪后效果

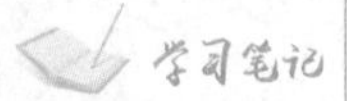

图 2-2-14 "合并"对话框

步骤 5. 合并蜗轮蜗杆箱体

单击"特征"组中的"合并"按钮，弹出"合并"对话框，如图 2-2-14 所示。选择蜗轮箱为"目标"体，再选择蜗杆箱为"刀具"体。单击"确定"按钮，完成合并后效果如图 2-2-15 所示。

步骤 6. 拉伸蜗轮箱内部结构

单击"特征"组中的"拉伸"按钮，弹出"拉伸"对话框，单击"绘制截面"按钮，选择蜗轮箱内孔底面（见图 2-2-16），创建草图（见图 2-2-17）。在"拉伸"对话框中"开始"的"距离"栏输入"0"、"结束"的"距离"栏输入"88"，在"布尔"下拉框中选择"减去"方式，如图 2-2-18 所示。单击"确定"按钮，完成拉伸后的效果如图 2-2-19 所示。

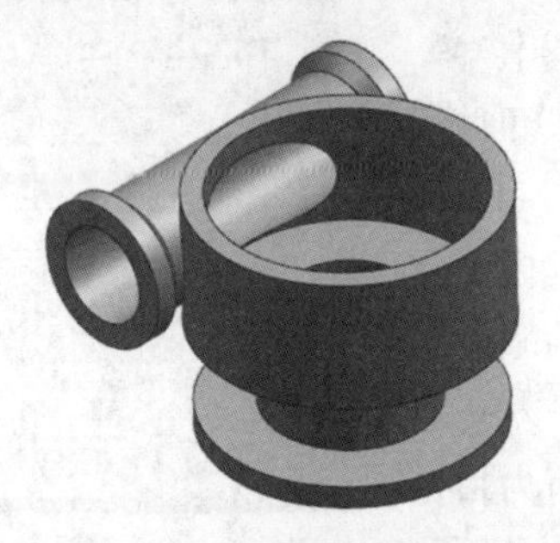

图 2-2-15 箱体合并后效果

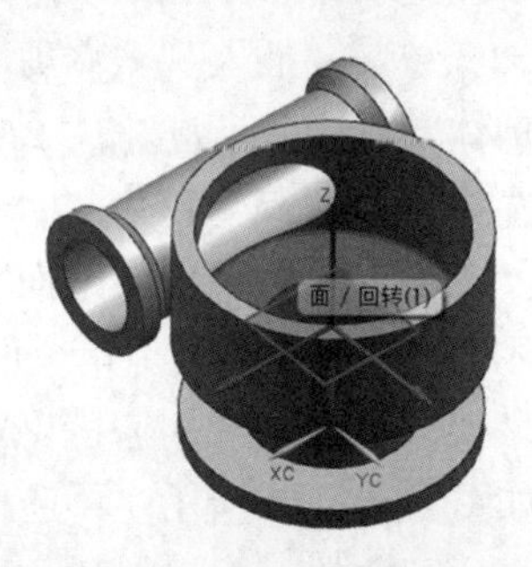

图 2-2-16 选择蜗轮箱内孔底面

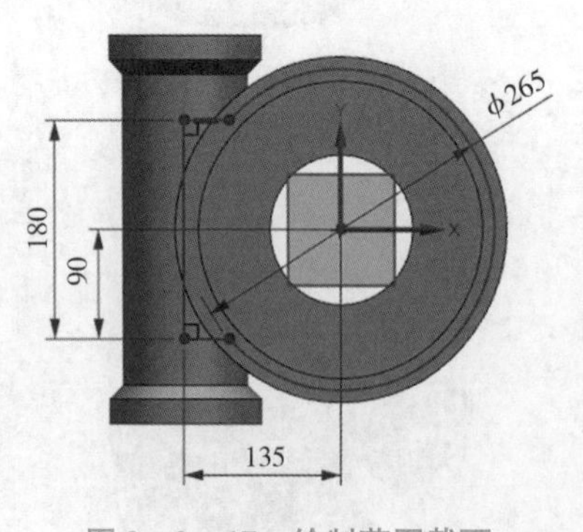

图 2-2-17 绘制草图截面

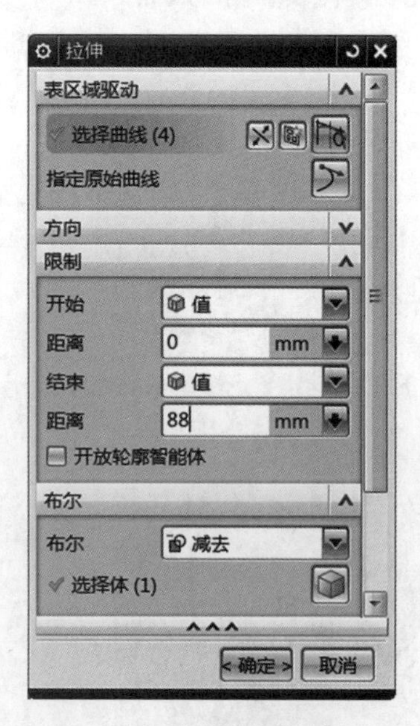

图 2-2-18 设置拉伸参数

学习笔记

步骤 7. 创建蜗轮蜗杆箱 4 × ϕ18 mm 安装沉孔

（1）创建 ϕ18 mm 孔。单击“菜单”→“插入”→“设计特征”→“孔”按钮，弹出“孔”对话框，选择“类型”为“常规孔”，单击“绘制截面”按钮，进入草图环境，选择蜗轮箱安装底板上表面创建草图，先作 ϕ215 mm 圆并选中后右击，选择“转换为参考”，将实线转换成双点画线。在 ϕ215 mm 圆的右象限点上创建一点，如图 2 - 2 - 20 所示，单击“完成”按钮，返回“孔”对话框。孔的形状尺寸参数设置如图 2 - 2 - 21 所示。单击“确定”按钮，其效果如图 2 - 2 - 22 所示。

图 2 - 2 - 19　拉伸后效果

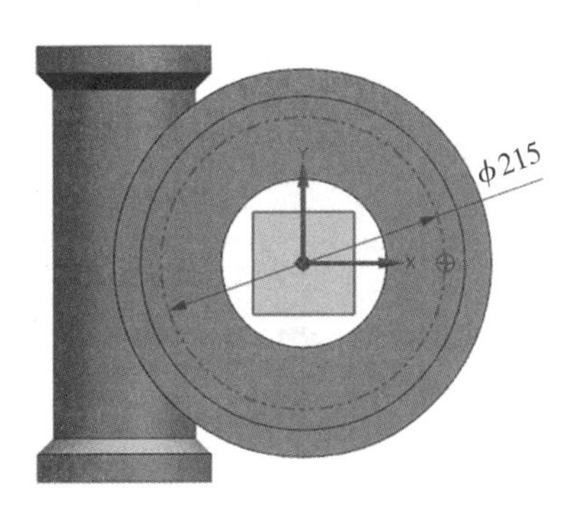

图 2 - 2 - 20　绘制草图

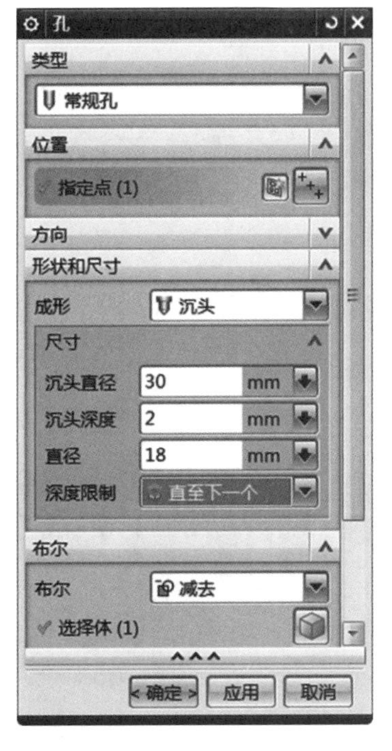

图 2 - 2 - 21　孔参数设置

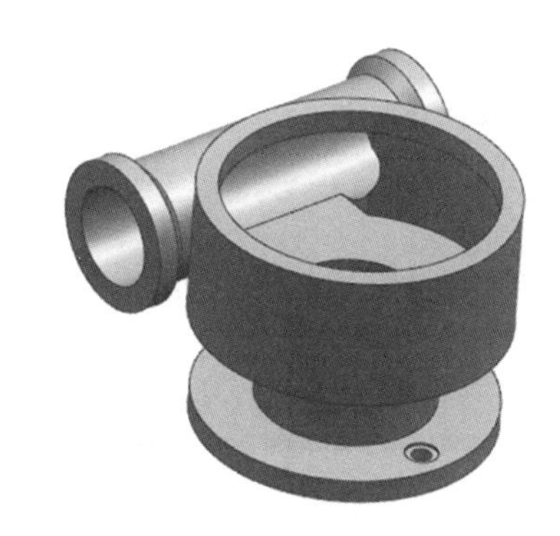

图 2 - 2 - 22　孔效果

（2）创建 4 × ϕ18 mm 安装沉孔。单击“特征”→“更多”→“阵列面”按钮，弹出“阵列面”对话框：“布局”选择“圆形”；再选择沉头孔的 3 个面，选择 Z 基准轴为圆形阵列的旋转轴；在“指定点”中单击“点”对话框按钮，弹出“点”

学习笔记

对话框，采用默认值，单击“确定”按钮，返回“阵列面”对话框；在“数量”文本框中输入“4”，“节距角”输入“90”，如图 2－2－23 所示。单击“确定”按钮，完成阵列后的效果如图 2－2－24 所示。

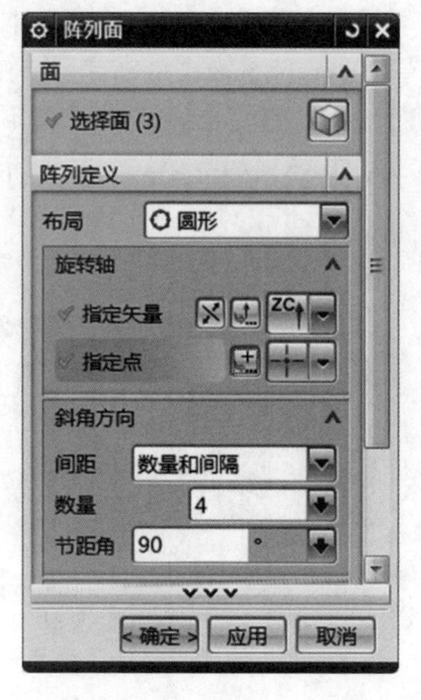

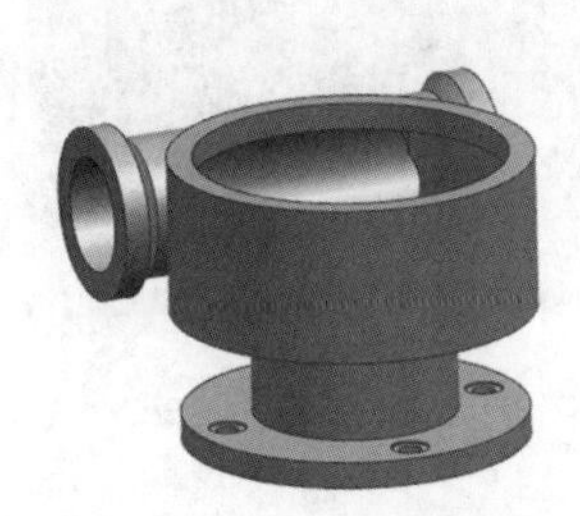

图 2－2－23 “阵列面”对话框　　　　图 2－2－24 阵列后效果

步骤 8. 创建蜗杆箱 4 × M10 －6H ↧12 螺纹孔

（1）创建基准坐标系。单击“菜单”→“插入”→“基准/点”→“基准坐标系”按钮，弹出“基准坐标系”对话框，如图 2－2－25 所示，捕捉蜗杆箱前端面圆心。单击“确定”按钮，效果如图 2－2－26 所示。

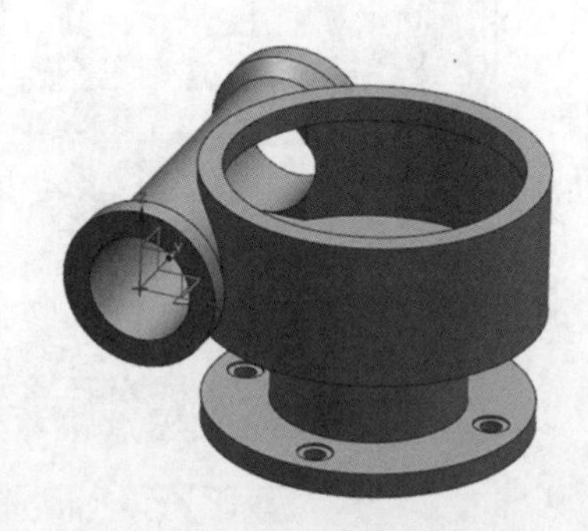

图 2－2－25 “基准坐标系”对话框　　　　图 2－2－26 创建基准坐标系效果

（2）创建蜗杆箱前端面 M10 －6H ↧12 螺纹孔。单击“菜单”→“插入”→“设计特征”→“孔”按钮，弹出“孔”对话框，选择“类型”为“螺纹孔”，单击“绘制截面”按钮，进入草图环境，选择选择蜗杆箱的前端面创建草图，先作圆 ϕ110 mm 并选中后右击，选择“转换为参考”，将实线转换成双点画线。在圆

$\phi100$ mm 的右象限点上创建一点，如图 2－2－27 所示，单击“完成”按钮，返回“孔”对话框。螺纹大小选择 M10 × 1.5，螺纹深度为 12 mm，螺纹孔深度为 15 mm，如图 2－2－28 所示。单击“确定”按钮，完成后效果如图 2－2－29 所示。

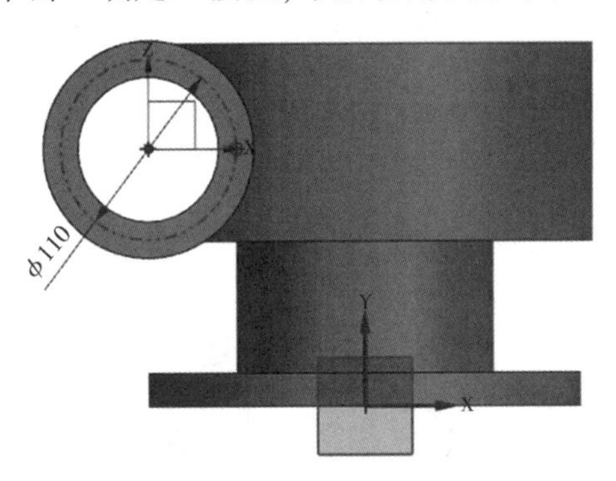

图 2－2－27　确定孔位置

图 2－2－28　“孔”对话框

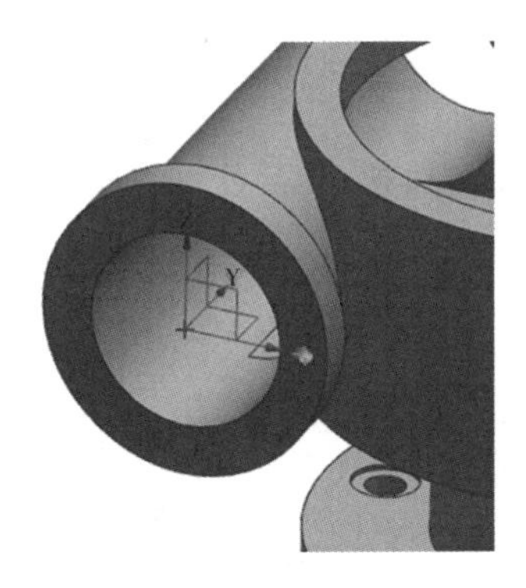

图 2－2－29　创建的螺纹孔

（3）创建蜗杆箱前端面 4 × M10－6H ↧12 螺纹孔。单击“菜单”→“插入”→“关联复制”→“列阵特征”按钮，弹出“列阵特征”对话框，如图 2－2－30 所示，选择螺纹孔，“布局”选择“圆形”，再选择基准坐标系上的 Y 轴为旋转轴，捕捉蜗杆端面圆心为旋转点，“数量”输入“4”，“节距角”输入“90”。单击“确定”按钮，完成阵列后效果如图 2－2－31 所示。

图 2-2-30 “列阵特征”对话框

图 2-2-31 螺纹孔阵列后效果

(4) 创建蜗杆箱后端面 4 × M10 - 6H ↧12 螺纹孔。单击“特征”→“更多”→“镜像特征”按钮，弹出“镜像特征”对话框，如图 2-2-32 所示。在“镜像特征”对话框中，从模型树中选择刚创建的 M10 螺纹孔，“阵列特征”为“镜像特征”，选择 $X-Z$ 基准面为镜像平面，完成蜗杆箱后端面 4 × M10 螺纹孔的创建，如图 2-2-33 所示。

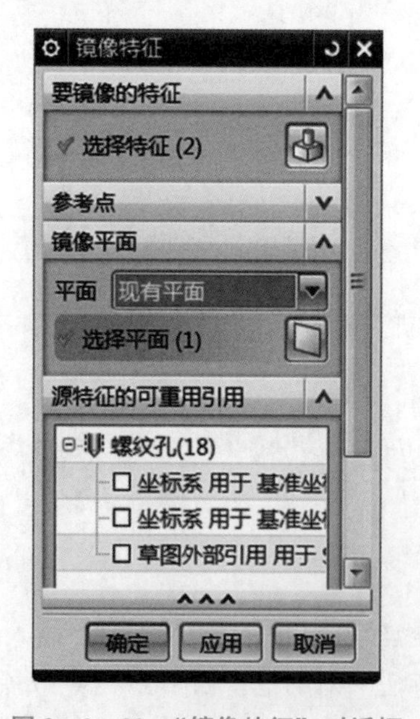

图 2-2-32 “镜像特征”对话框

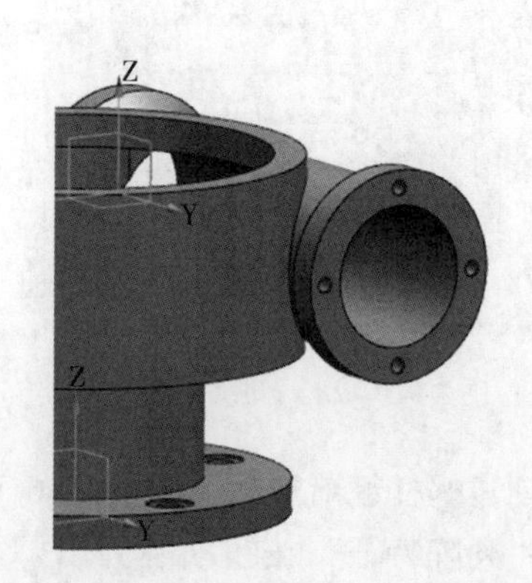

图 2-2-33 螺纹孔镜像到后端面

步骤 9. 创建蜗轮箱 5 × M10 – 6H ↧12 螺纹孔

（1）创建蜗轮箱 M10 – 6H ↧12 螺纹孔。单击“菜单”→“插入”→“设计特征”→“孔”按钮，弹出“孔”对话框，选择“类型”为“螺纹孔”，单击“绘制截面”按钮，进入草图环境，选择蜗轮箱上端面创建草图，先作 ϕ265 mm 圆并选中后右击，选择“转换为参考”，将实线转换成双点画线。在 ϕ265 mm 圆的右象限点上创建一点，如图 2 – 2 – 34 所示，单击“完成”按钮，返回“孔”对话框。螺纹大小选择 M10 × 1.5，螺纹深度为 12 mm，螺纹孔深度为 15 mm，“布尔”选择“减去”选项。单击“确定”按钮，完成后效果如图 2 – 2 – 35 所示。

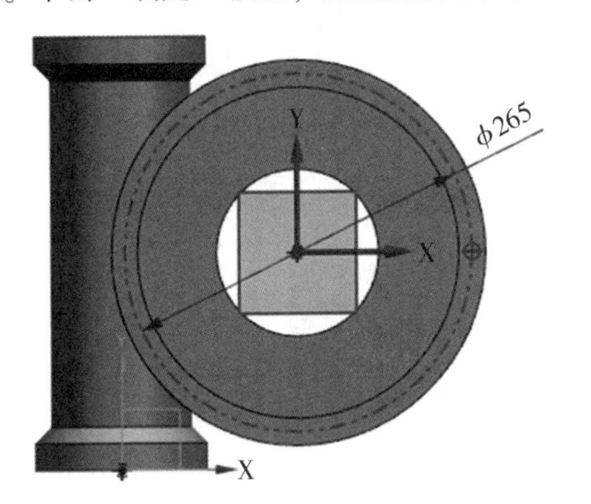

图 2 – 2 – 34　确定孔位置

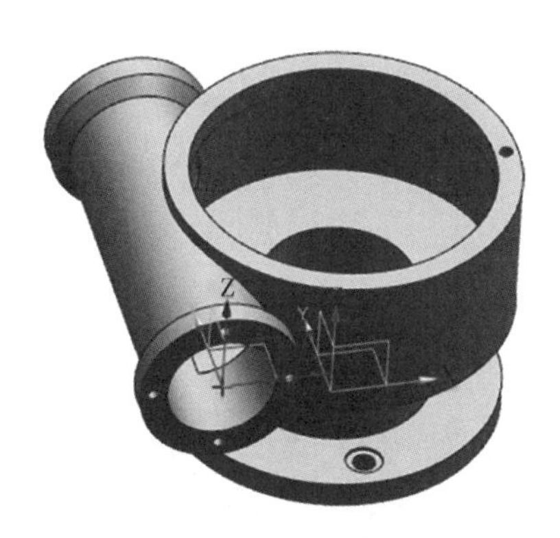
图 2 – 2 – 35　创建螺纹孔

（2）创建蜗轮箱上端面 5 × M10 螺纹孔。单击“菜单”→“插入”→“关联复制”→“列阵特征”按钮，弹出“列阵特征”对话框，选择螺纹孔，“布局”选择“圆形”，再选择基准坐标系上的 Z 轴为旋转轴，捕捉蜗轮上端面圆心为旋转点，“数量”输入“5”，“节距角”输入“72”。单击“确定”按钮，完成阵列后效果如图 2 – 2 – 36 所示。

图 2 – 2 – 36　螺纹孔阵列

步骤 10. 创建细节特征

（1）隐藏基准坐标系。按快捷键“Ctrl” + “W”，弹出“显示和隐藏”对话框，如图 2 – 2 – 37 所示，在“坐标系”后面单击“ – ”按钮，单击“关闭”按钮。

（2）查看箱体的内部结构。按快捷键“Ctrl” + “H”，弹出“视图剖切”对话框，查看箱体的内部结构，如图 2 – 2 – 38 所示。

（3）对边创建倒圆角。单击“特征”组中的“边倒圆”按钮，弹出“边倒圆”对话框，输入倒圆半径为“5”，选择如图 2 – 2 – 39 所示的边线进行倒圆；输入倒圆半径为“8”，选择如图 2 – 2 – 40 所示的边线进行倒圆。

学习笔记

图 2-2-37 “显示和隐藏”对话框

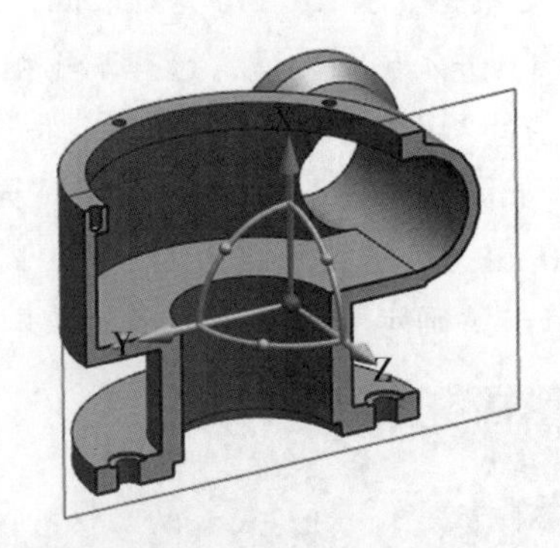

图 2-2-38 查看箱体内部结构

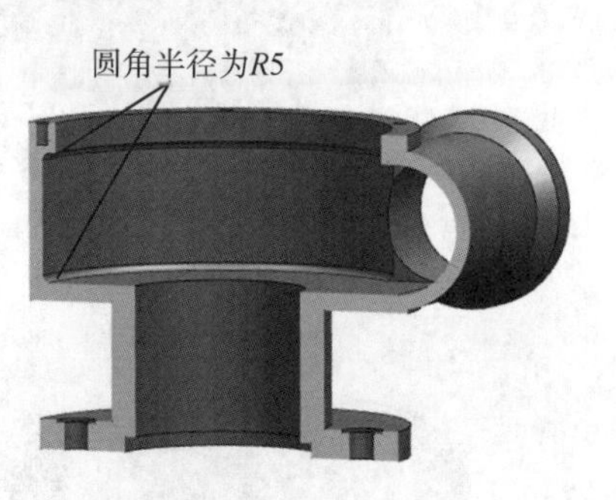

图 2-2-39 边倒圆 *R*5

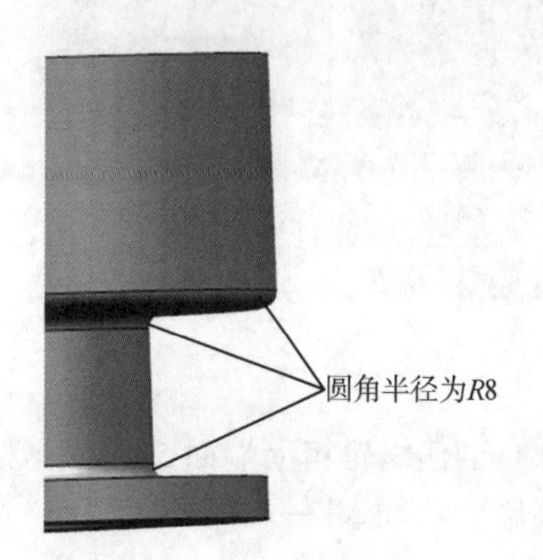

图 2-2-40 边倒圆 *R*8

（4）创建倒斜角。单击选择“特征”组中“倒斜角”按钮，弹出“倒斜角”对话框，在“横截面”下拉列表中选择“对称”选项，偏置距离输入 3 mm，选择要倒斜角的边线。单击“确定”按钮，效果如图 2-2-41 所示。

（5）取消查看箱体的内部结构。单击“菜单”→“视图”→“截面”→“剪切截面”按钮，取消查看箱体的内部结构，完成箱体建模，如图 2-2-42 所示。

图 2-2-41 对边进行倒斜角

图 2-2-42 蜗轮蜗杆箱体整体结构

相关知识

一、曲线设计

2－20　螺旋

1. 螺旋

螺旋线是机械上常见的一种曲线，主要用于弹簧上。单击“菜单”→“插入”→“曲线”→“螺旋”按钮，弹出如图 2－2－43 所示的对话框。指定方位，确定螺旋线旋转半径的方式及大小，螺距，长度，旋转方向（即左旋或右旋）。单击“确定”按钮，系统即可创建螺旋线，如图 2－2－44 所示。

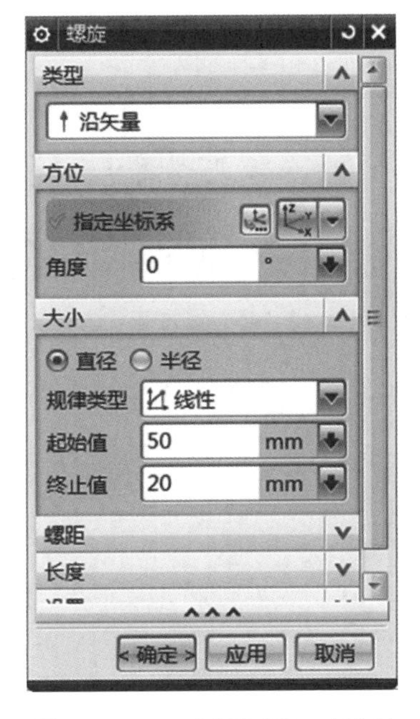

图 2－2－43　“螺旋线”对话框

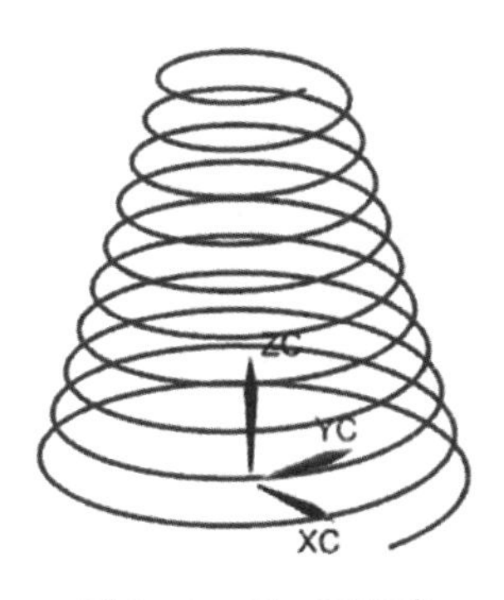

图 2－2－44　螺旋线

2. 文本曲线

UG NX 12.0 提供了 3 种文本创建方式，分别是平面副、曲线上、面上。

（1）平面副文本是指在固定平面上创建文本。单击“菜单”→“插入”→“曲线”→“文本”按钮，弹出“文本”对话框，如图 2－2－45 所示。“类型”选项中默认为“平面副”，在工作窗口中单击一点作为文本放置点，在“文本属性”文本框中输入文本内容，设置字体其他属性，通过“点构造器”或捕捉方式确定锚点放置位置，“尺寸”中输入长度、高度和剪切角度，或通过调整箭头来调整尺寸大小，如图 2－2－46 所示，最后单击“确定”按钮即可。

（2）曲线上文本是指创建的文本绕着曲线的形状产生。单击“菜单”→“插入”→“曲线”→“文本”按钮，弹出“文本”对话框，在“类型”选项中选择“曲线上”，如图 2－2－47 所示。在工作区选择放置曲线，在对话框中设置文本各项参数，创建方法如图 2－2－48 所示。

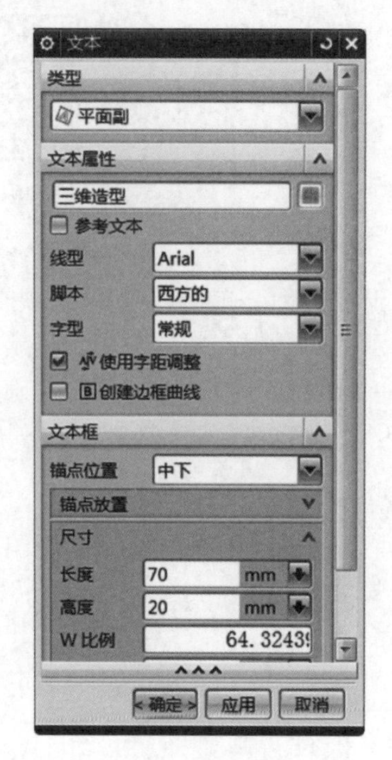

图 2-2-45 “文本”对话框

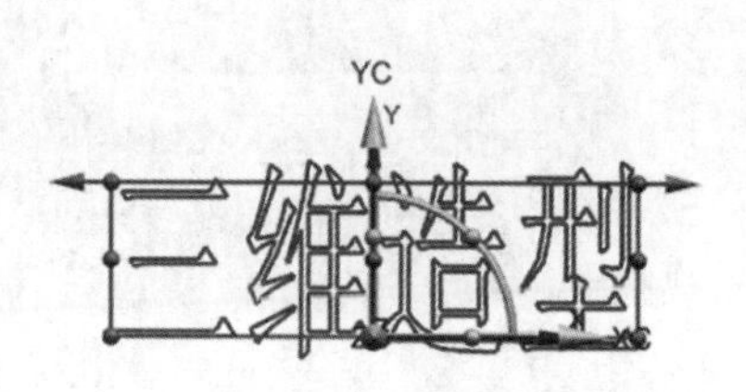

图 2-2-46 拖拉箭头调整文本尺寸

2-21 文本

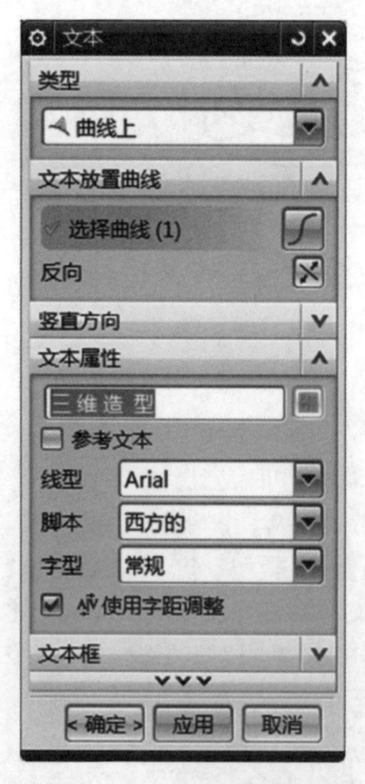

图 2-2-47 “文本”对话框

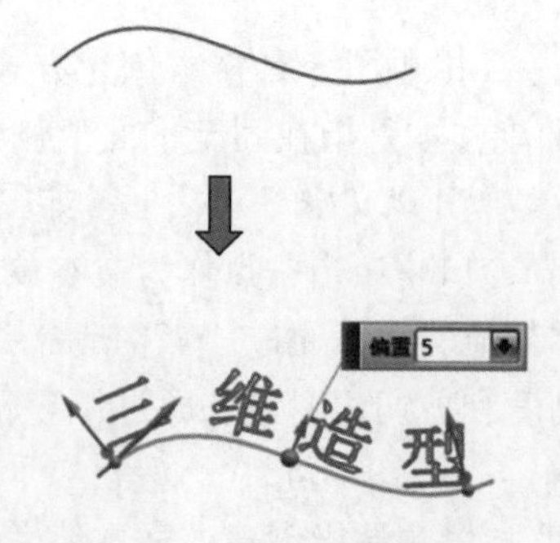

图 2-2-48 创建曲线文本

（3）面上文本是指创建的文本投影到要创建文本的曲面上。在“文本”对话框中，“类型”选项选择“面上”，如图 2-2-49 所示，然后在工作区选择放置面和曲

学习笔记

线，在对话框中设置文本各项参数，在“设置”栏中勾选“投影曲线”选项，单击“确定”按钮，效果如图 2－2－50 所示。

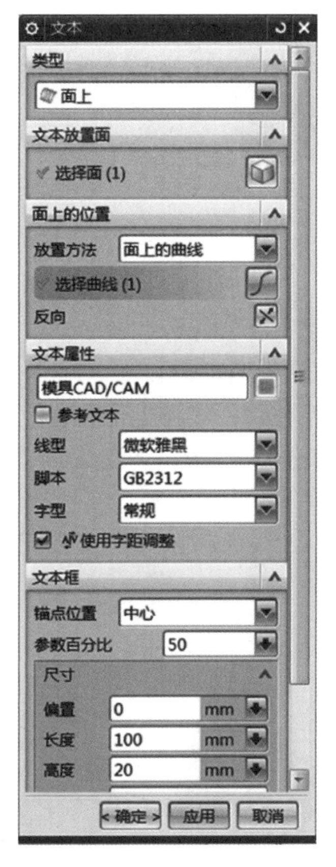

图 2－2－49 “文本”对话框

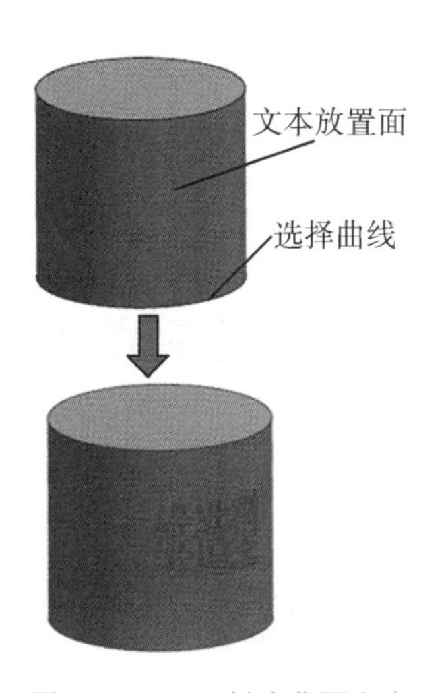

图 2－2－50 创建曲面文本

二、修剪特征

1. 修剪体

修剪体可以用面、基准平面或其他几何体修剪一个或多个目标体。如果使用片体来修剪实体，则此面必须完全贯穿实体，否则无法完成修剪操作。单击“菜单”→“插入”→“修剪”→“修剪体”按钮，弹出“修剪体”对话框，如图 2－2－51 所示。在绘图工作区中选择要修剪的实体对象为目标体，利用“选择面或平面（1）”按钮指定曲面为刀具，单击“反向”按钮，反向选择要移除的实体，效果如图 2－2－52 所示。

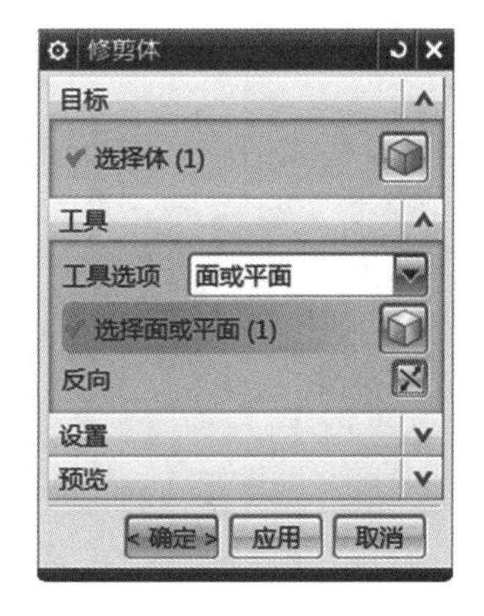

图 2－2－51 “修剪体”对话框

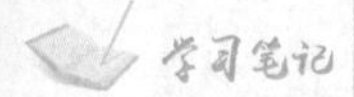

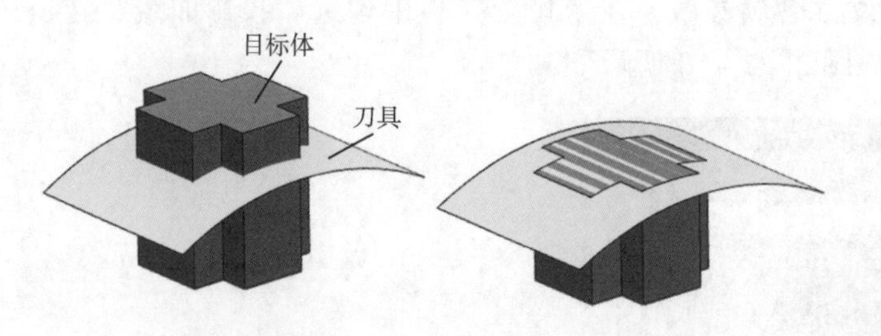

2－22　修剪体

图 2－2－52　创建修剪体

2. 拆分体

拆分体可以用面、基准平面或其他几何体把一个实体分割成多个实体。分割后的结果是将原始的目标体根据选取的几何形状分割为两部分，在塑料模分模中经常用到。拆分后原来的参数全部消失，即分割后的实体将不能再进行参数化编辑。

单击“菜单”→“插入”→“修剪”→“拆分体”按钮，弹出“拆分体”对话框，如图 2－2－53 所示。在绘图工作区中选择要拆分的实体对象为目标体，利用“选择面或平面（0）”按钮选定基准平面为刀具，拆分效果如图 2－2－54 所示。

图 2－2－53　“拆分体”对话框

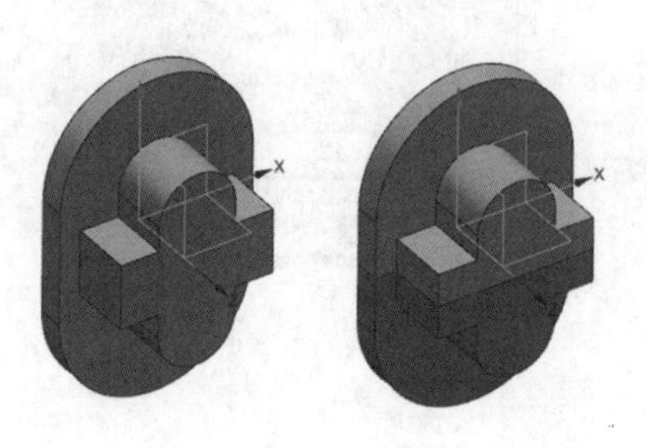

图 2－2－54　拆分效果

三、偏置/缩放

1. 抽壳

抽壳是从指定的平面向下移除一部分材料而形成的具有一定厚度的薄壁体。单击“菜单”→“插入”→“偏置/缩放”→“抽壳”按钮，或者单击“特征”组中的“抽壳”按钮，弹出如图 2－2－55 所示“抽壳”对话框，抽壳操作有两种方式。

（1）移除面，然后抽壳。即通过在实体上选择要移除的面，并以设置厚度的方式抽壳：先选择要穿透的面，然后输入抽壳的厚度，结果如图 2－2－56 所示。

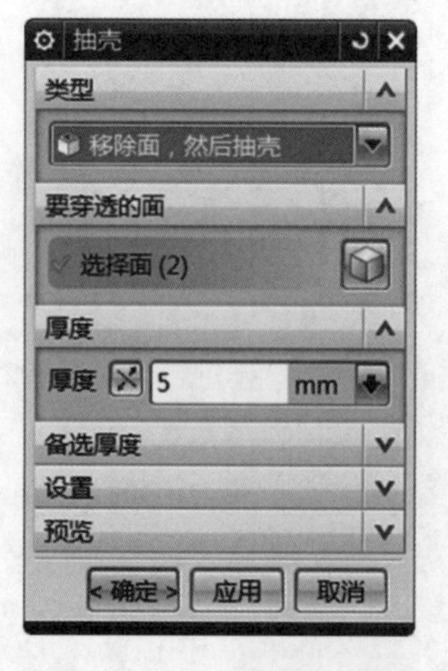

图 2－2－55　“抽壳”对话框

（2）对所有面抽壳。该方式其实是将整个实体生成一个没有开口的空腔：先选择整个实体，然后设置抽壳的厚度，结果如图 2－2－57 所示。

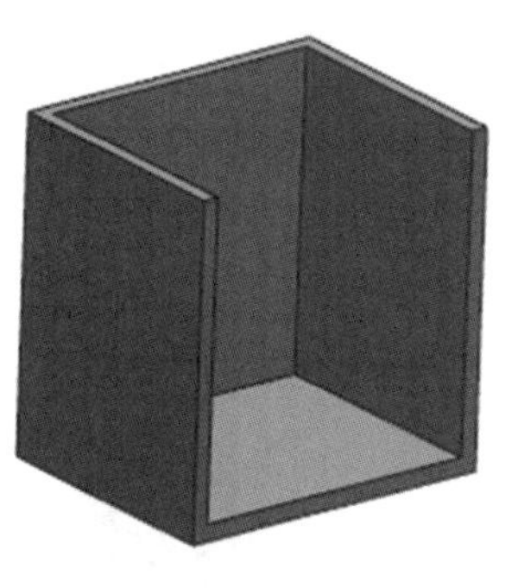

图 2－2－56 “移除面，然后抽壳”方式

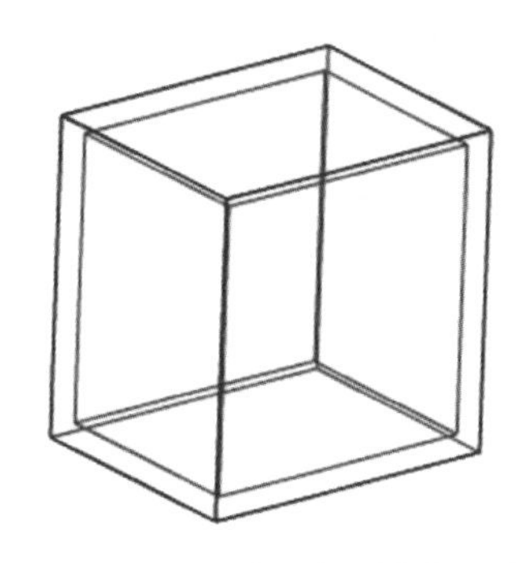

图 2－2－57 “对所有面抽壳”方式

2. 缩放体

该工具用于缩放实体或片体的大小，以改变对象尺寸或相对位置。无论缩放点在什么位置，实体或片体特征都会以该点为基准在形状尺寸和相对位置上进行相应的缩放。单击“菜单”→“插入”→“偏置/缩放”→“缩放体”按钮，弹出“缩放”对话框，选择不同的操作类型会有不同的选择步骤提示。

（1）均匀。选取“类型”为“均匀”选项，然后选取一个实体特征，并指定缩放点，设置“比例因子”参数后即可完成距离缩放的创建，如图 2－2－58 所示。

2－23 缩放体

图 2－2－58 均匀缩放

（2）轴对称。可将实体沿着选取轴的垂直方向进行相应的放大或缩小，如图 2－2－59 所示。

（3）常规。根据所设的比例因子，用不同的比例沿“X 向”“Y 向”“Z 向”对实体进行缩放，如图 2－2－60 所示。

图 2-2-59　轴对称缩放

图 2-2-60　常规缩放

学习笔记

四、扫描特征

1. 扫掠

扫掠曲面是通过将曲线轮廓以预先描述的方式沿空间路径延伸，形成新的曲面。它需要使用引导线串和截面线串两种线串。延伸的轮廓线为截面线，路径为引导线串。截面线串可以是曲线、实体边或面，最多可以有 150 条，引导线串最多可选取 3 条。

选择“菜单”→“插入”→“扫掠”→“扫掠”命令，弹出“扫掠”对话框，如图 2－2－61 所示，选择曲线 1 为截面线串，选择曲线 2 为引导线串。单击“确定”按钮，生成曲面，如图 2－2－62 所示。

2－24　扫掠

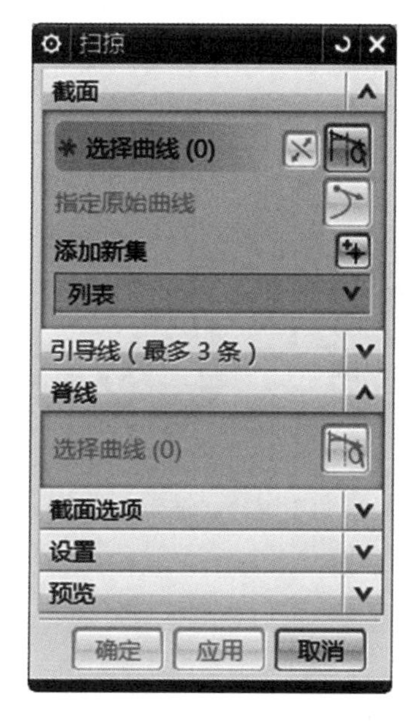

图 2－2－61　“扫掠”对话框

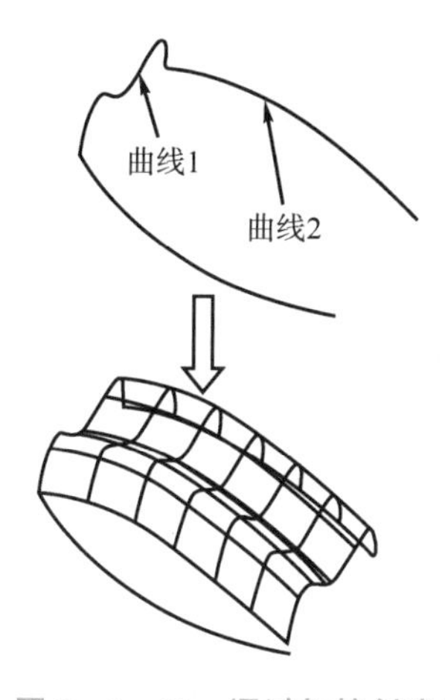

图 2－2－62　通过扫掠创建曲面

可以通过一条截面线和两条引导线进行扫掠生成曲面，打开“扫掠”对话框，选择截面线 1；单击“引导线”中的“选择曲线”按钮，选择引导线 1；单击鼠标中键，选择引导线 2。单击“确定”按钮，生成曲面，如图 2－2－63 所示。

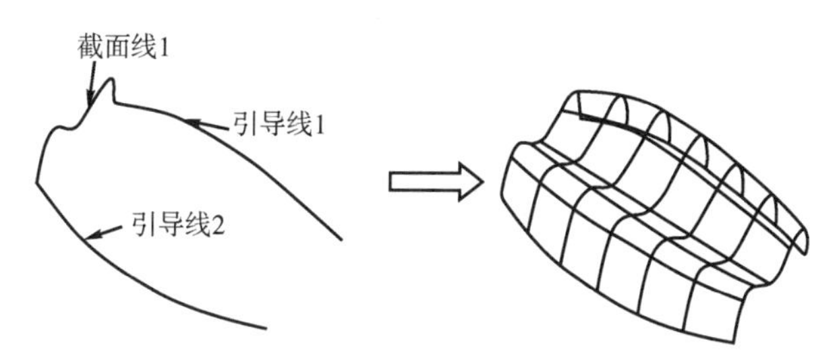

图 2－2－63　通过一条截面线和两条引导线进行扫掠生成曲面

2. 沿引导线扫掠

沿导线扫掠是将开放或封闭的边界草图、曲线、边缘或面，沿一个或一系列曲线扫描来创建实体或片体。

选择“菜单”→“插入”→“扫掠”→“沿引导线扫掠”命令，弹出如图 2-2-64 所示“沿引导线扫掠”对话框，单击需要扫掠的截面线，单击“引导”中的“选择曲线（1)”按钮，单击引导线（扫掠路径)，在“偏置”中输入“第一偏置”和“第二偏置”数值，最后单击“确定”按钮，如图 2-2-65 所示。

图 2-2-64 “沿引导线扫掠”对话框

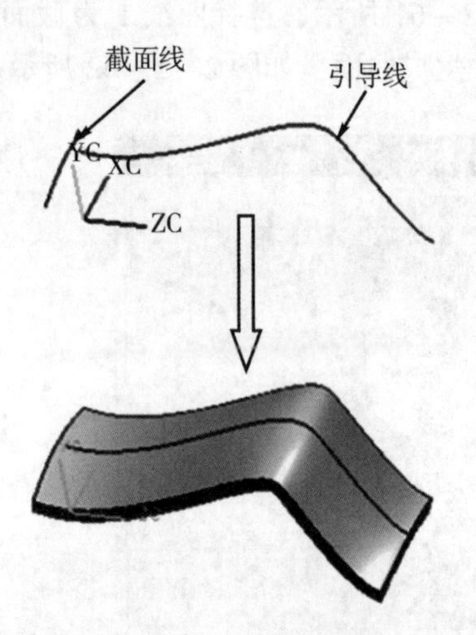

图 2-2-65 沿引导线扫掠生成曲面

1. 在任务实施过程中，你遇到了哪些障碍？你是如何想办法解决这些困难的？

2. 请你准确地说出创建箱体零件过程中所使用的命令名称，以及它们的主要功能。你是如何记住这些命令名称和功能的？

1. 完成如图 2-2-66 所示轴承零件三维模型的创建。
2. 完成如图 2-2-67 所示两个箱体零件三维模型的创建。

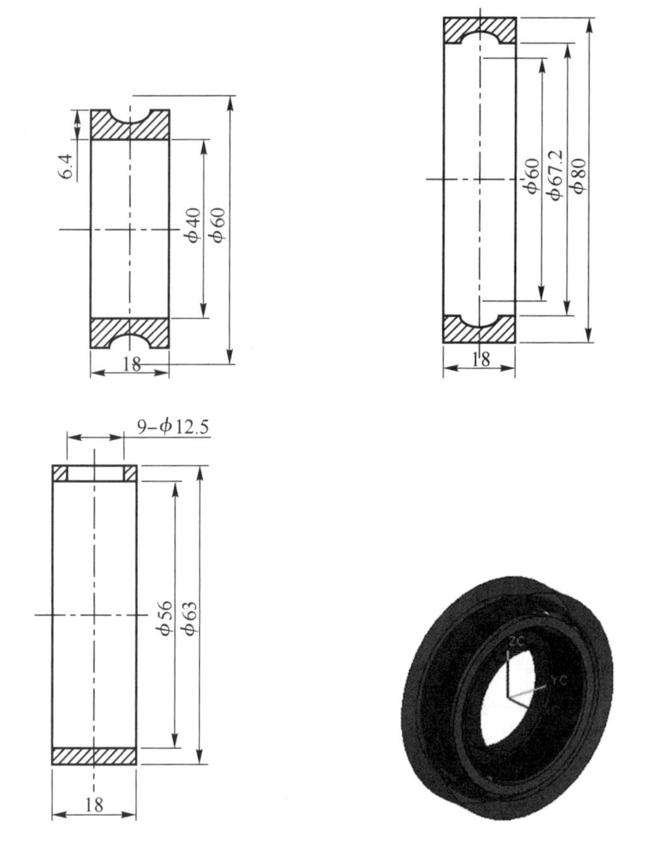

图 2-2-66　轴承零件三维模型

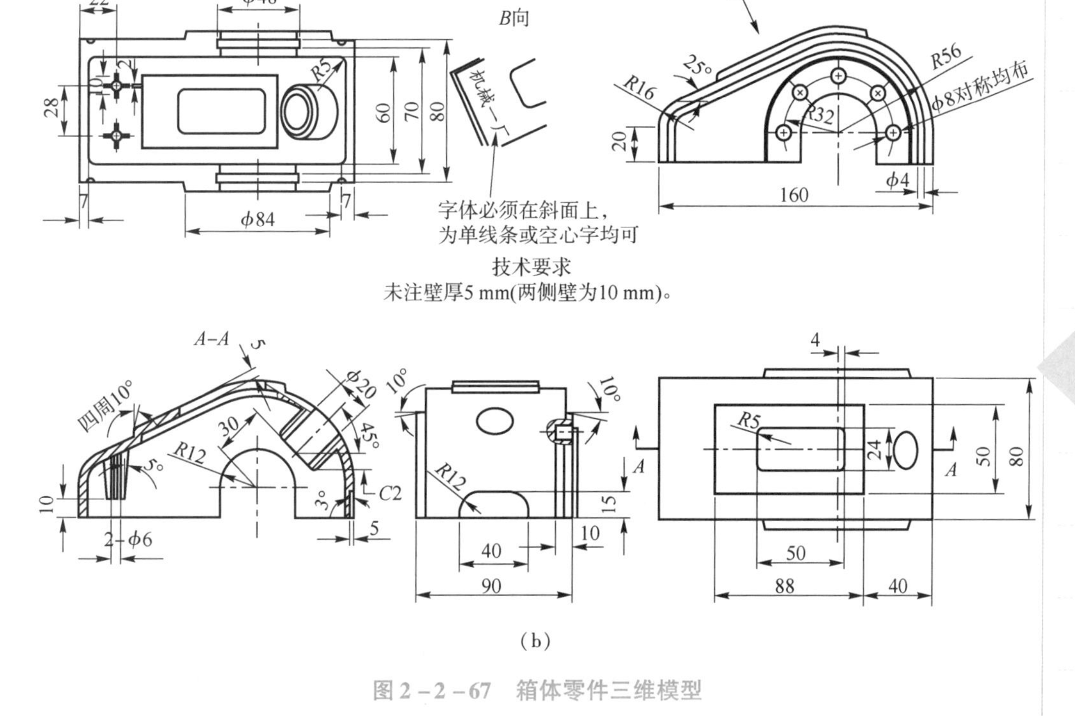

图 2-2-67　箱体零件三维模型

学习笔记

AR资源

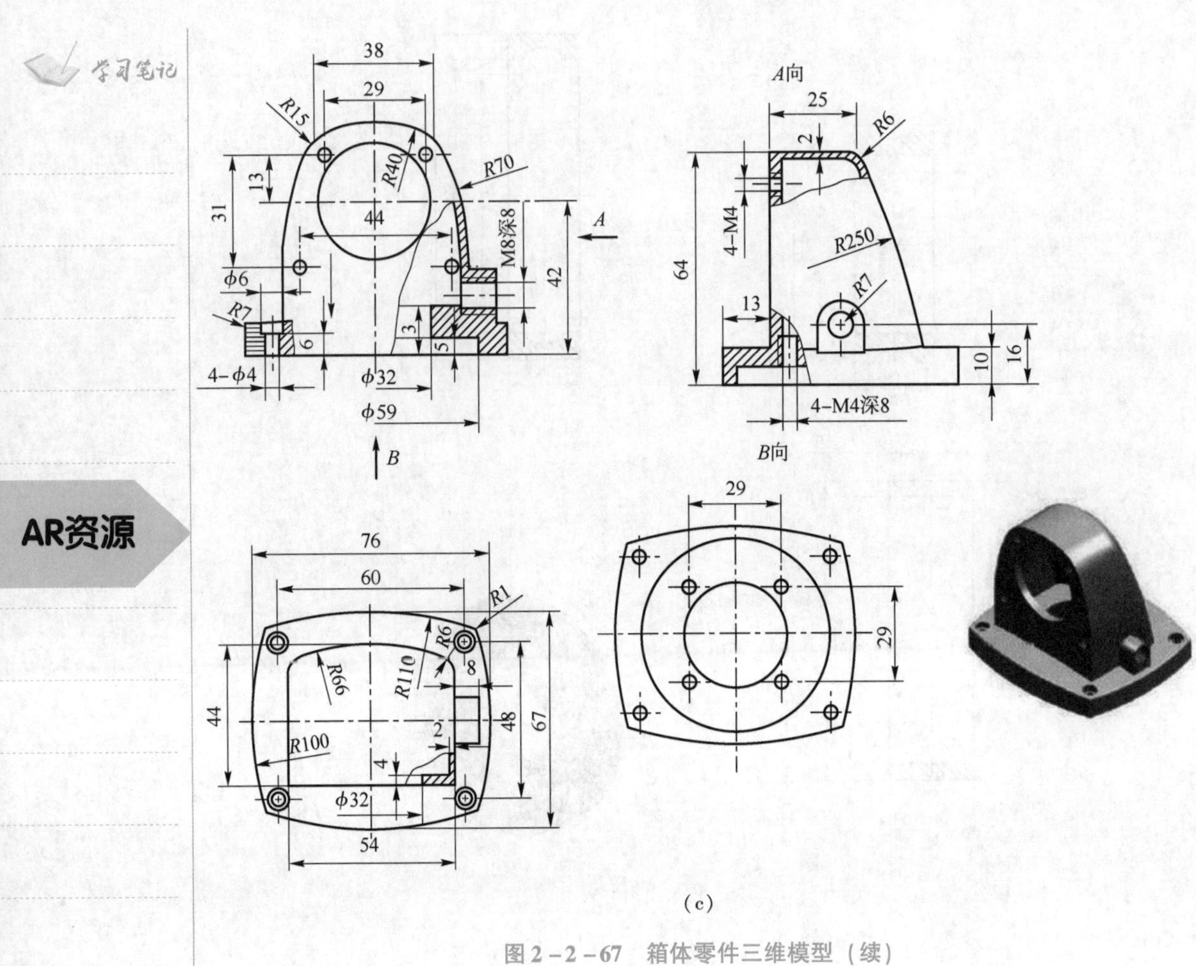

（c）

图 2-2-67　箱体零件三维模型（续）

学习笔记

项目三　汽车倒车镜与换挡手柄外观曲面的创建

任务一　汽车倒车镜外观曲面的创建

学习目标

【技能目标】

1. 能熟练应用曲面造型思路，对产品曲面创建工艺进行准确分析。
2. 能熟练应用“有界平面”，“过曲线网格”等曲面造型命令功能进行产品曲面创建。

【知识目标】

1. 了解产品曲面造型的思路。
2. 掌握“有界平面”，“通过曲线网格”等曲面造型的命令。
3. 掌握产品曲面造型的创建方法。

【态度目标】

1. 具有积极沟通交流和团结协作的精神。
2. 具有较强的质量意识及追求卓越的工匠精神。

工作任务

UG 软件为用户产品设计提供了数字化造型和验证手段，以解决产品工程问题，应用于交通、航天航空、通信等各个领域，深受业内人士的好评。一般规则形状的零件可以通过 UG 实体特征体设计进行三维造型，但对于外观不规则的复杂产品，则要采取 UG 曲面造型设计实现，因此 UG 曲面造型设计是现代产品设计的重要表现手段，在复杂外观产品设计中起着关键作用。作为从事产品设计岗位的人员，掌握 UG 曲面造型技术尤为重要。本任务将应用 UG 有界平面、通过曲线网格等曲面造型命令，完成汽车倒车镜外观曲面的创建。汽车倒车镜的外观曲面如图 3－1－1 所示。

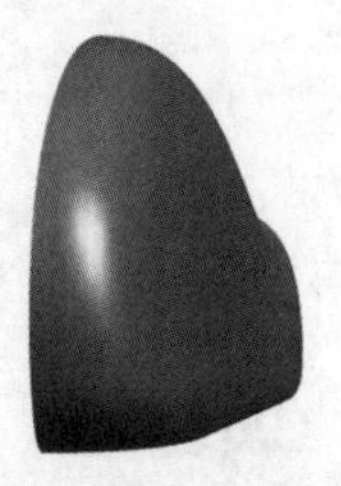

图 3-1-1　汽车倒车镜的外观曲面

3-1　倒车镜视频

步骤 1. 建立新文件

启动 UG，选择“菜单”→“文件”→“新建”命令，打开“新建”对话框，在对话框的“名称”文本框中输入“倒车镜”，并指定要保存到的文件夹，如图 3-1-2 所示。单击“确定”按钮。

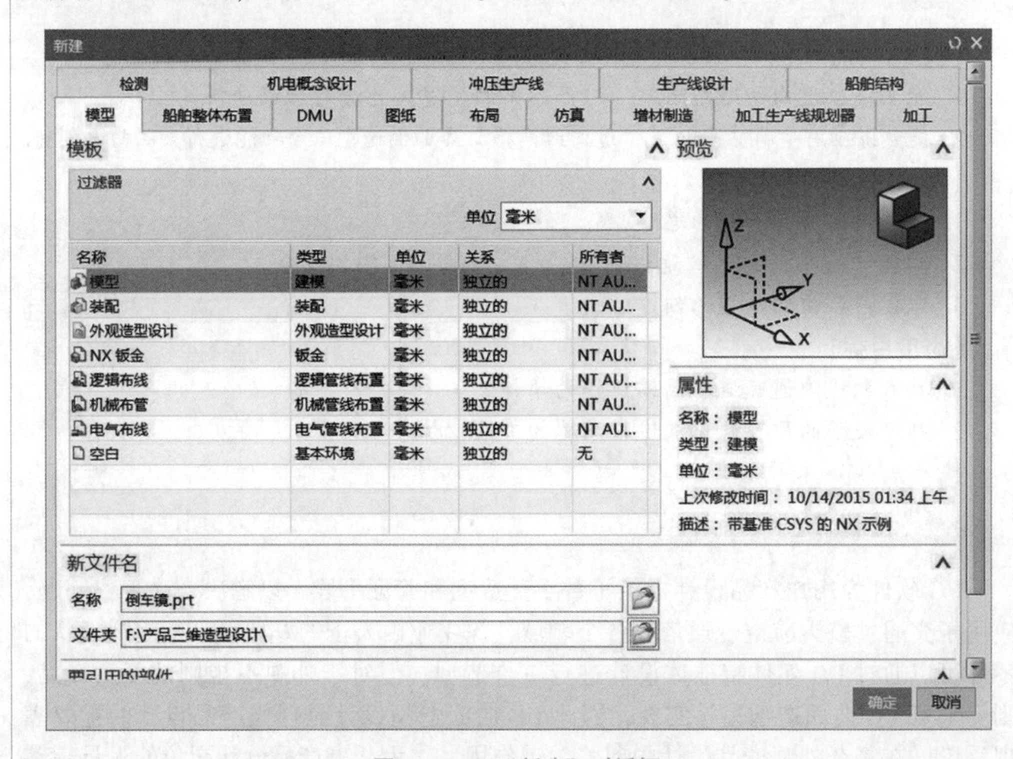

图 3-1-2　“新建”对话框

步骤 2. 导入绘制曲线

选择“菜单”→“文件”→“导入”→“IGES”命令，如图 3-1-3 所示，弹出“IGES 导入选项”对话框，单击按钮，选择 DCJ. igs 文件，如图 3-1-4 所示，单击“确定”按钮，导入绘制的曲线，如图 3-1-5 所示。

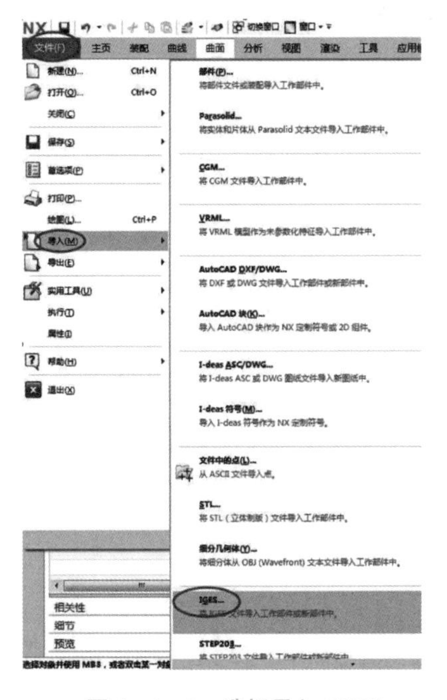

图 3-1-3　选择导入 IGES

图 3-1-4　选择 DCJ. igs 文件

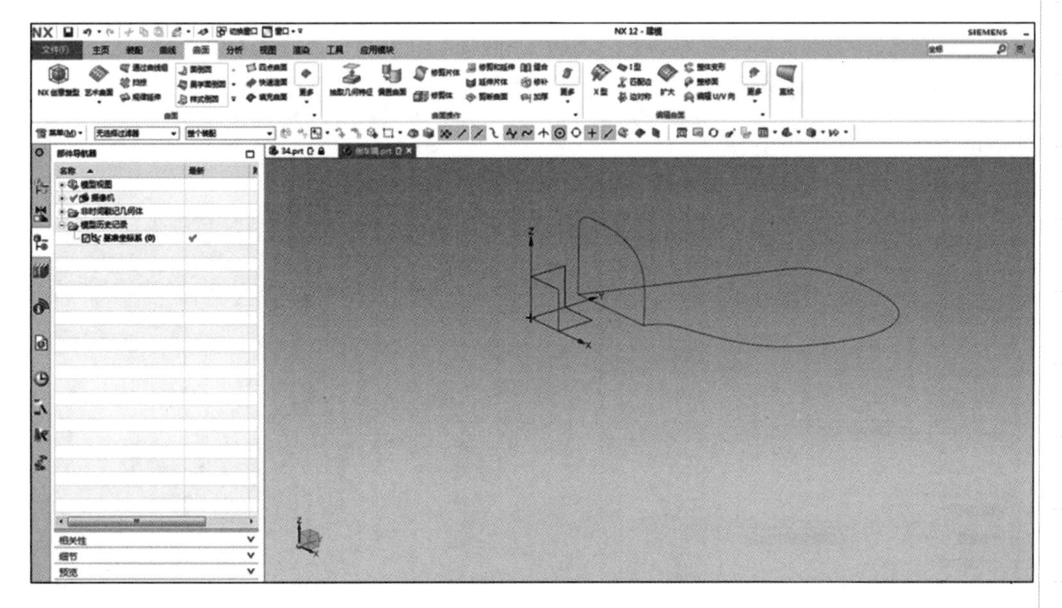

图 3-1-5　导入绘制的曲线

步骤 3. 创建扫掠曲面

选择“菜单”→“插入”→“扫掠”→“扫掠”命令，弹出“扫掠”对话框，如图 3-1-6 所示。选择截面曲线、引导曲线，单击“确定”按钮，生成扫掠曲面，如图 3-1-7 所示。

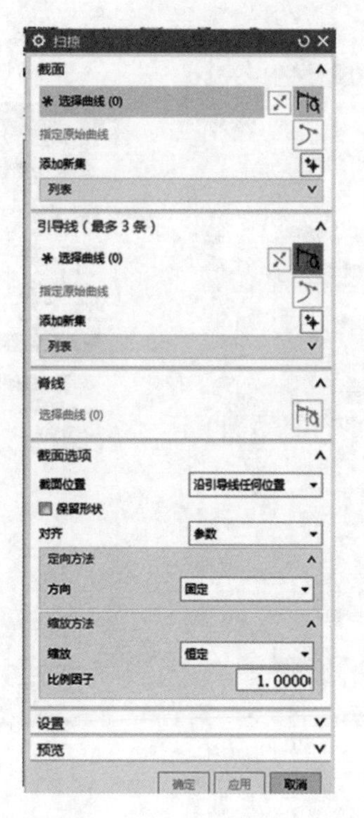

图 3-1-6 “扫掠”对话框

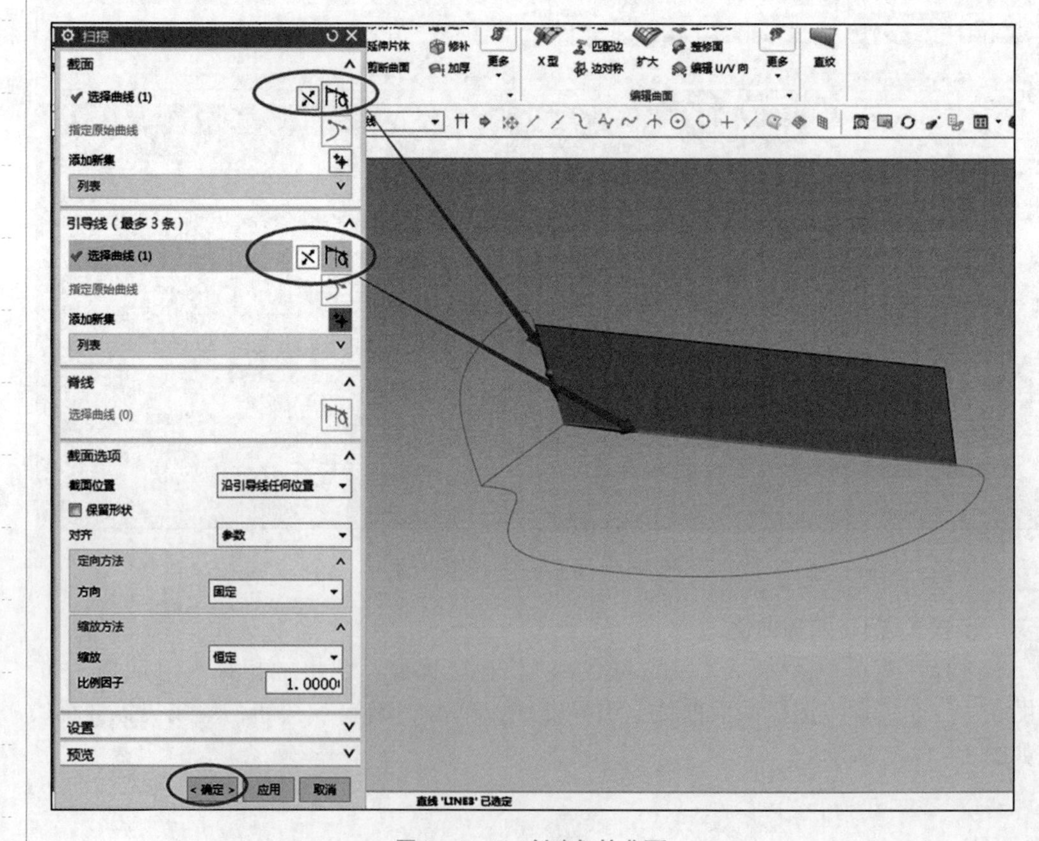

图 3-1-7 创建扫掠曲面

学习笔记

步骤 4. 创建网格曲线

(1) 生成偏置曲线。

选择“菜单”→“插入”→“派生曲线”→“在面上偏置”命令，弹出“在面上偏置曲线”对话框，单击“选择曲线 (0) 按钮”选择扫掠曲面两边，单击“选择面或平面 (1)”按钮选择扫掠曲面，偏置值为0，如图3－1－8所示，单击“确定”按钮，生成偏置曲线。

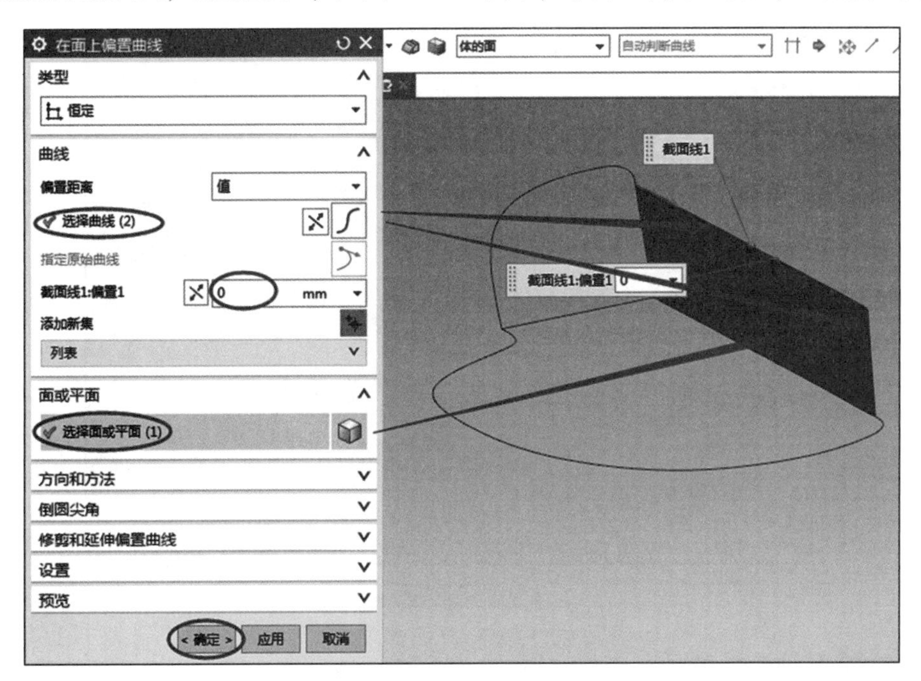

图3－1－8 生成偏置曲线

(2) 生成圆弧曲线。

选择“菜单”→“插入”→“曲线”→“直线和圆弧”→“圆弧(相切－相切－半径)”命令，弹出“圆弧”对话框，单击选择偏置曲线，输入半径为5.5 mm，如图3－1－9所示，鼠标中键单击确定，生成圆弧曲线。

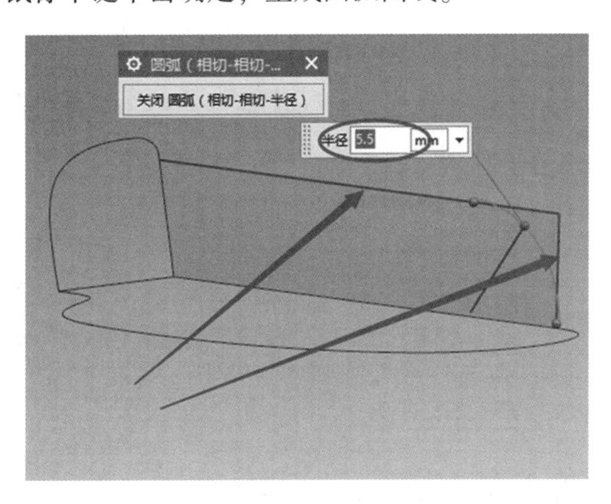

图3－1－9 生成圆弧曲线

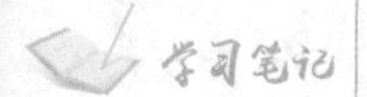

（3）曲面移动复制。

选择“菜单”→“编辑”→“曲线移动对象”命令，弹出“移动对象”对话框。单击“选择对象（1）”按钮选择扫掠曲面，选择“运动”为“点到点”，单击“指定出发点”按钮选择扫掠曲面角点，单击“指定目标点”按钮选择圆弧曲线端点，勾选“复制原先的”选项，再单击“确定”按钮，完成曲面的移动和复制，如图3-1-10所示。

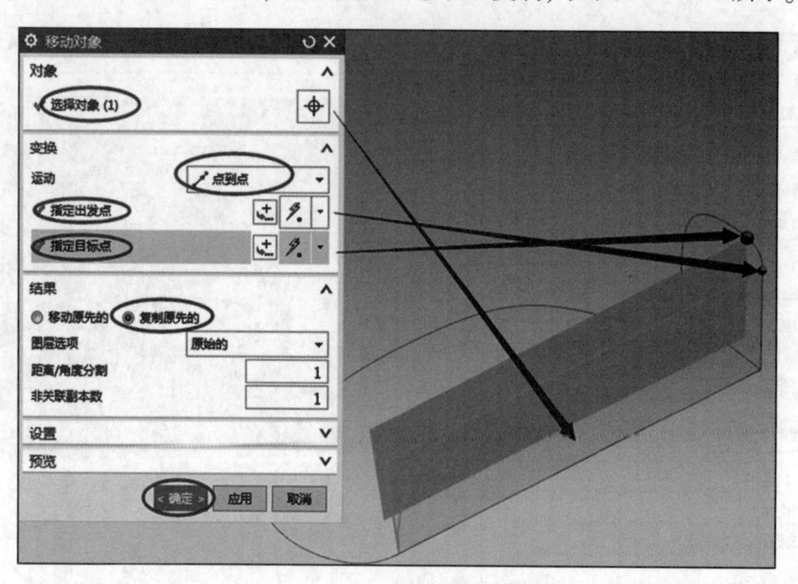

图3-1-10　曲面移动复制

（4）创建面、线交点。

选择“菜单”→“插入”→“基准/点”→“点”命令，弹出“点”对话框。选择“类型”为“交点”，单击“选择对象（1）”按钮选择移动复制曲面，单击“选择曲线（5）”按钮选择导入曲线，单击“确定”按钮，创建曲面、曲线交点，如图3-1-11所示。

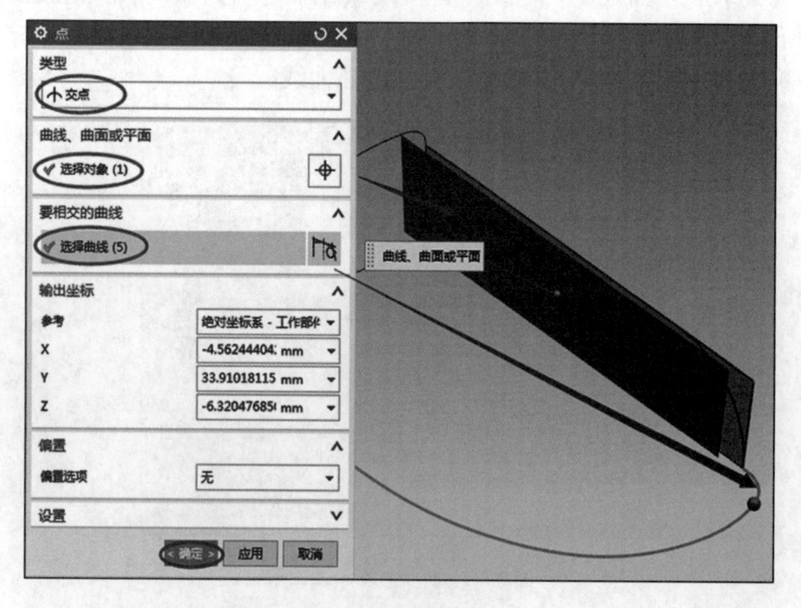

图3-1-11　创建曲面、曲线交点

选择“菜单”→“插入”→“基准/点”→“基准坐标系”命令，弹出“基准坐标系”对话框，选择“类型”为“动态”，单击“指定方位”按钮，选择生成的圆弧曲线端点，单击“应用”按钮，创建基准坐标系1；选择偏置的曲线中点，单击“确定”按钮，创建基准坐标系2，如图3－1－12所示。

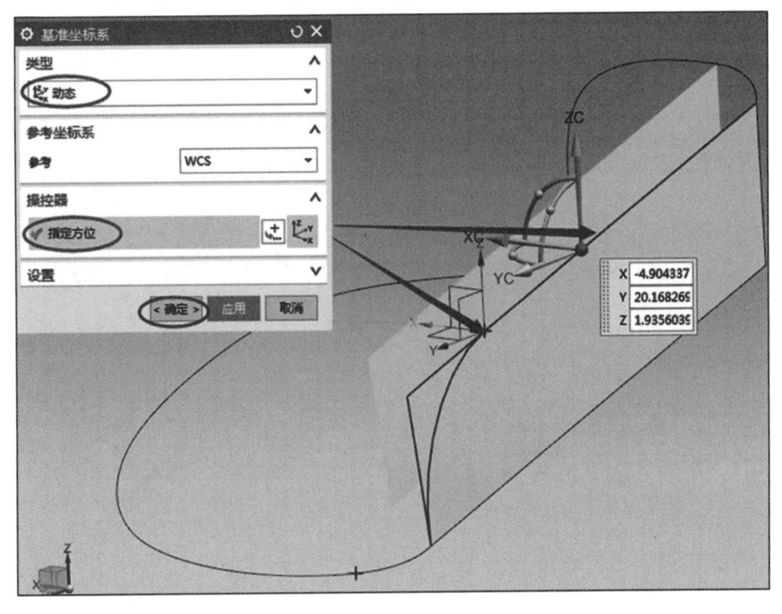

图3－1－12　创建基准坐标系

选择“菜单”→“插入”→“基准/点”→“点”命令，弹出“点”对话框。选择“类型”为“交点”，单击“选择对象（1）”按钮选择移动复制曲面，单击“选择曲线（5）”按钮选择导入曲线，单击“确定”按钮，创建面线交点，如图3－1－13所示。

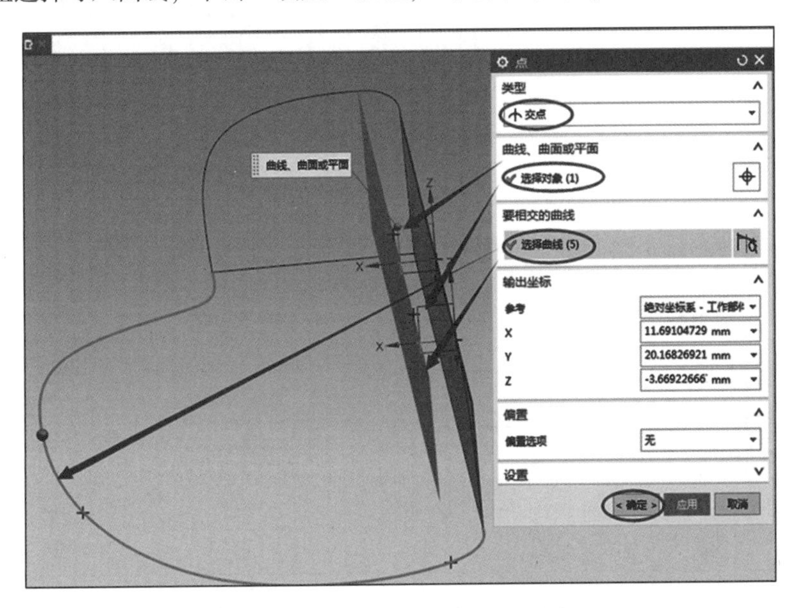

图3－1－13　创建基准面曲线交点

（5）创建桥接曲线。

以创建的面、线交点为端点绘制辅助直线，如图 3－1－14 所示。

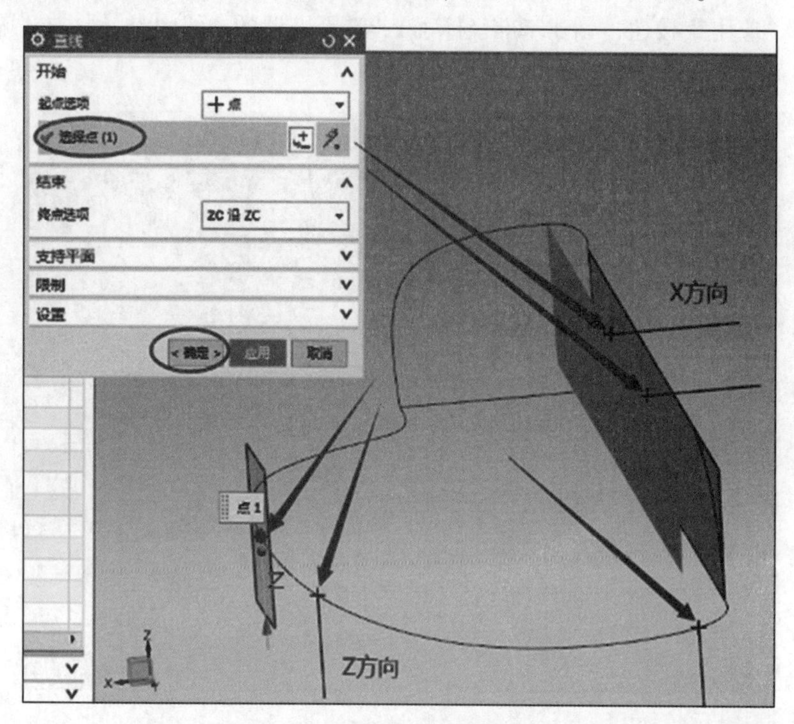

图 3－1－14　绘制辅助直线

偏置、移动、复制曲面曲线，如图 3－1－15 所示。

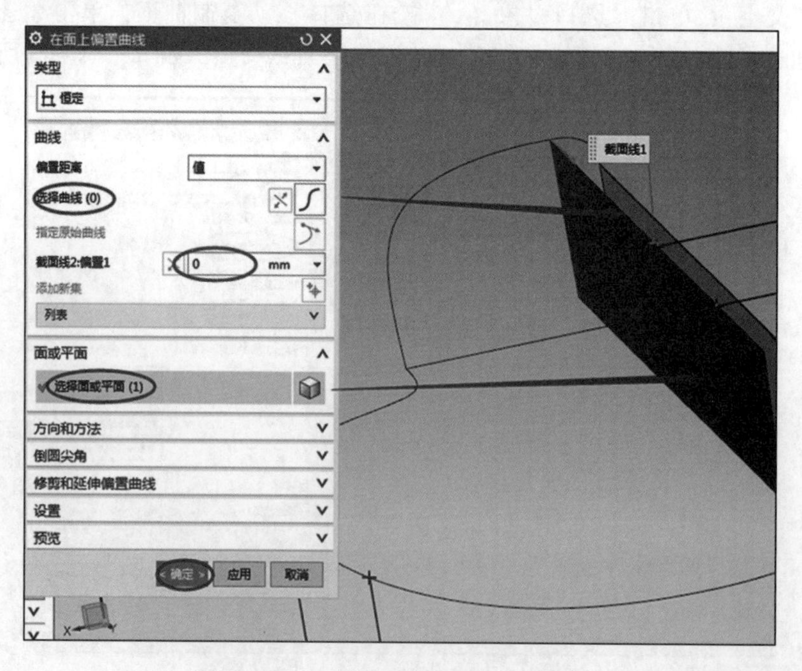

图 3－1－15　偏置、移动、复制曲面曲线

学习笔记

选择“菜单”→“编辑”→“曲线”→“修剪”命令，弹出“修剪曲线”对话框。单击“选择曲线（1）”按钮选择要移动、复制的曲线，单击“选择对象（0）”按钮选择基准面交点，选择“操作”为“修剪”，选择“选择区域（1）”为“保留”，单击“确定”按钮，完成移动、复制和曲线修剪，如图 3－1－16 所示。

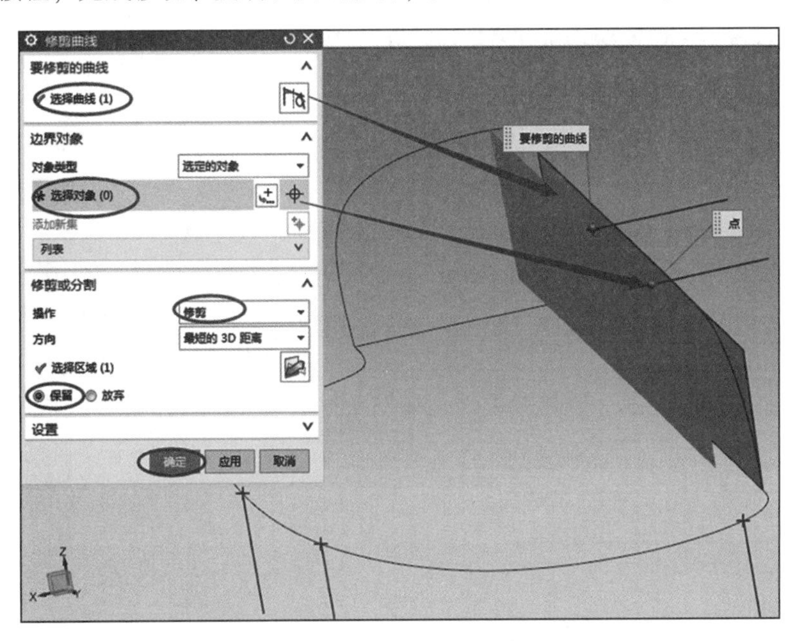

图 3－1－16　移动、复制和曲线修剪（一）

选择“菜单”→“编辑”→“曲线”→“分割”命令，弹出“分割曲线”对话框。单击“选择曲线（1）”按钮选择导入曲线，单击“指定点”按钮选择面线交点，单击“确定”按钮，完成导入曲线分割，如图 3－1－17 所示。

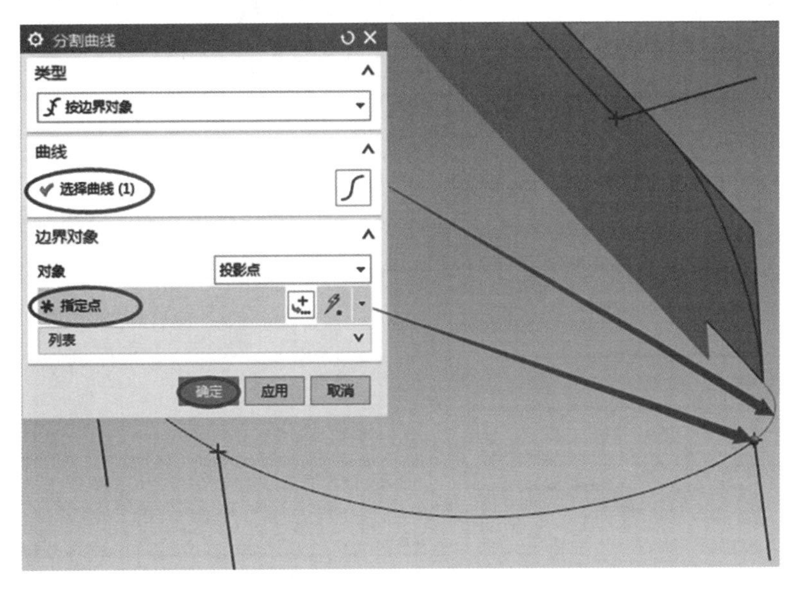

图 3－1－17　移动、复制和曲线修剪（二）

学习笔记

选择“菜单”→“插入”→“派生曲线”→“桥接”命令，弹出“桥接曲线”对话框。单击“起始对象”中的“选择曲线（1）”按钮选择如图3－1－18所示的辅助直线，单击“终止对象”中的“选择曲线（1）”按钮选择如图3－1－18所示的辅助直线，依次单击“应用”“确定”按钮，创建3条桥接曲线，如图3－1－18所示。

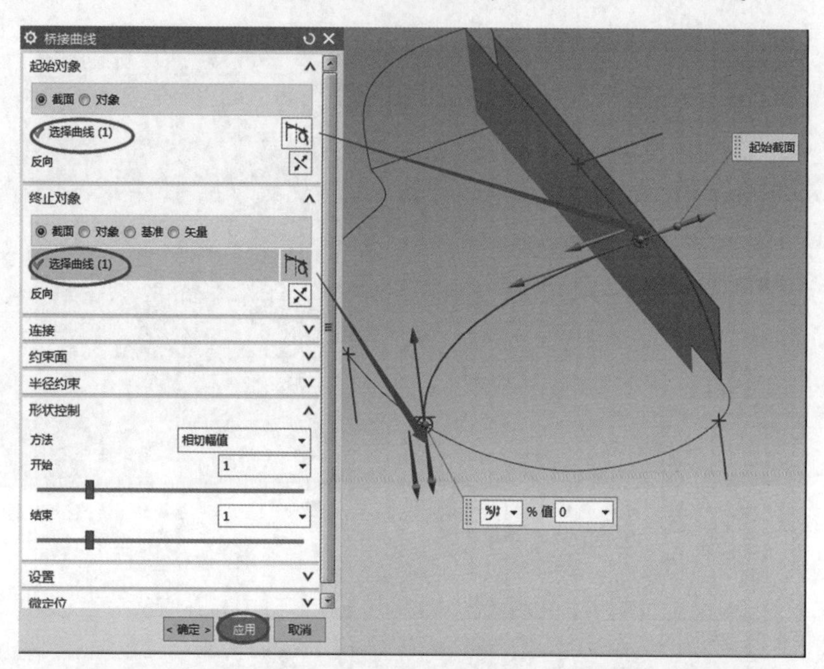

(a)

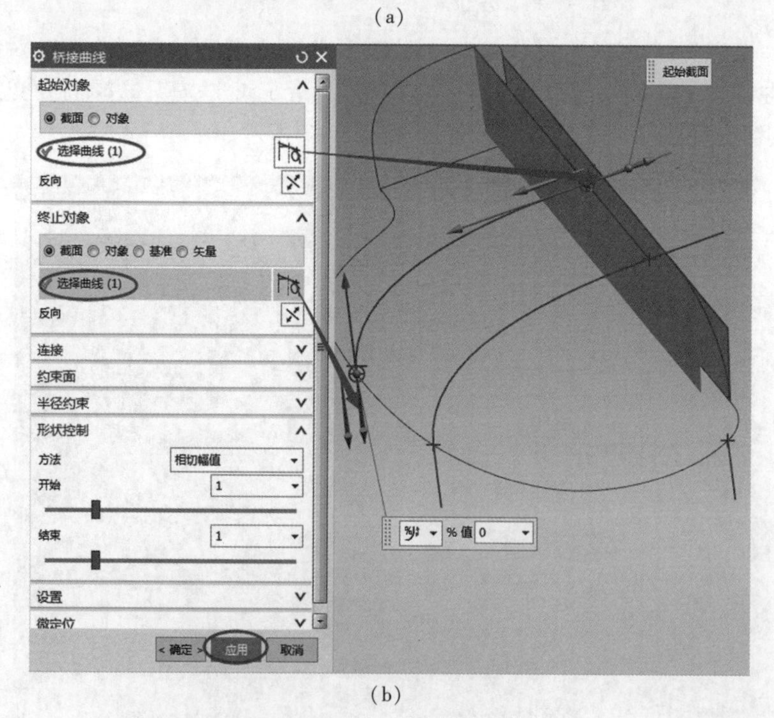

(b)

图3－1－18　创建桥接曲线

学习笔记

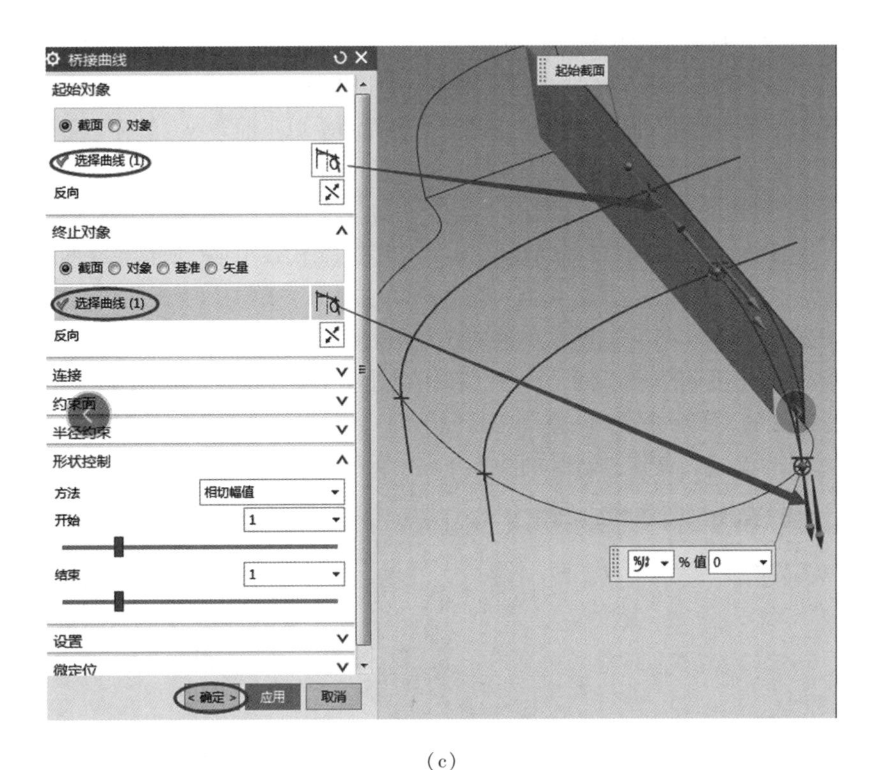

(c)

图 3-1-18　创建桥接曲线（续）

步骤 5. 创建网格曲面

（1）创建网格曲面（一）。

选择“菜单”→“插入”→“网格曲面”→“通过曲线网格”命令，弹出“通过曲线网格”对话框。单击“主曲线”中“选择曲线或点（0）”按钮选择图 3-1-19 所示相切曲

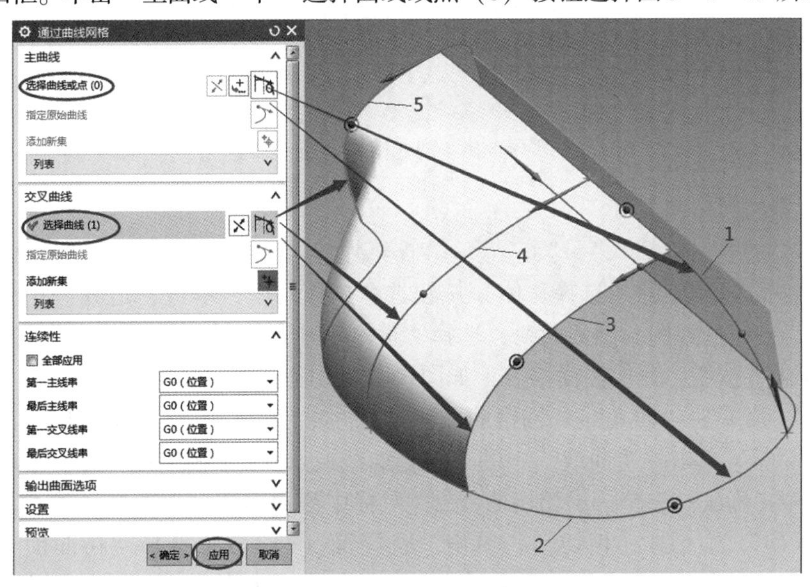

图 3-1-19　创建网格曲面（一）

学习笔记

线1，鼠标中键单击确认；选择图3－1－19所示相切曲线2，鼠标中键单击确认。单击“交叉曲线”中“选择曲线（1）”按钮选择图3－1－19所示单条曲线3，鼠标中键单击确认，选择图示单条曲线4，鼠标中键单击确认，选择图示单条曲线5，鼠标中键单击确认。单击“应用”按钮，创建如图3－1－19所示网格曲面（一）。

（2）创建网格曲面（二）。

单击“主曲线”中的“选择曲线或点（0）”按钮选择图3－1－20所示单条曲线3，鼠标中键单击确认，选择图示面、线交点*A*，鼠标中键单击确认。单击“交叉曲线”中的“选择曲线（3）”按钮选择图3－1－20所示单条曲线1，鼠标中键单击确认；选择图示单条曲线2（注意：此时要单击工具栏 图标，打开“在相交处停止”功能），鼠标中键单击确认。选择“连续性”中的“第一主线串”为“G1（相切）”，单击“选择面（1）”按钮选择网格曲面（一），单击“确定”按钮，创建如图3－1－20所示网格曲面（二）。

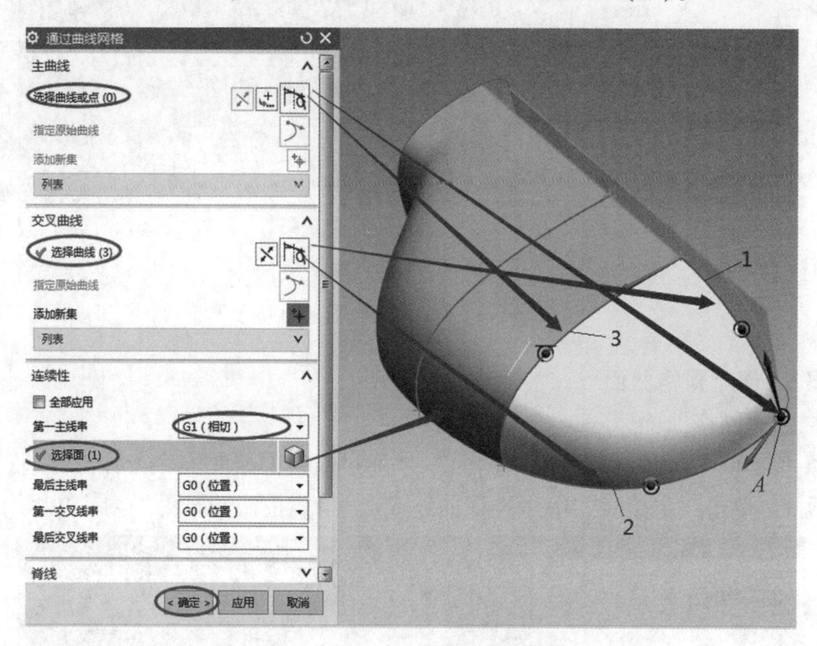

图3－1－20　创建网格曲面（二）

（3）创建网格曲面（三）。

选择“菜单”→“插入”→“修剪”→“修剪片体”命令，弹出“修剪片体”对话框。单击“目标”中的“选择片体”按钮选择扫掠曲面，单击“边界”中的“选择对象（1）”按钮选择图示圆弧曲线，选择“区域”中的“选择区域（1）”为“保留”，单击“确认”按钮，完成曲面修剪，如图3－1－21所示。

选择“菜单”→“插入”→“网格曲面”→“通过曲线网格”命令，弹出“通过曲线网格”对话框。单击“主曲线”中的“选择曲线或点（0）”按钮选择图示相切曲线1，鼠标中键单击确认；选择图示相切曲线2，鼠标中键单击确认。选择“连续性”中的“第一主线串”为“G1（相切）”，单击“选择面（2）”按钮选择网格曲面（一）和（二）；选择“连续性”中的“最后主线串”为“G1（相切）”，单击“选择面（1）”按钮选择扫掠曲面。单击“确定”按钮，创建网格曲面（三），如图3－1－22所示。

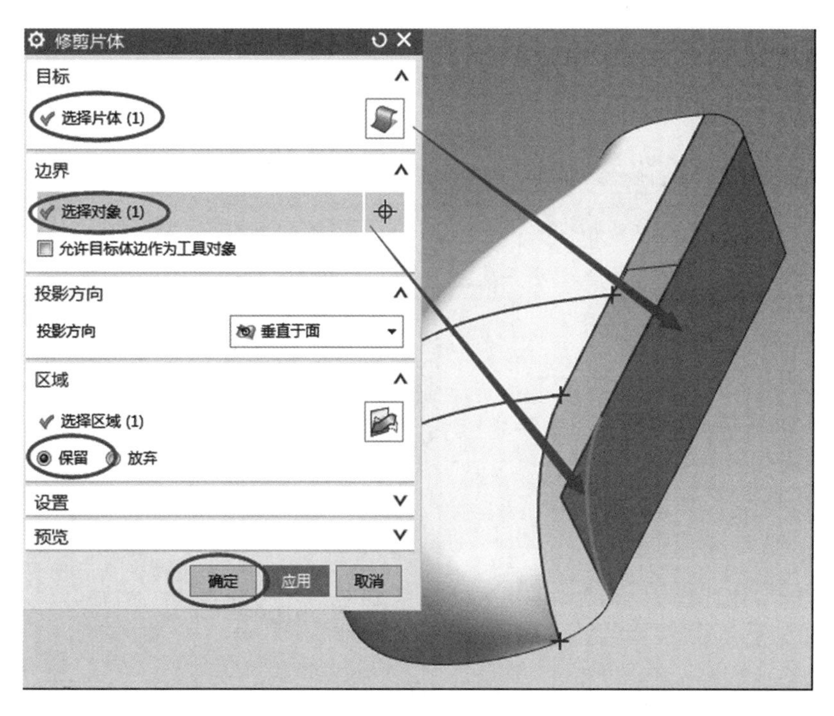

图 3-1-21　曲面修剪

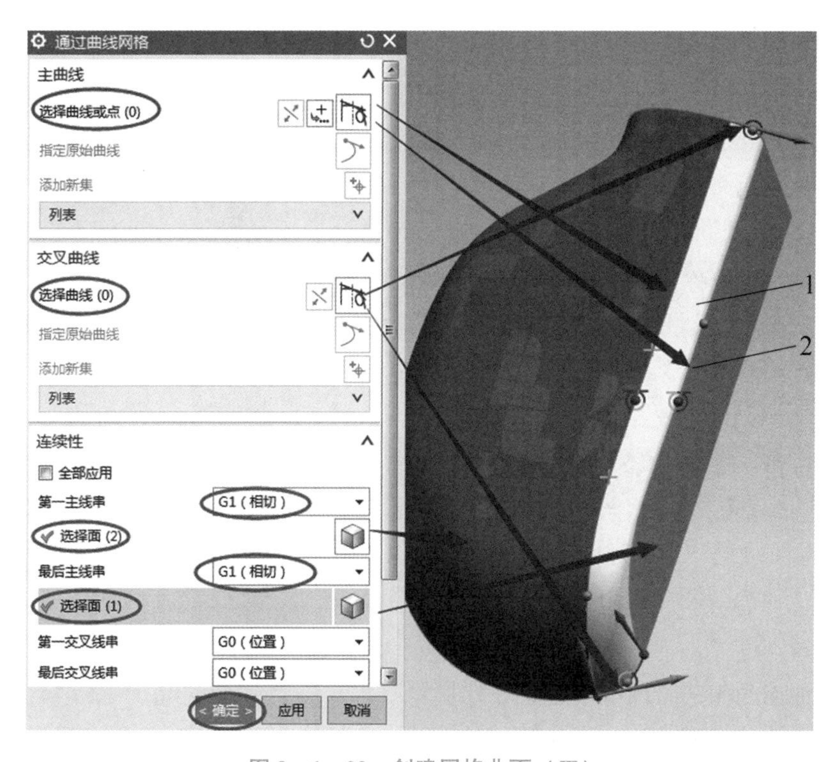

图 3-1-22　创建网格曲面（Ⅲ）

学习笔记

步骤 6. 保存曲面文件

选择“文件”→“保存”→“保存”命令，完成创建倒车镜曲面造型文件的保存操作，如图 3－1－23 所示。

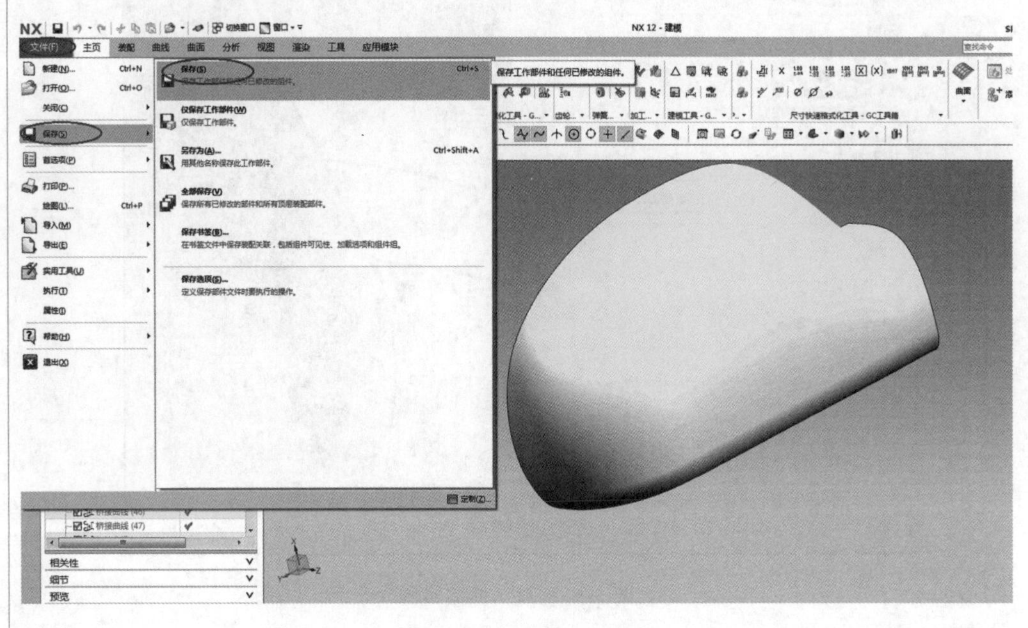

图 3－1－23　曲面文件保存

一、曲面基础概述

曲面是一种统称，片体和实体的表面都可以称为曲面。片体是由一个或多个表面组成，厚度为 0，重量为 0 的几何体。一个曲面可以包含一个或多个片体，所以片体和曲面在特定的情况下不具有实体的功能。

1. 曲面的基本概念

曲面是指一个或多个没有厚度概念的面的集合。很多实体建模的工具中都有“体类型”的选项，可直接设计曲面的功能。而在曲面设计中很多命令（如“直纹面”“通过曲线组”“通过曲线网格”“扫掠”等）在某些条件下也可以生成实体，其都是在“体类型”中进行设置的。

2. 曲面的分类

按照曲面的构造原理可将曲面分为三类。

（1）依据点创建曲面：通过现有的点或点集创建曲面的方法，如“通过点”“四点曲面”“从极点”命令。

（2）通过曲线创建曲面：通过现有的曲线或曲线串创建曲面的方法，如“直纹面”“通过曲线组”“通过曲线网格”“扫掠”等命令。通过曲线创建的曲面是参数化的，生成的曲面与曲线相关联，且将随曲线的修改编辑而自动更新。

学习笔记

（3）通过曲面创建新曲面：通过现有的曲面创建新的曲面，如“桥接”“偏置曲面”“修剪的片体”等命令。

二、依据点创建曲面

通过点创建曲面主要是通过输入点的数据来生成曲面，这里主要以“通过点”“四点曲面”“从极点”等命令进行介绍。

1. 通过点

用于通过矩形阵列点创建曲面。创建的曲面通过所有指定点，矩形点阵的指定可以通过点构造器在模型中选择或者创建，也可以用点阵文件。使用这个选项可以很好地控制曲面，使它总是通过指定的点。

选择“菜单”→“插入”→“曲面”→“通过点”命令，弹出“通过点”对话框，如图 3 – 1 – 24 所示。

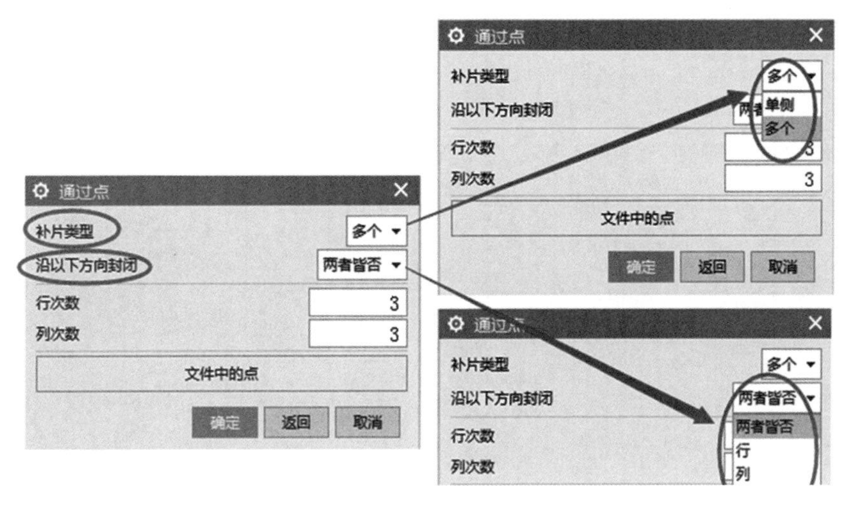

图 3 – 1 – 24 “通过点”对话框

（1）补片类型：可以创建包括单个补片或者多个补片的片体。一般有两种方法。

①多个：表示曲面由多个补片组成。

②单个：表示曲面将由一个补片组成。

（2）沿以下方向封闭：当“补片类型”选择为多个时，激活此选项，有四种选择。

①两者皆否：曲面沿行和列方向都不封闭。

②行：曲面沿行方向封闭。

③列：曲面沿列方向封闭。

④两者皆是：曲面沿行和列方向都封闭。

（3）行阶次/列阶次：阶次表示将来修改曲面时控制其局部曲率的自由度，阶次越低，补片越多，自由度越大，反之则越小。

（4）文件中的点：通过选择包含点的文件来创建曲面。

学习笔记

例：选择“菜单”→“插入”→“曲面”→“通过点”命令，弹出“通过点”对话框，如图3－1－25所示。单击“确定”按钮，弹出“过点”对话框，如图3－1－26所示。单击“在矩形内的对象成链”按钮，弹出“指定点”对话框，如图3－1－27所示，用矩形框选择第一排点后指定起点和终点，完成第一排点的选择后继续选择第二排的点，依次选择要创建曲面的点集，当选择为第四排点后，弹出如图3－1－28所示的“指定点”对话框。选择“指定另一行”命令，继续第五、六、七排点集的选择。当选择完第七排点集后，单击“所有指定的点”按钮，完成曲面创建。

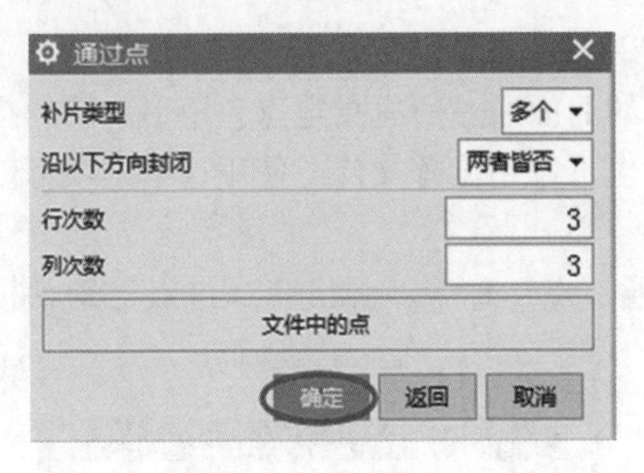

图3－1－25 “通过点”对话框

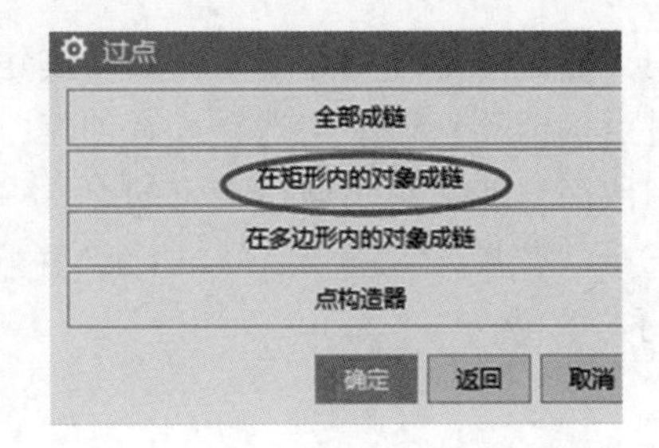

图3－1－26 “过点”对话框

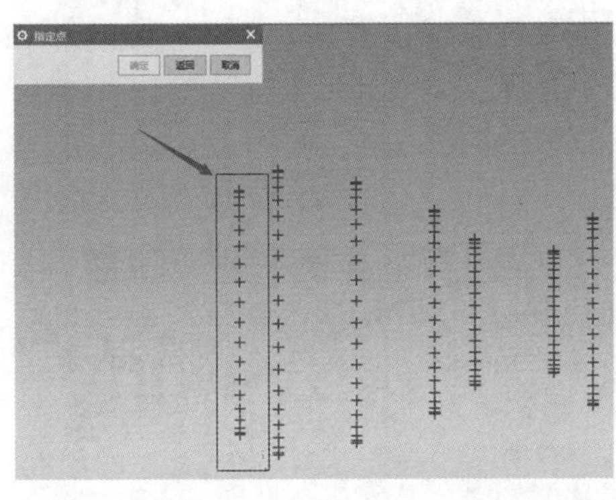

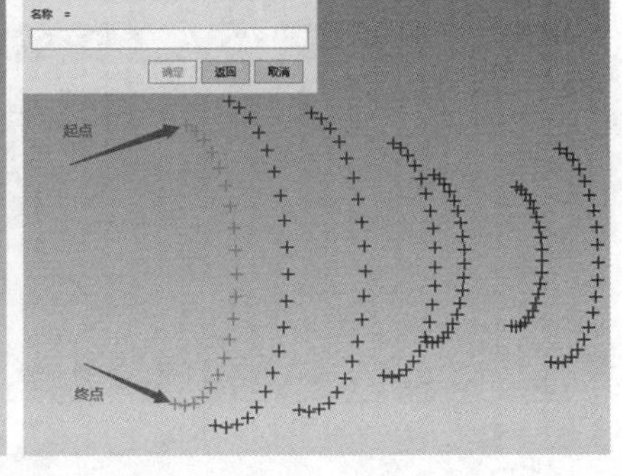

图3－1－27 “指定点”对话框

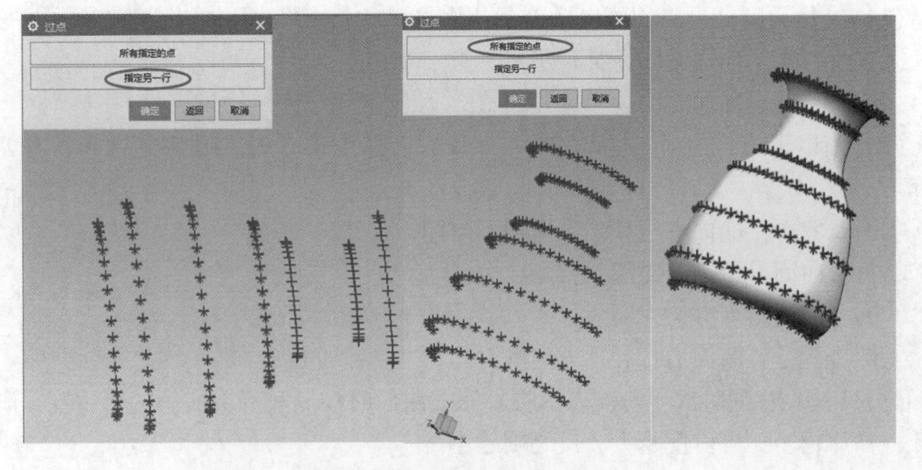

图3－1－28 通过点创建曲面

学习笔记

2. 四点曲面

通过四个拐角点来创建曲面。在图形界面任意取四个点即可创建曲面，注意这四点都要在“XC－YC”平面上，如我们创建的曲面不在“XC－YC”平面上，我们可以使用动态坐标命令将坐标移动至要创建曲面的位置。

选择“菜单”→“插入”→“曲面”→“四点曲面”命令，弹出“四点曲面”对话框，如图3－1－29所示。

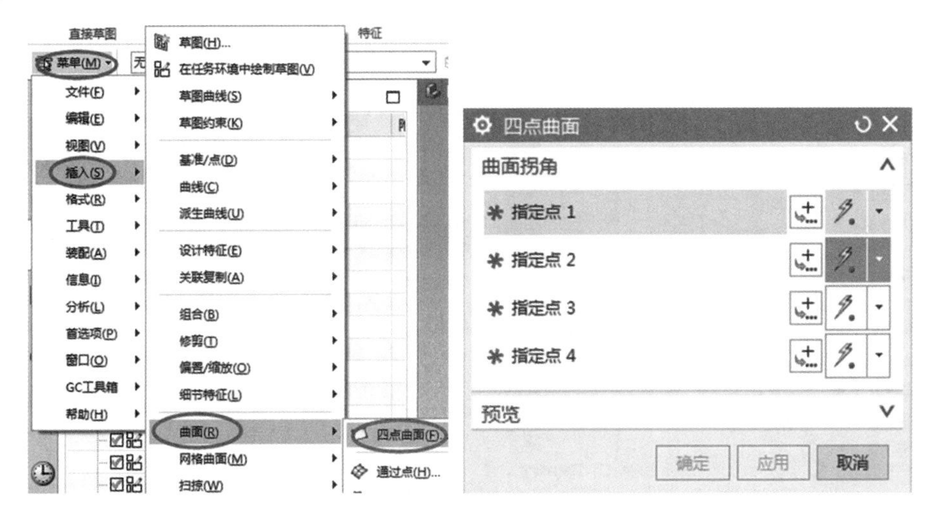

图3－1－29 “四点曲面”对话框

我们可以采用以下任意方法，进行图形窗口中四个曲面拐角点的指定。

（1）在图形窗口中选择一个现有点。

（2）在图形窗口中选择任意点。

（3）使用点构造器定义点坐标位置。

（4）选择一个基点并创建到基点的点的偏置。

例：选择“菜单”→“插入”→“曲面”→“四点曲面”命令，弹出“四点曲面”对话框，单击“曲面拐角”中“指定点1”按钮依次选择图示现有点1、2、3、4，单击“确定”按钮，完成曲面创建，如图3－1－30所示。

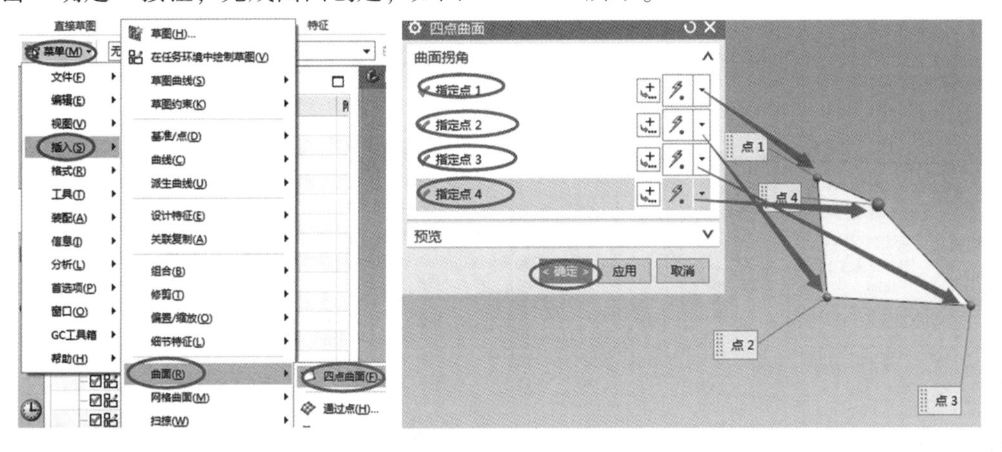

图3－1－30 创建“四点曲面”

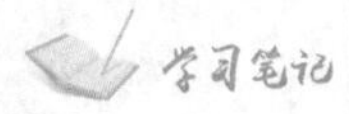

3. 从极点

通过若干组点来创建曲面，这些作为曲面的极点。矩形点阵的指定可以通过点构造器在模型中选取或者创建，也可以使用点集文件。该命令的用法与“通过点”命令相同，它们的区别是“从极点”是通过极点来控制曲面的形状的。

选择“菜单”→“插入”→“曲面”→“从极点”命令，弹出“从极点”对话框，如图 3－1－31 所示。

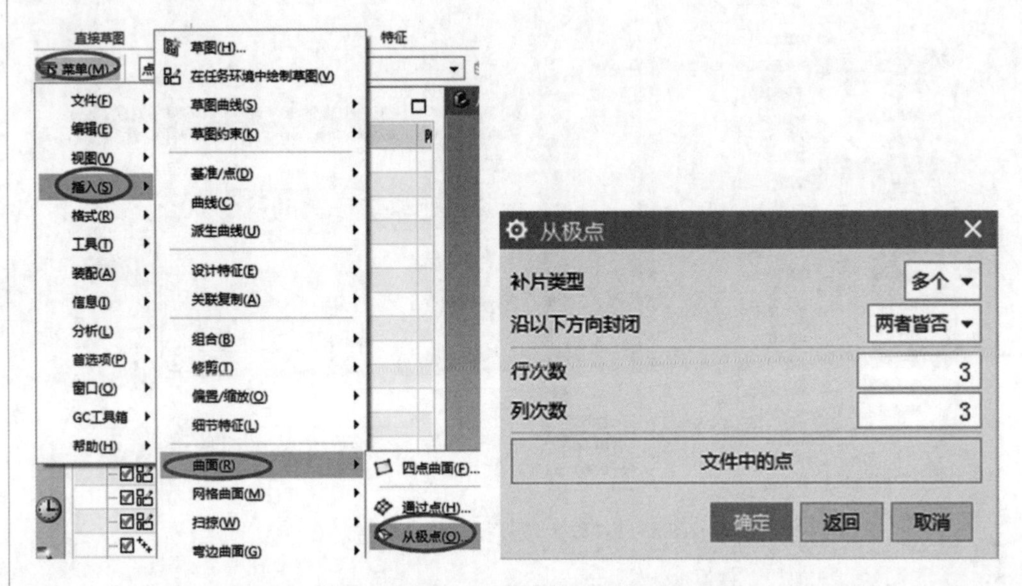

图 3－1－31 “从极点”对话框（一）

例：选择“菜单”→“插入”→“曲面”→“从极点”命令，弹出“从极点”对话框，如图 3－1－32 所示。单击“确定”按钮，弹出“点”对话框，单击“点位置”中的“选择对象”按钮依次选择现有点，直至一组点选择结束，单击“确定”按钮，如图 3－1－33 所示。然后弹出“指定点”对话框，单击“是”按钮，进行下一组点的选择，如图 3－1－34 所示。当选择第四组点后，弹出如图 3－1－35 所示“从极点”对话框，选择“指定另一行”命令，继续第五、六、七组点的选择。当选择完第七组点后，单击“所有指定的点”按钮，完成曲面创建，如图 3－1－36 所示。

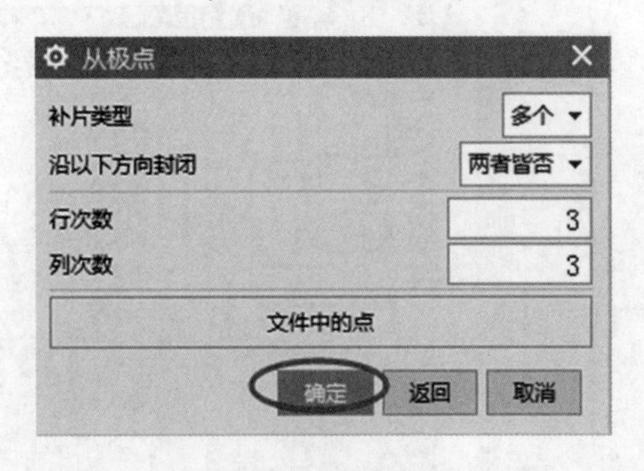

图 3－1－32 “从极点”对话框（二）

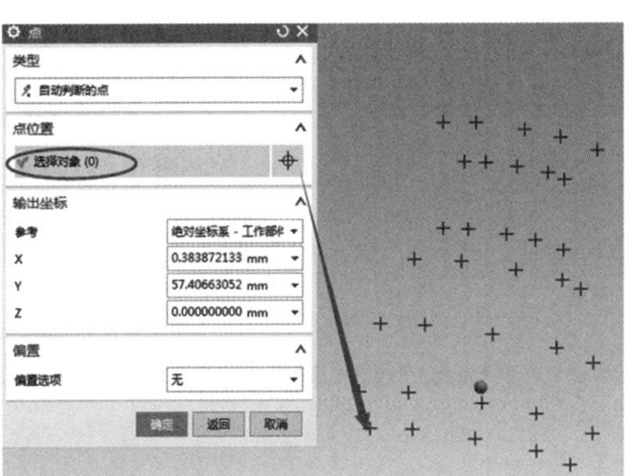

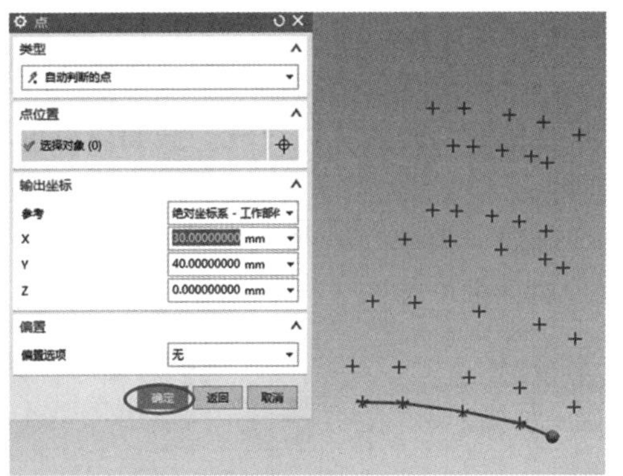

图 3-1-33 “点”对话框

学习笔记

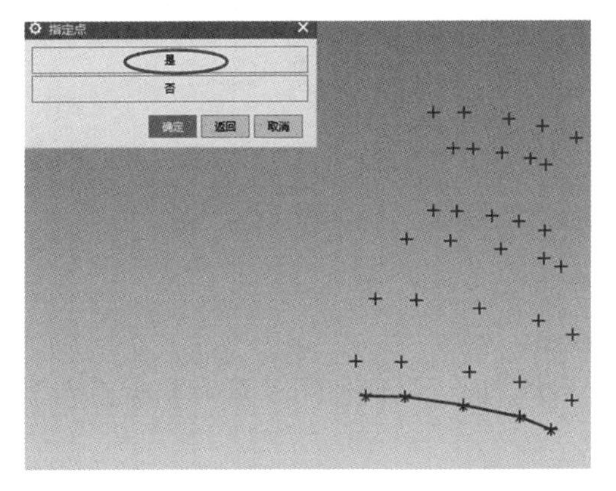

图 3-1-34 “指定点”对话框

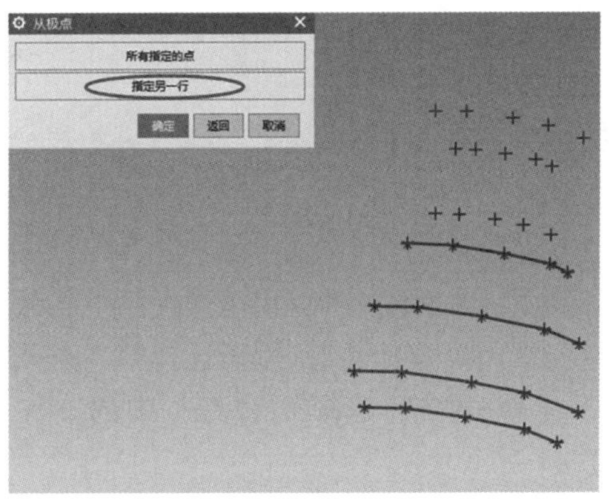

图 3-1-35 “从极点”对话框（三）

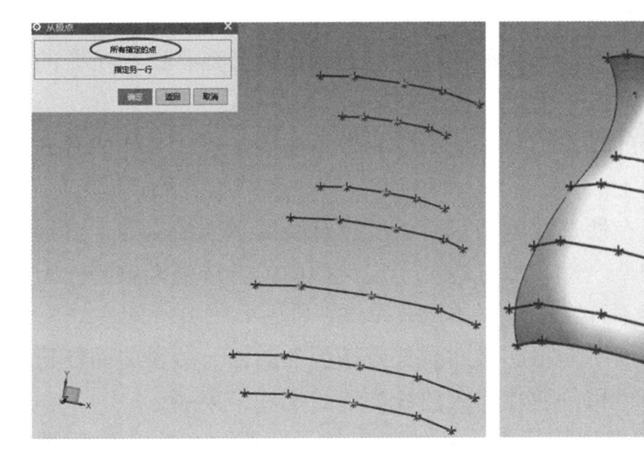

图 3-1-36 “从极点”创建曲面

三、通过曲线创建曲面

通过曲线创建曲面命令有“直纹”“通过曲线组”“通过曲线网格”“扫掠”等，下面介绍这些常用的曲线创建曲面的方法。

1. 直纹

3－2　直纹

直纹面是通过指定的两条截面线串和对齐方式来创建曲面。直纹形状是截面之间的线性过渡。截面可以由单个或多个对象组成，且每个对象可以是曲线、实体边或面的边。

选择“菜单”→“插入”→“网格曲面”→“直纹”命令，弹出“直纹”对话框，如图3－1－37所示。

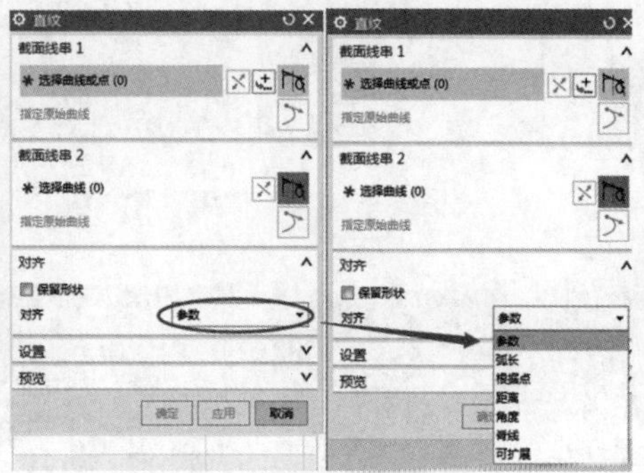

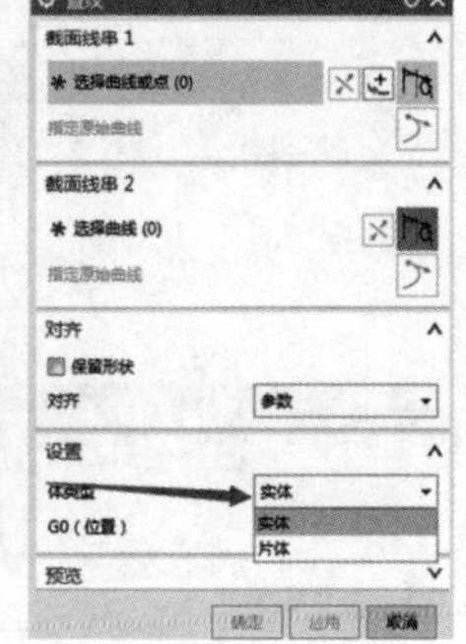

图3－1－37 “直纹”对话框

（1）截面线串1：用于选择第一条截面线串。

（2）截面线串2：用于选择第二条截面线串。

（3）对齐：选择“对齐”中的“保留形状”时，只能使用参数和根据点对齐方法。

①参数：沿截面以相等的参数间隔来隔开等参数曲线连接点。

②根据点：对齐不同形状的截面之间的点。

③弧长：沿定义截面以相等的弧长间隔来隔开等参数曲线连接点。

④距离：在指定方向上沿每个截面以相等的距离隔开点，这样所有的等参数曲线都在垂直于指定方向矢量的平面上。

⑤角度：围绕指定的轴线沿每条曲线以相等角度隔开点，这样所有的等参数曲线都在包含有轴线的平面上。

⑥脊线：将点放置在所选截面与垂直于所选脊线的平面相交处，得到的体的范围取决于这条脊线的限制。全部或部分垂直于定义截面的脊线是无效的，因为剖切平面与定义曲线之间的相交不存在或定义不当。

⑦可扩展：创建可展平而不起皱、拉长或撕裂的曲面。填料曲面创建于平的或相切的可扩展组件之间，也可创建在输入曲线的起始端和结束端。

（4）设置：用于为直纹特征指定片体或实体。要获取实体，截面线串必须形成闭环。

例：选择“菜单”→“插入”→“网格曲面”→“直纹”命令，弹出“直纹”对话框。单击“截面线串1”中的“选择曲线或点（1）”按钮，选择图示截面线串1，单击“截面线串2”中的“选择曲线（1）”按钮，选择图示截面线串2，单击“确定”按钮，完成直纹面的创建，如图3－1－38所示。

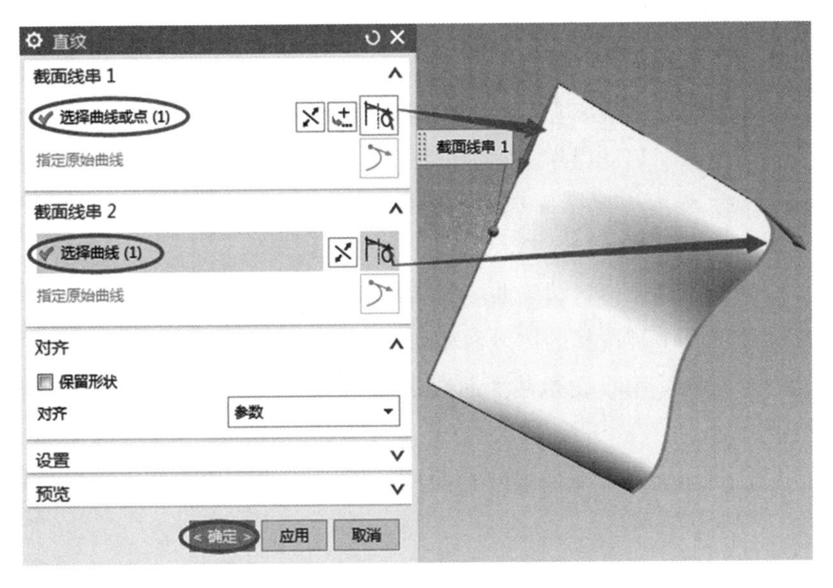

图 3－1－38 “直纹”对话框

2. 通过曲线组

3－3 通过曲线组

通过曲线组命令可创建穿过多个截面的体，其中形状会发生更改，以穿过每个截面。一个截面可以由单个或多个对象组成，并且每个对象都可以是曲线、实体边或实体面的任意组合。

选择“菜单”→“插入”→“网格曲面”→“通过曲线组”命令，弹出“通过曲线组”对话框，如图 3－1－39 所示。

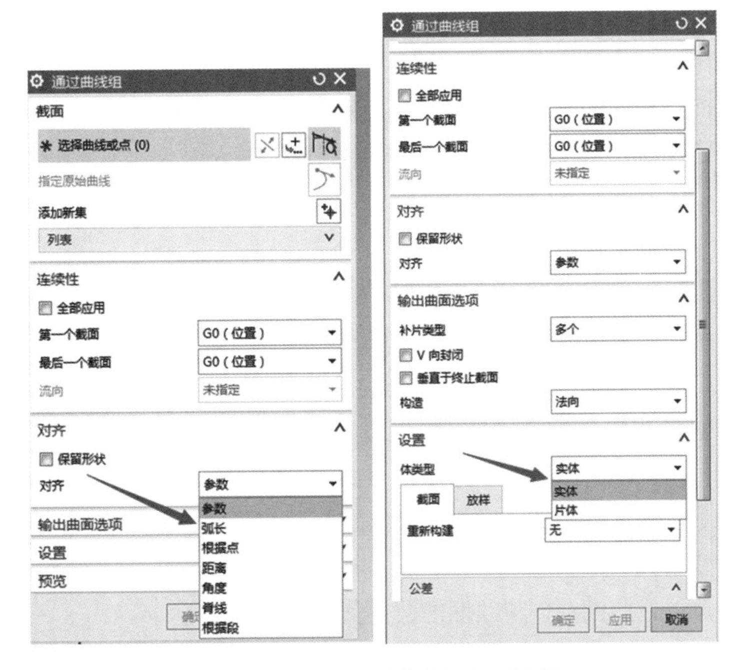

图 3－1－39 “通过曲线组”对话框

学习笔记

（1）截面：选取创建面的线串，在用“选择曲线或点（0）”命令选取截面线串时，一定要注意选取的次序，当选取完一个曲线串时要单击“添加新集”按钮来添加新的线串，直到所选曲线串在截面线串列表为止。也可以对该对话框列表中所有选取的曲线串进行删除、移动操作。

（2）连续性：将为一个截面选定的连续性约束施加于第一个和最后一个截面，可以指定 G0（位置）、G1（相切）或 G2（曲率）连续性。

①第一个截面：用于设置截面曲线第一组的边界约束条件，使所作曲面在第一截面线串处于一个或多个被选择的体表面相切或等曲率过渡。

②最后一个截面：用于设置截面曲线最后一组的边界约束条件，用法与“第一个截面”相同。

（3）对齐：通过定义沿截面隔开新曲面的等参数曲线的方式，可以控制特征的形状，共有 7 种对齐方式。

①参数：在创建曲面时，等参数和截面线所形成的间隔点，是根据相等的参数间隔建立的。整个截面线上如果有直线，则采用等圆弧的方式间隔点；如果有曲线，则采用等角度的方式间隔点。

②弧长：在创建曲面时，两组截面线串和等参数建立连接点，这些连接点在截面线上分布的间隔方式是根据等圆弧长建立的。

③根据点：用于不同形状的截面线串对齐，可以通过调节线串上的点来对齐曲面，一般用于线串形状差距很大时，特别适用于带有尖角的截面。

④距离：在创建曲面时，沿每个截面线，在规定方向等间距间隔点，结果所有等参数曲线都将投影到矢量平面里。

⑤角度：用于创建曲面时，使在每个截面曲线串上，围绕没有规定的基准轴等角度间隔生成曲面，使曲面具有一定的走向及外形。

⑥脊线：用于创建曲面时，选择一条曲线为矢量方向，使所有的平面都垂直于脊柱线。

（4）输出曲面选项。

①补片类型：可以是单个或多个类似于样条的段数，多个补片并不是多个片体。

②V 向封闭：控制生成的曲面在第一组截面线串和最后一组截面线串之间是否也创建曲面。

（5）设置：创建曲面常用的数据设置。

①体类型：当创建的曲线组曲面是封闭曲线组时，可以选择创建曲面或实体。

②放样：重新构建可以选择是否需要给定曲面的阶次，如果需要，则可以调整阶次的数值来改变曲面的形状。

③公差：可以在此设置创建曲面的公差值。

例：选择“菜单”→“插入”→“网格曲面”→“通过曲线组”命令，弹出“通过曲线组”对话框，单击“截面”中的“选择曲线（8）”按钮，依次选择 3 组截面，单击“确定”按钮，完成“通过曲线组”创建操作，如图3-1-40所示。

学习笔记

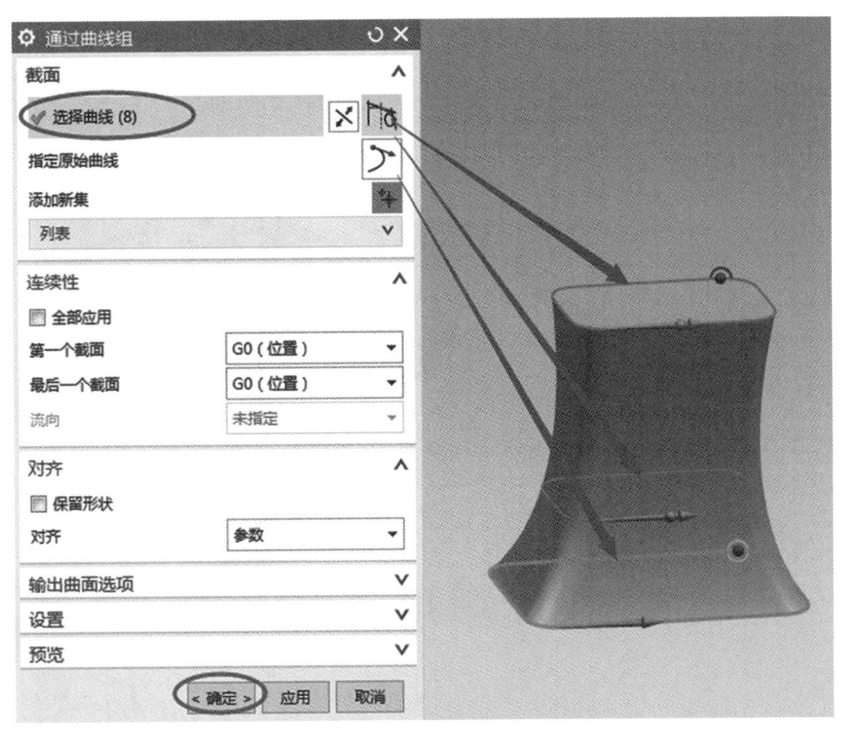

图3-1-40 “通过曲线组”创建操作

1. 在任务实施过程中，你遇到了哪些障碍？你是如何想办法解决这些困难的？

____

____

____

____

2. 请分析汽车倒车镜外观曲面造型的思路，如何优化绘制造型的步骤？准确地说出汽车倒车镜外观曲面造型过程中会使用的命令名称。

____

____

____

____

学习笔记

拓展训练

根据提供的曲线创建如图 3－1－41 所示零件的外观曲面。

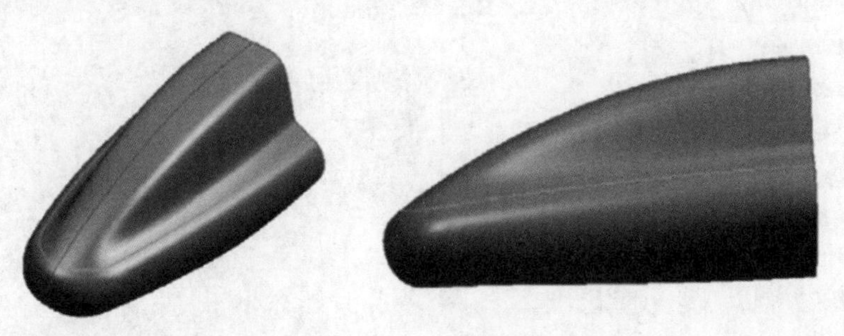

图 3－1－41　曲面造型

任务二　汽车换挡手柄外观曲面的创建

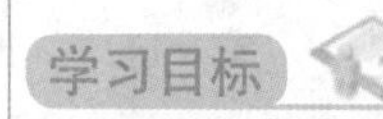

学习目标

【技能目标】

1. 能熟练应用曲面造型思路，对产品曲面创建工艺进行准确分析。
2. 能熟练应用“曲面修剪”“镜像”“缝合”等曲面造型命令功能进行产品曲面的创建。

【知识目标】

1. 了解产品曲面造型的思路。
2. 掌握“曲面修剪”“镜像”“缝合”等曲面造型命令。
3. 掌握产品曲面造型的创建及编辑方法。

【态度目标】

1. 具有积极沟通交流和团结协作的精神。
2. 具有较强的质量意识和追求卓越的工匠精神。

工作任务

我们知道，一般规则形状的零件可以通过 UG 实体特征体设计进行三维造型，但对于外观不规则的复杂产品，则要采取 UG 曲面造型设计实现。然而在实际曲面造型设计过程中，我们往往不能直接将曲面造型设计好，需要进一步修改和编辑曲面，包括分割、修剪片体等命令功能。为了进一步对 UG 曲面造型设计进行深入学习和掌握，本任务将应用 UG 软件，采用“修剪”“镜像”“缝合”等曲面造型命令功能，完成汽车换挡手柄外观曲面的创建。汽车换挡手柄外观曲面如图 3－2－1 所示。

学习笔记

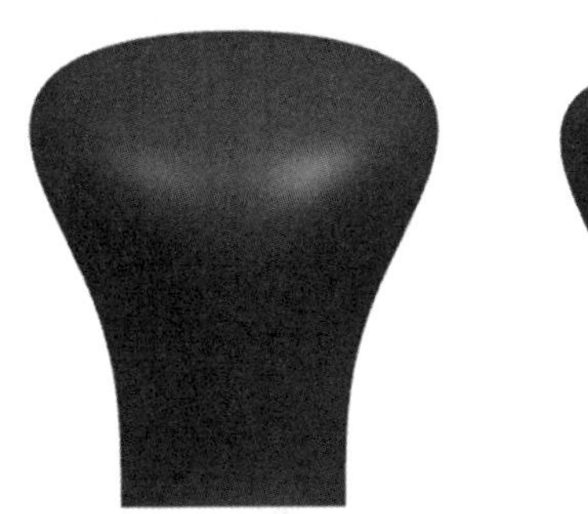

图 3-2-1　汽车换挡手柄外观曲面

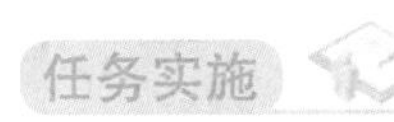

3-4　换挡手柄视频

步骤 1. 建立新文件

启动 UG，选择“菜单”→“文件”→“新建”命令，打开“新建”对话框，在对话框的“名称”文本框中输入“换挡手柄”，并指定要保存到的文件夹，如图 3-2-2 所示。单击“确定”按钮。

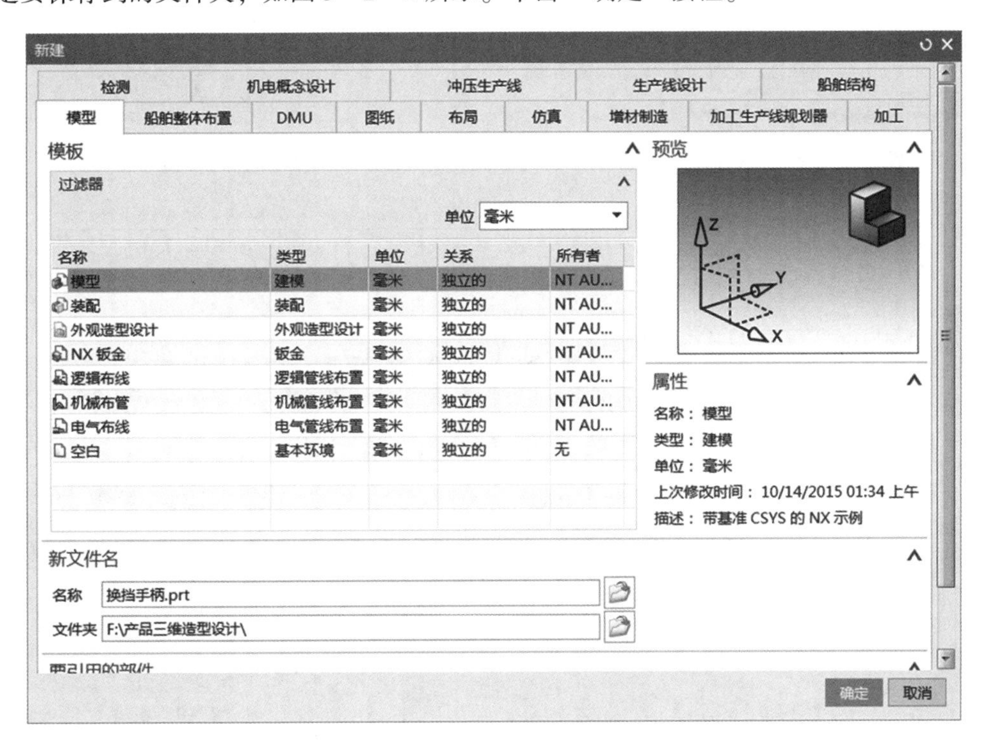

图 3-2-2　“新建”对话框

步骤 2. 导入绘制曲线

选择菜“单栏”→“文件”→“导入”→“IGES”命令，如图 3-2-3 所示，弹出“IGES 导入选项”对话框，单击按钮，选择 HDSB. igs 文件，如图 3-2-4 所示，单击“确定”按钮，导入绘制的曲线，如图 3-2-5 所示。

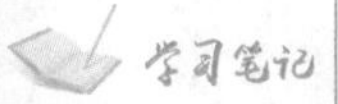

图 3-2-3　选择导入 IGES

图 3-2-4　选择 HDSB. igs 文件

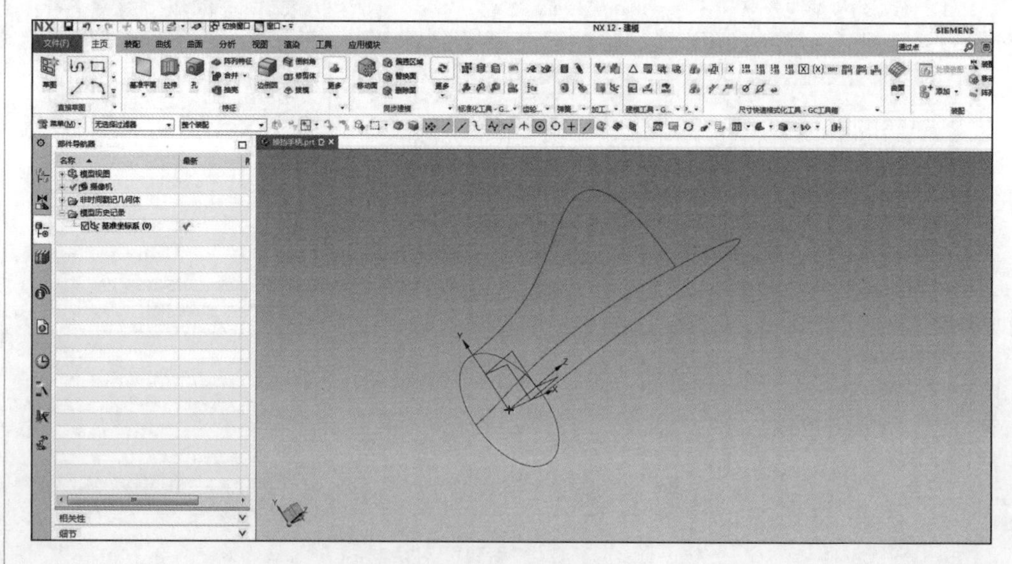

图 3-2-5　导入绘制曲线

步骤 3. 创建网格曲线

（1）创建面线交点。

选择“菜单”→“插入”→“基准/点”→“基准坐标系”命令，弹出“基准坐标系”

对话框。选择“类型”为“动态”，在图示“X”栏中输入数值 20（-20），单击“确定”按钮，创建基准坐标系，如图 3-2-6 所示。

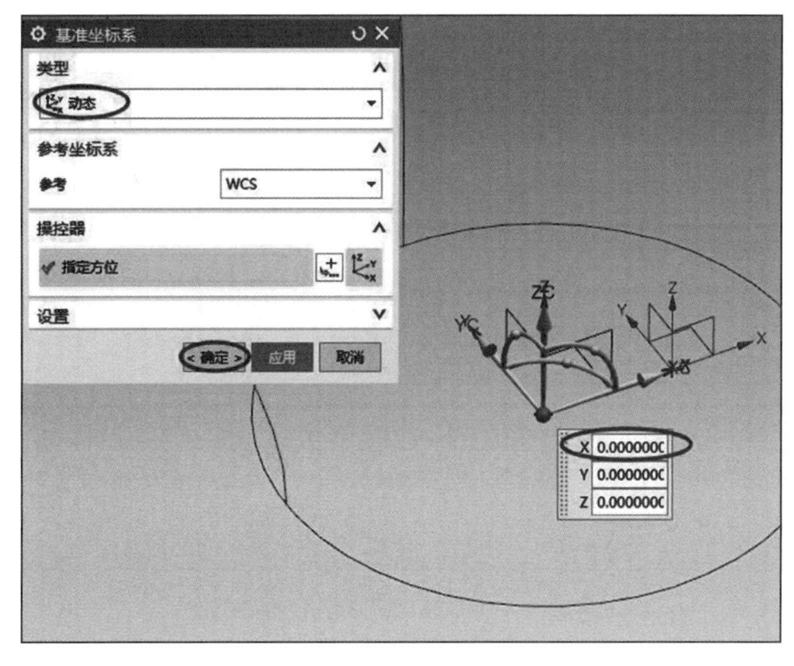

图 3-2-6　创建基准坐标系

选择“菜单”→“插入”→“基准/点”→“点”命令，弹出“点”对话框。选择“类型”为“交点”，单击“选择对象（1）”按钮选择创建坐标系 $Y-Z$ 平面，单击“选择曲线（1）”按钮选择导入曲线，单击“确定”按钮，创建基准面曲线交点，如图 3-2-7 所示。

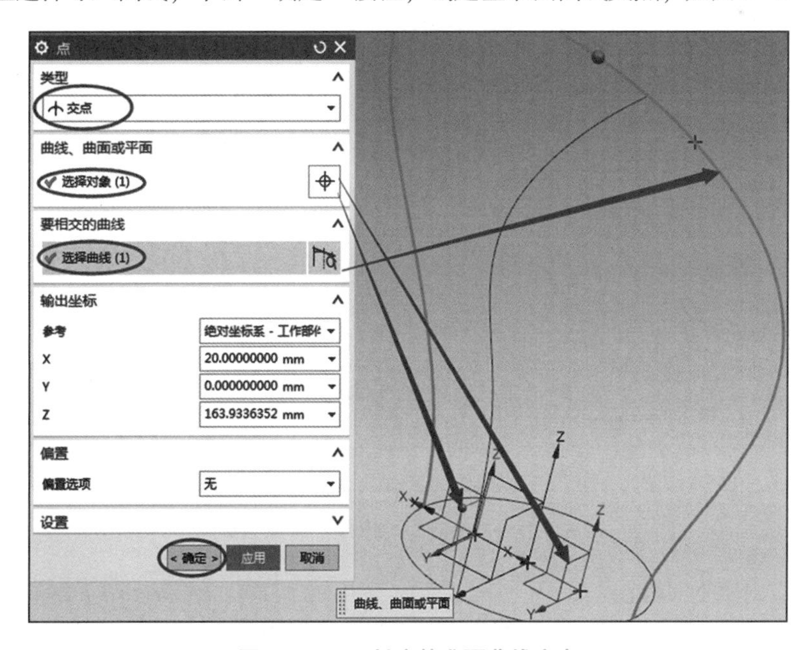

图 3-2-7　创建基准面曲线交点

(2) 绘制辅助直线。

以创建的面、线交点为端点绘制辅助直线，如图3-2-8所示。

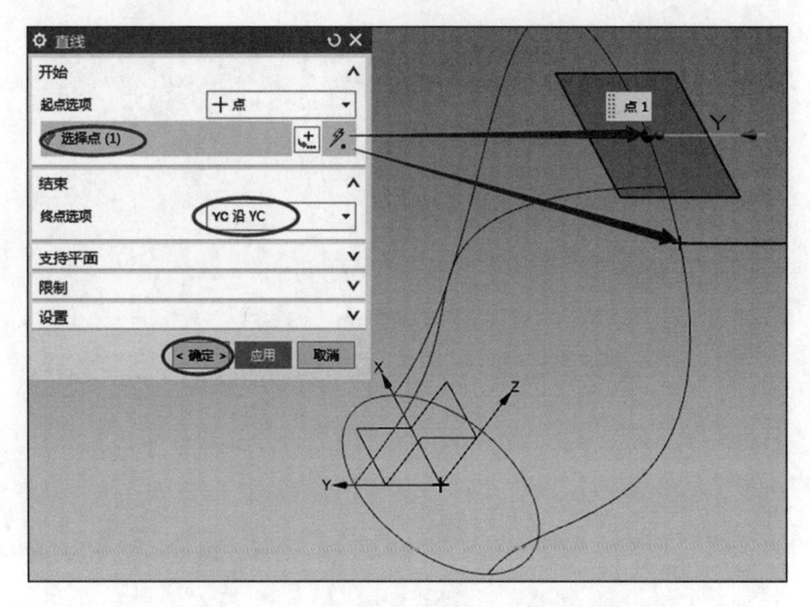

图3-2-8　绘制基准面曲线交点辅助直线

将导入曲线以俯视图放置，以导入曲线的外轮廓线点为端点绘制辅助直线，如图3-2-9所示。

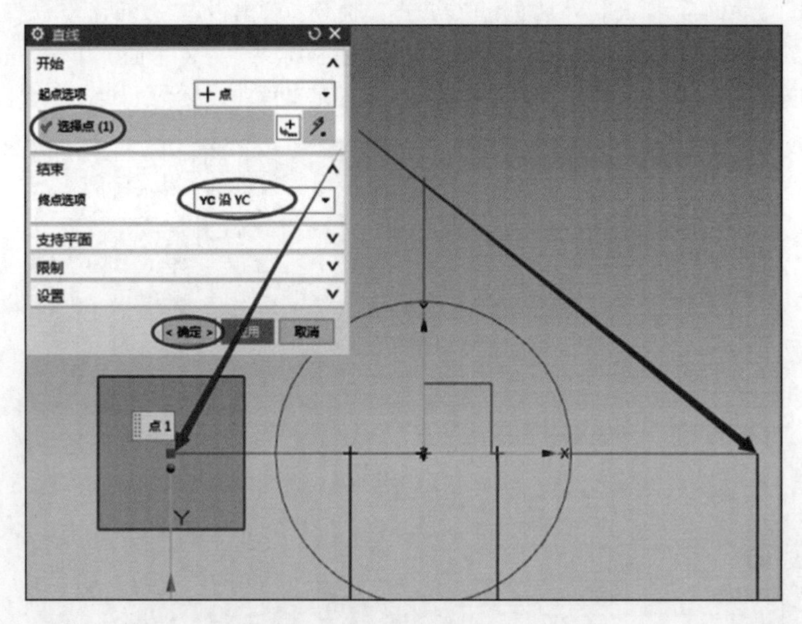

图3-2-9　绘制外轮廓线点辅助直线

(3) 创建样条曲线。

选择“菜单”→“插入”→“曲线”→“艺术样条”命令，弹出“艺术样条”对话框。选择“类型”为“通过点”，单击“点位置”中的“指定点 (3)”按钮选择面线交点和曲线任意点，单击“列表”中“点”1 栏，单击“约束”中的“指定相切”按钮选择点 1 对应的辅助直线（可单击“反转相切方向”图标），完成样条曲线点 1 处与辅助直线相切；单击“列表”中“点”3 栏，重复以上操作，完成样条曲线点 3 处与辅助直线相切。单击“确定”按钮，创建样条曲线（一），如图 3－2－10 所示。

学习笔记

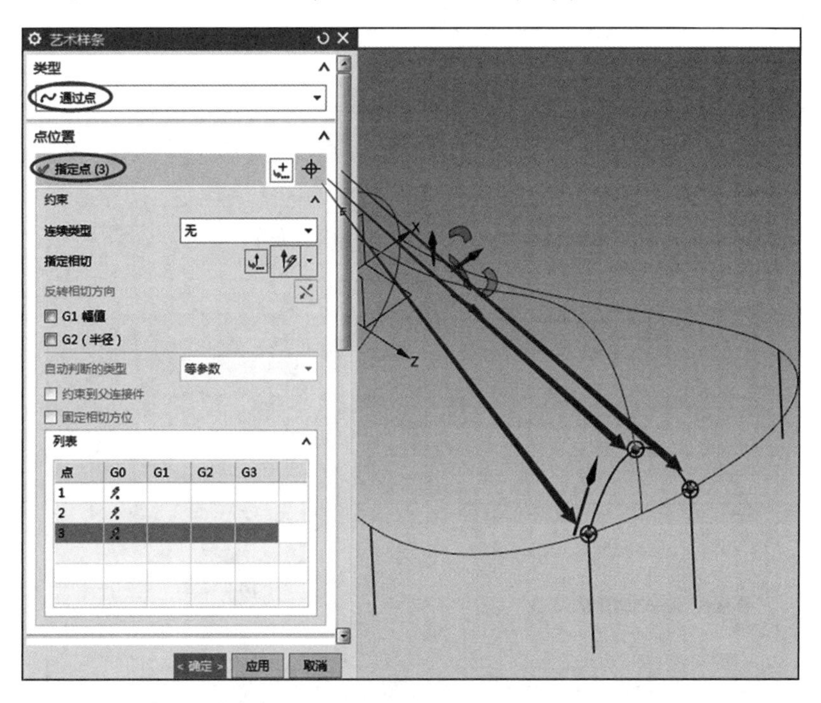

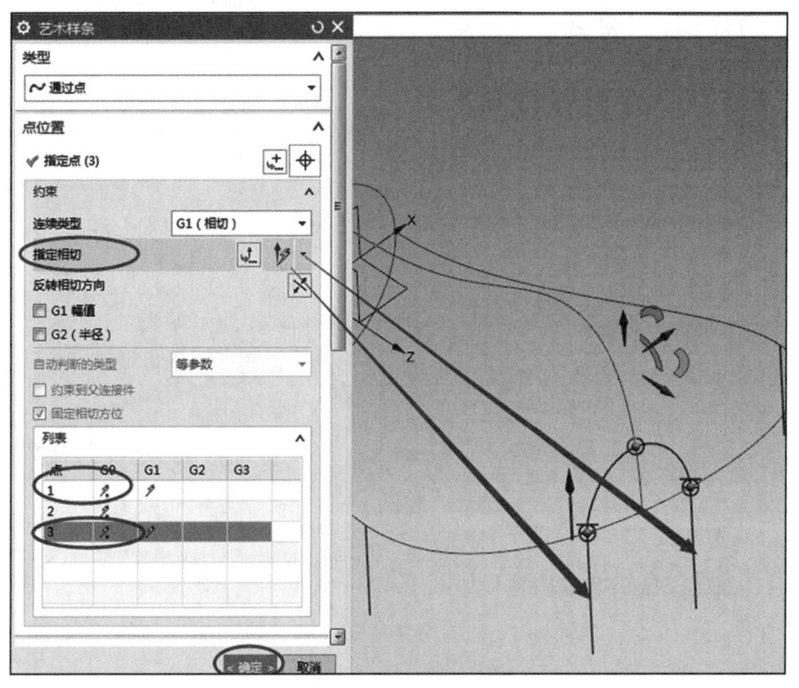

图 3－2－10　创建样条曲线（一）

学习笔记

选择“菜单”→“插入”→“曲线”→“艺术样条”命令，弹出“艺术样条”对话框。选择“类型”为“通过点”，单击“点位置”中的“指定点（3）”按钮，选择面线交点和曲线任意点，单击“列表”中“点”1栏，单击“约束”中“指定相切”按钮，选择点1对应的辅助直线（可单击“反转相切方向”图标），完成样条曲线点1处与辅助直线相切；单击“列表”中“点”3栏，重复以上操作，完成样条曲线点3处与辅助直线相切。单击“确定”按钮，创建样条曲线（二），如图3－2－11所示。

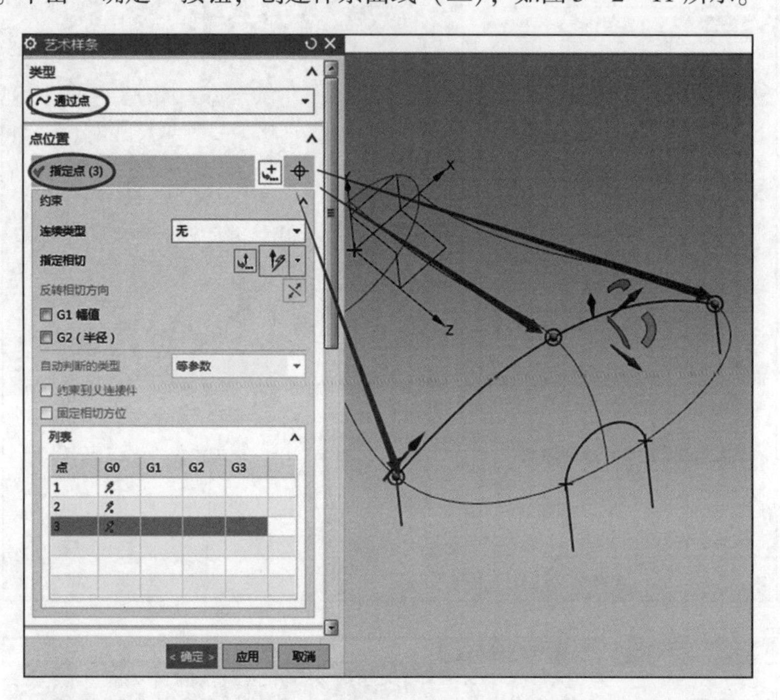

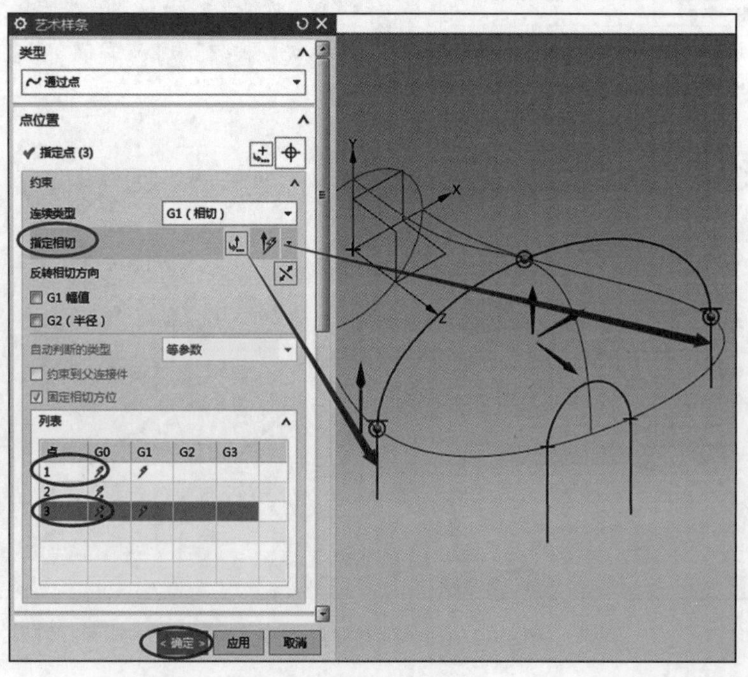

图3－2－11　创建样条曲线（二）

步骤4. 创建辅助曲面

采用“拉伸”命令，创建辅助曲面（一），如图3－2－12所示。

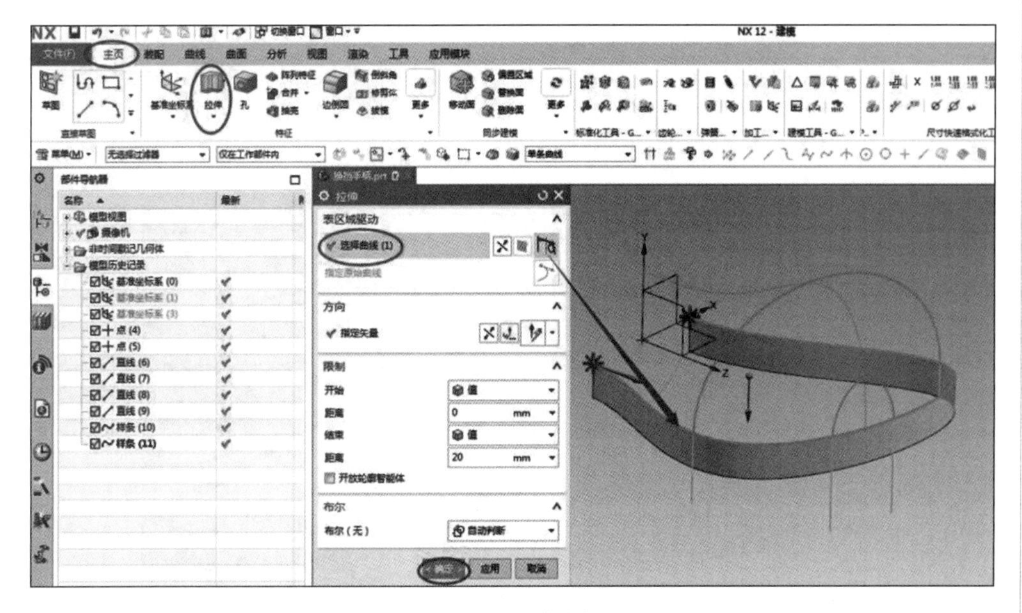

图3－2－12　创建辅助曲面（一）

采用“拉伸”命令，创建辅助曲面（二），如图3－2－13所示。

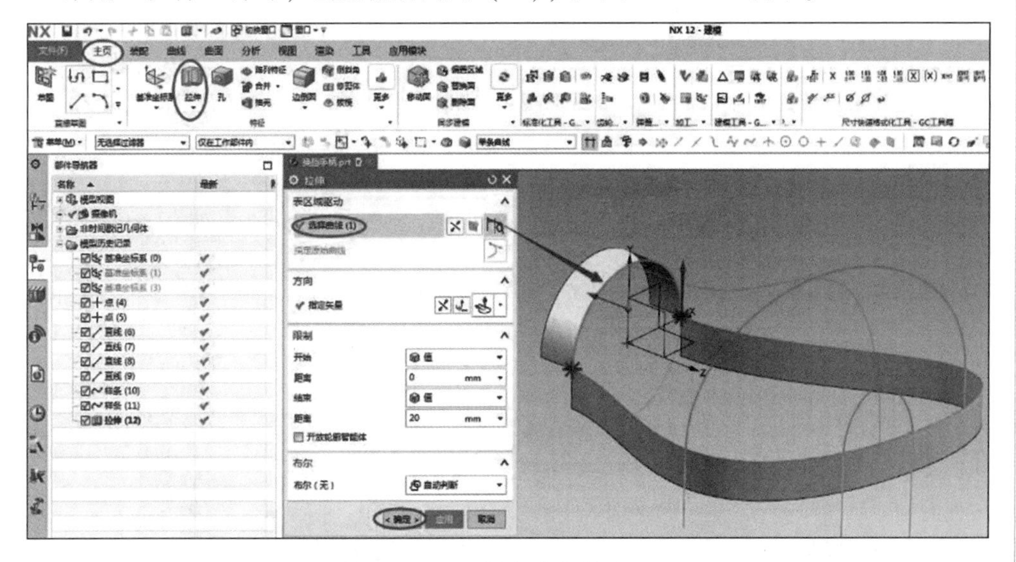

图3－2－13　创建辅助曲面（二）

步骤5. 创建网格曲面

选择“菜单”→“插入”→“网格曲面”→“通过曲线网格”命令，弹出“通过曲线网格”对话框。单击“主曲线”中的“选择曲线或点（0）”按钮选择图示相切曲线1（注意：此时要单击工具栏图标，打开“在相交处停止”功能），鼠标中键单击确认，选择图示相切曲线2，鼠标中键单击确认，选择图示相切曲线3，鼠标中键单击确认；单击“交叉曲线”中的“选择曲线（0）”按钮选择图示单条曲线4，鼠标中键单击确

学习笔记

认，选择图示单条曲线 5，鼠标中键单击确认，选择图示单条曲线 6，鼠标中键单击确认。选择“连续性”中“第一主线串”为“G1（相切）”，单击“选择面（1）”按钮选择辅助曲面（一）；选择“连续性”中“最后主线串”为“G1（相切）”，单击“选择面（1）”按钮选择辅助曲面（一）；选择“连续性”中“最后交叉线串”为“G1（相切）”，单击“选择面（1）”按钮选择辅助曲面（二）。单击“确定”按钮，创建如图 3－1－14 所示网格曲面。

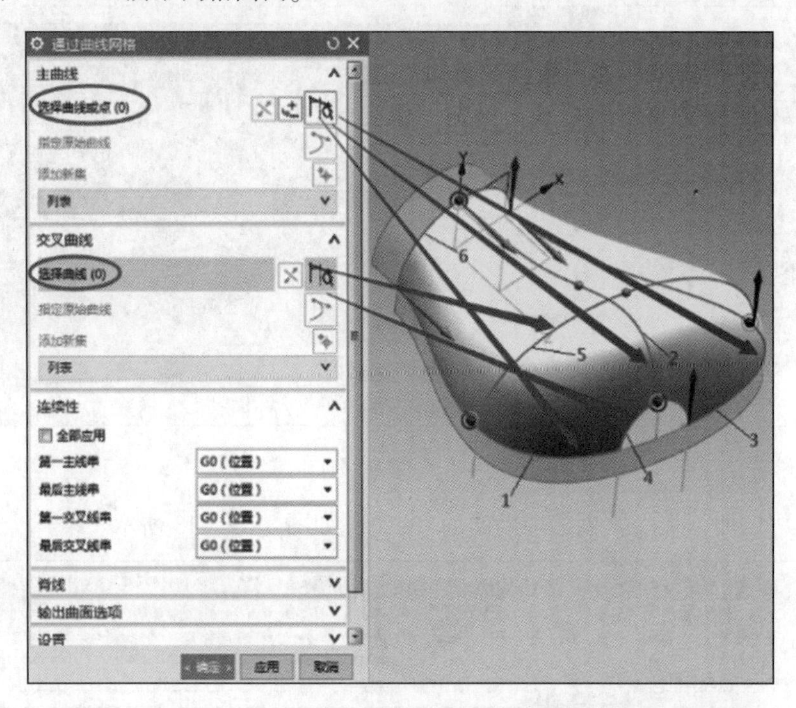

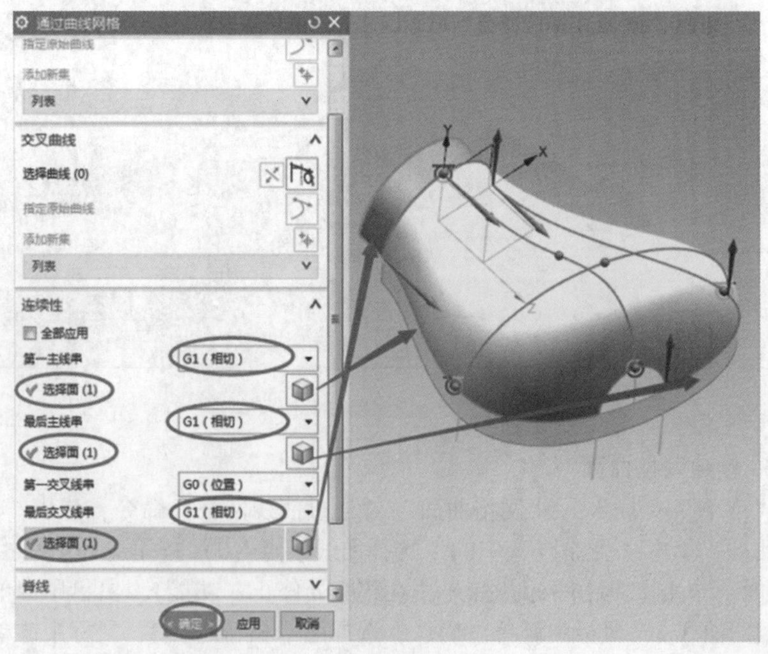

图 3－2－14　创建网格曲面

步骤 6. 网格曲面镜像

选择“菜单”→“插入”→“关联复制”→“镜像特征”命令，弹出“镜像特征”对话框。单击“要镜像的特征”中的“选择特征（1）”按钮选择创建的网格曲面，单击“镜像平面”中的“选择平面（1）”按钮选择基准坐标系 $X-Z$ 平面，单击“确定”按钮，完成网格曲面镜像，如图 3-1-15 所示。

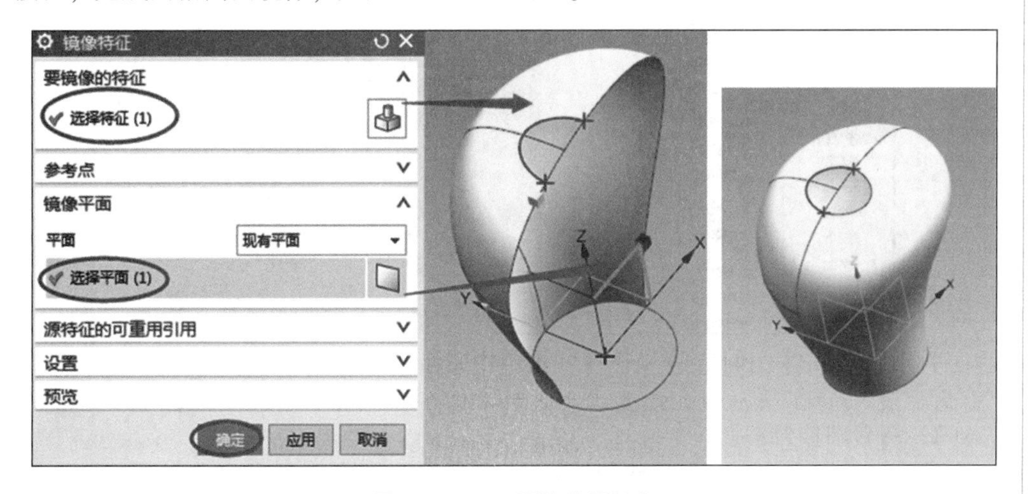

图 3-2-15 网格曲面镜像

步骤 7. 网格曲面缝合

选择“菜单”→“插入”→“组合”→“缝合”命令，弹出“缝合”对话框。选择“类型”为“片体”，单击“目标”中的“选择片体（1）”按钮选择创建的网格曲面，单击“工具”中的“选择片体（1）”按钮选择镜像的网格曲面，单击“确定”按钮，完成网格曲面的缝合，如图 3-1-16 所示。

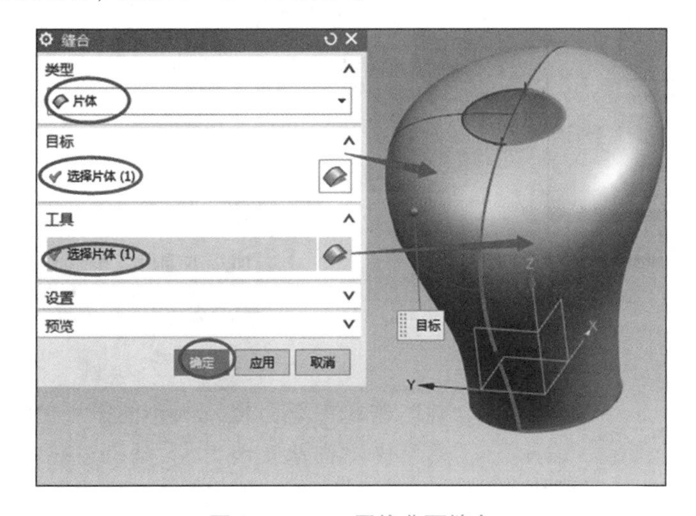

图 3-2-16 网格曲面缝合

步骤 8. 曲面修补编辑

（1）草绘修剪曲线。

采用在任务环境中绘制草图功能绘制修剪曲线，如图 3-1-17 所示。

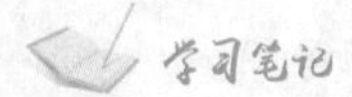

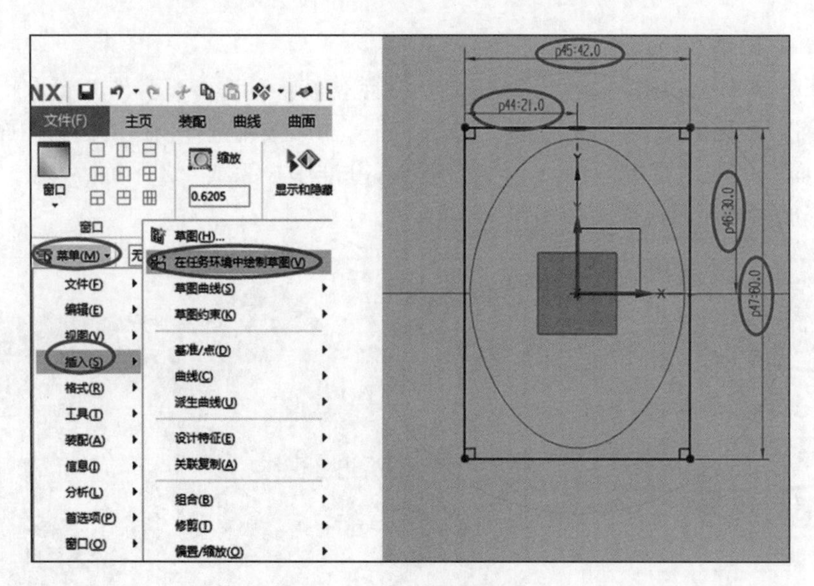

图 3-2-17　草绘修剪曲线

（2）缝合曲面修剪。

选择“菜单”→“插入”→“修剪”→“修剪片体”命令，弹出“修剪片体”对话框。单击“目标”中“选择片体（1）”按钮选择缝合曲面，单击“边界”中“选择对象（4）”按钮选择草绘修剪曲线，单击“投影方向”中“指定矢量”按钮选择 Z 方向，选择“区域”中“选择区域（1）”为“保留”，单击“确认”按钮，完成曲面修剪，如图 3-1-18 所示。

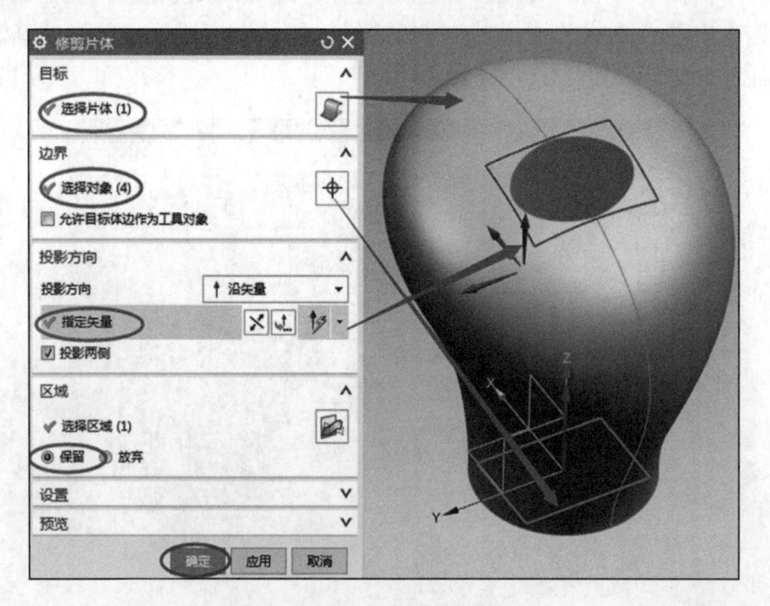

图 3-2-18　缝合曲面修剪

（3）创建网格曲面。

选择“菜单”→“插入”→“网格曲面”→“通过曲线网格”命令，弹出“通过曲线网格”对话框。单击“主曲线”中的“选择曲线或点（0）”按钮选择图示相切曲线

1，鼠标中键单击确认，选择图示相切曲线2，鼠标中键单击确认；单击“交叉曲线”中“选择曲线（0）”按钮选择图示单条曲线3，鼠标中键单击确认，选择图示单条曲线4，鼠标中键单击确认。选择“连续性”中“第一主线串”为“G1（相切）”，单击“选择面（2）”按钮选择缝合曲面；选择“连续性”中“最后主线串”为“G1（相切）”，单击“选择面（2）”按钮选择缝合曲面；选择“连续性”中“第一交叉线串”为“G1（相切）”，单击“选择面（2）”按钮选择缝合曲面；选择“连续性”中“最后交叉线串”为“G1（相切）”，单击“选择面（2）”按钮选择缝合曲面。单击“确定”按钮，创建如图3－1－19所示网格曲面。

学习笔记

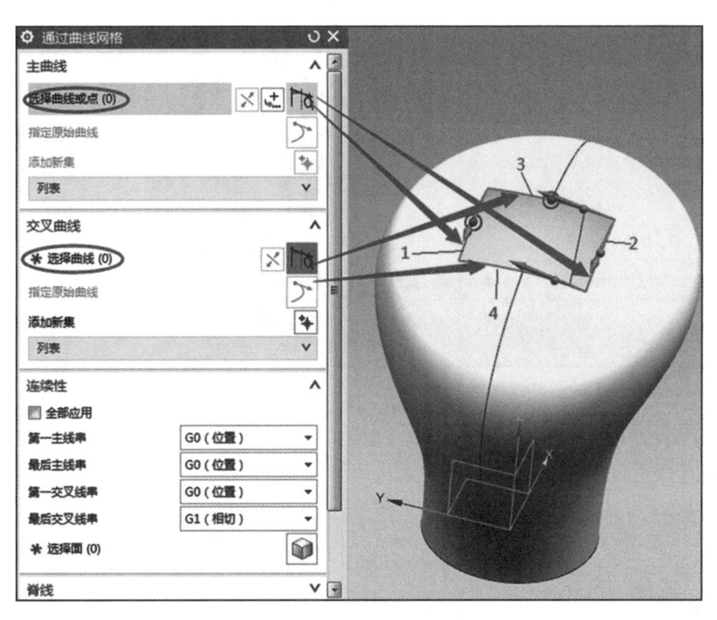

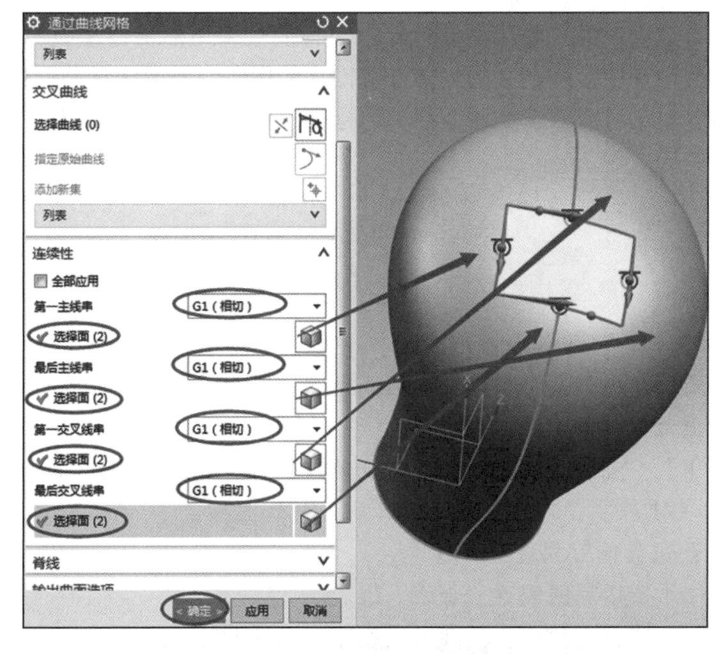

图3－2－19　创建网格曲面

步骤 9. 保存曲面文件

选择“文件”→“保存”→“保存”命令，完成创建倒车镜曲面造型文件的保存，如图 3－2－20 所示。

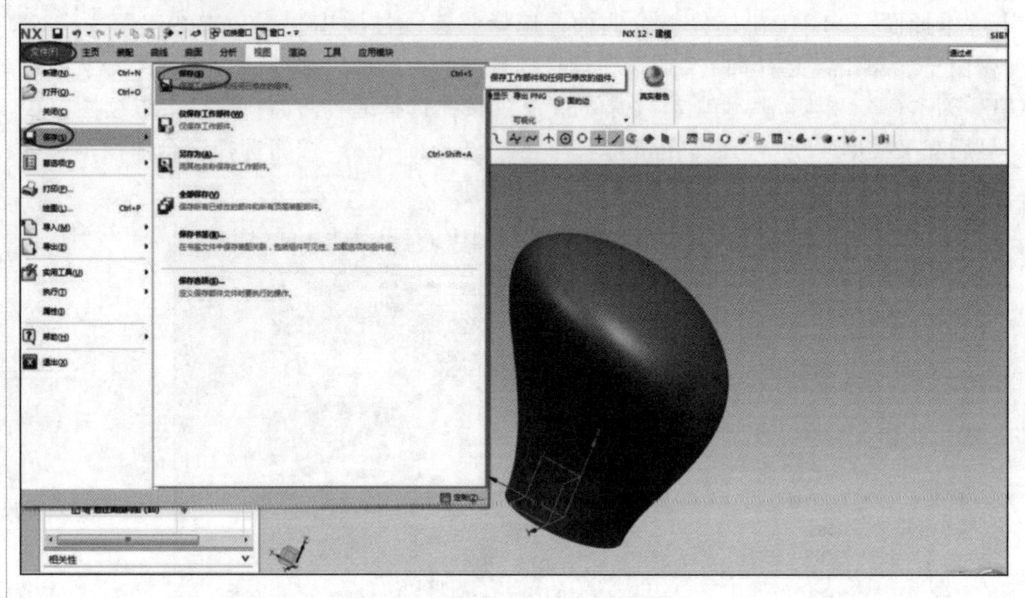

图 3－2－20　曲面文件保存

一、曲面编辑概述

为了满足不规则产品外观造型设计要求，我们会采用曲面造型技术来进行设计。然而在曲面造型设计中，因产品的复杂性等因素的影响，需要多种曲面造型命令，其中曲面编辑命令也不可或缺，如曲面修剪、延伸、扩大、镜像等。所以曲面编辑是曲面造型设计的关键之一。

二、曲面编辑命令

1. 延伸片体

使用“延伸片体”可以延伸或修剪实体或片体，使用“偏置”命令可以在距离片体边的指定距离处修剪或延伸片体，使用“直至选定”命令可根据其他几何元素修剪片体。

3－5　延伸片体

选择“菜单”→“插入”→“修剪”→“延伸片体”命令，弹出“延伸片体”对话框。如图 3－2－21 所示。

(1) 限制：包含偏置和直至选定。

①偏置：用于按指定值偏置一条或一组边。

②直至选定：用于选择面、基准平面或体，以延伸片体。

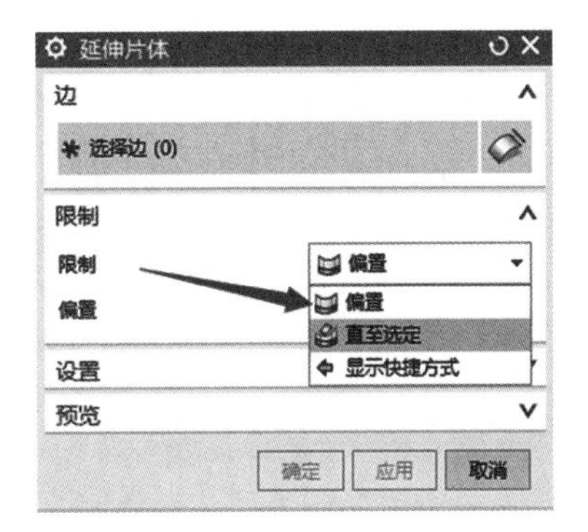

图 3-2-21 “延伸片体”对话框

（2）曲面延伸形状：用于选择面、基准平面或体，以延伸片体。

①自然曲率：使用在边界处曲率连续的小面积延伸 *B* 曲面，然后在该面积以外相切。

②自然相切：从边界延伸相切的 *B* 曲面。

③镜像：通过镜像曲面曲率的连续形状延伸 *B* 曲面。

（3）边延伸形状：包含自动、相切和正交。

①自动：根据系统默认延伸相邻边界。

②相切：依照边界形状，沿边界相切方向延伸相邻的边界。

③正交：延伸与所延伸边界正交的相邻边界。

例：选择“菜单”→“插入”→“修剪”→“延伸片体”命令，弹出“延伸片体”对话框。单击“边”中“选择边”按钮，选择图示曲面轮廓边，在偏置栏中输入延伸距离 25 mm，单击“确定”按钮，创建曲面延伸，如图 3-2-22 所示。

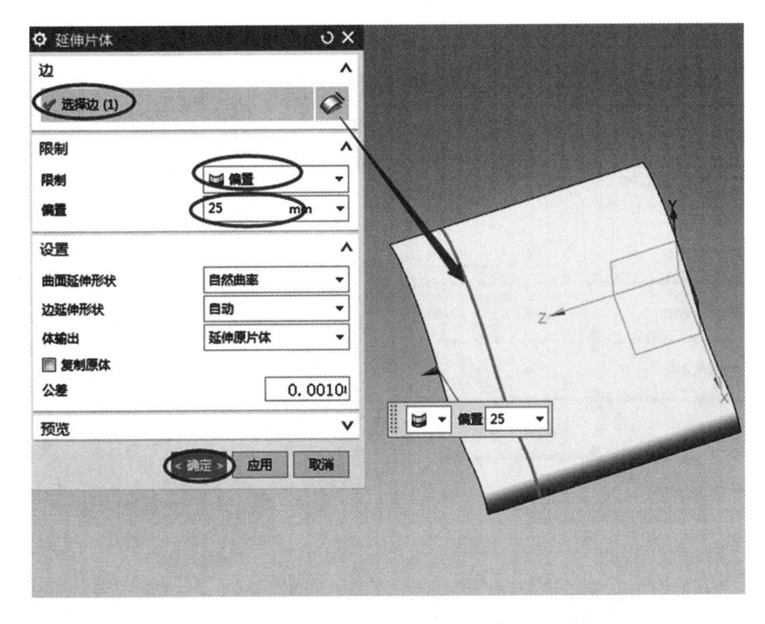

图 3-2-22 曲面延伸

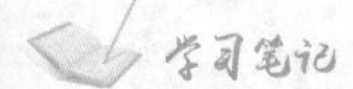

2. 扩大

3-6 扩大

使用扩大命令，可以创建与所选修剪或未修剪片体或面关联的4边曲面的特征。通过拖动手柄或者为四边键入 *U* 向和 *V* 向百分比值，可以更改此特征的大小。

选择“菜单”→“编辑”→“曲面”→“扩大”命令，弹出“扩大”对话框，如图3-2-23所示。

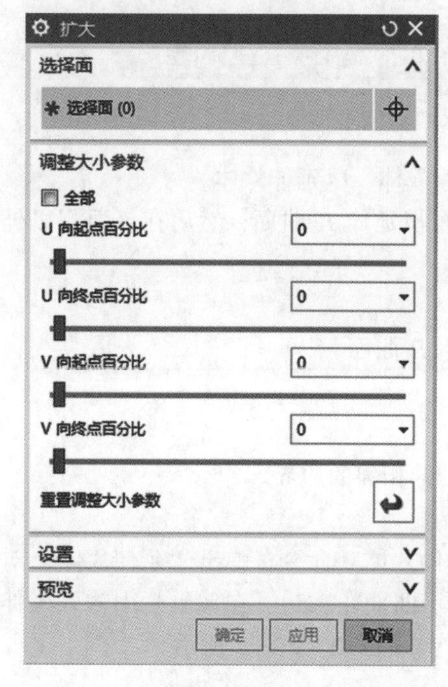

图3-2-23 “扩大”对话框

（1）选择面（0）：用于选择要修改的曲面。

（2）调整大小参数：在创建模式下，将参数值和滑块位置改变，从而扩大面。

①全部：将相同修改应用于片体的所有面。

②重置调整大小参数：在创建模式下，将参数值和滑块位置重置为默认值（0，0，0，0）。

（3）模式。

①线性：在一个方向上线性延伸片体的边。线性模式下只能扩大面而不能缩小面。

②自然：顺着曲面的自然曲率延伸片体的边。自然模式可以自由扩大和缩小片体大小。

③编辑副本：对片体副本进行扩大，如选项不选，则扩大原始片体。

例：选择“菜单”→“编辑”→“曲面”→“扩大”命令，弹出“扩大”对话框。单击“选择面”中的“选择面（1）”按钮，选择需编辑的曲面，单击“确定”按钮，完成曲面“扩大”，如图3-2-24所示。

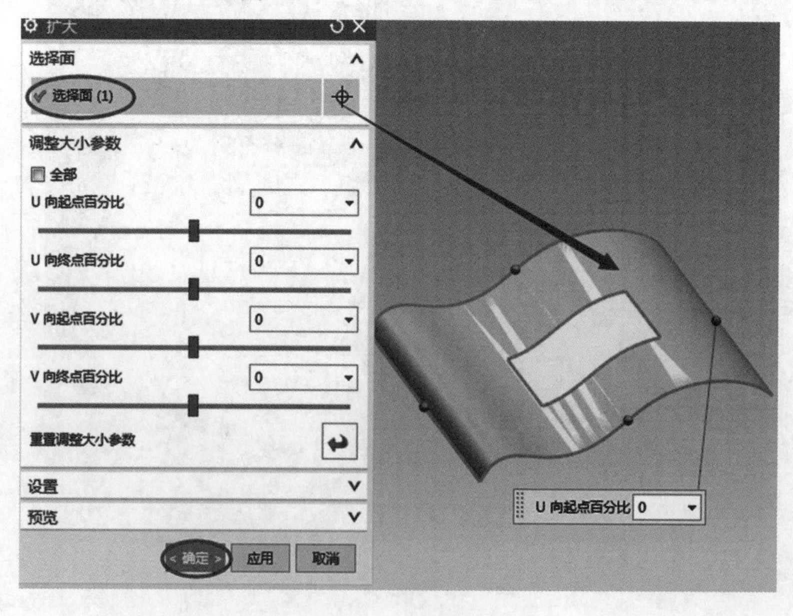

图3-2-24 曲面“扩大”

学习笔记

学有所思

1. 在任务实施过程中，你遇到了哪些障碍？你是如何想办法解决这些困难的？

2. 请分析汽车换挡手柄外观曲面造型的思路，如何优化绘制造型步骤？准确地说出汽换挡手柄外观曲面造型过程中会使用到的命令名称。

拓展训练

根据提供的曲线，创建如图 3－2－25 所示零件外观曲面。

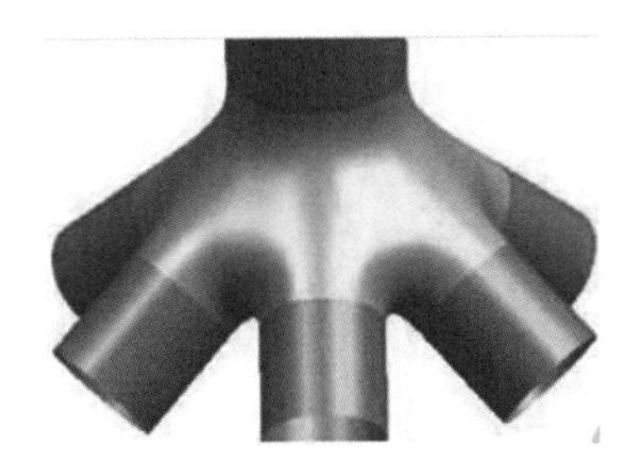

图 3－2－25　曲面造型

学习笔记

项目四　轮子组件装配图及台虎钳爆炸图的创建

任务一　创建轮子组件的装配图

学习目标

【技能目标】

1. 能应用 UG 装配模块熟练装配轮子组件。
2. 能合理应用“装配约束”命令正确装配产品。

【知识目标】

1. 掌握“添加组件”命令的功能。
2. 掌握“装配约束”命令的功能。

【态度目标】

1. 养成团队意识和集体观念。
2. 有良好的专业精神和社会责任感。

工作任务

图 4－1－1　轮子组件

轮子组件由多个零件组装而成。用 UG NX 12.0 软件采用的是虚拟装配方式，它通过装配条件在部件之间建立约束关系来确定部件在产品中的位置。在装配中，部件的几何体是被装配引用的，而不是复制到装配中。无论如何编辑部件和在何处编辑部件，整个装配部件都保持关联性，如果某部件被修改，则引用它的装配部件自动更新，反映部件的最新变化。本工作任务主要是完成如图 4－1－1 所示轮子组件的装配。

学习笔记

任务实施

4-1 轮子组件装配

步骤 1. 建立新文件

打开 UG NX 12.0 软件，选择“菜单”→“文件”→“新建”命令，弹出“新建”对话框，在“模板”列表框中选择“装配”选项，在“名称”文本框中输入“轮子组件装配”，将文件放入指定文件夹里，如图 4-1-2 所示，单击“确定”按钮，进入 UG 主界面。

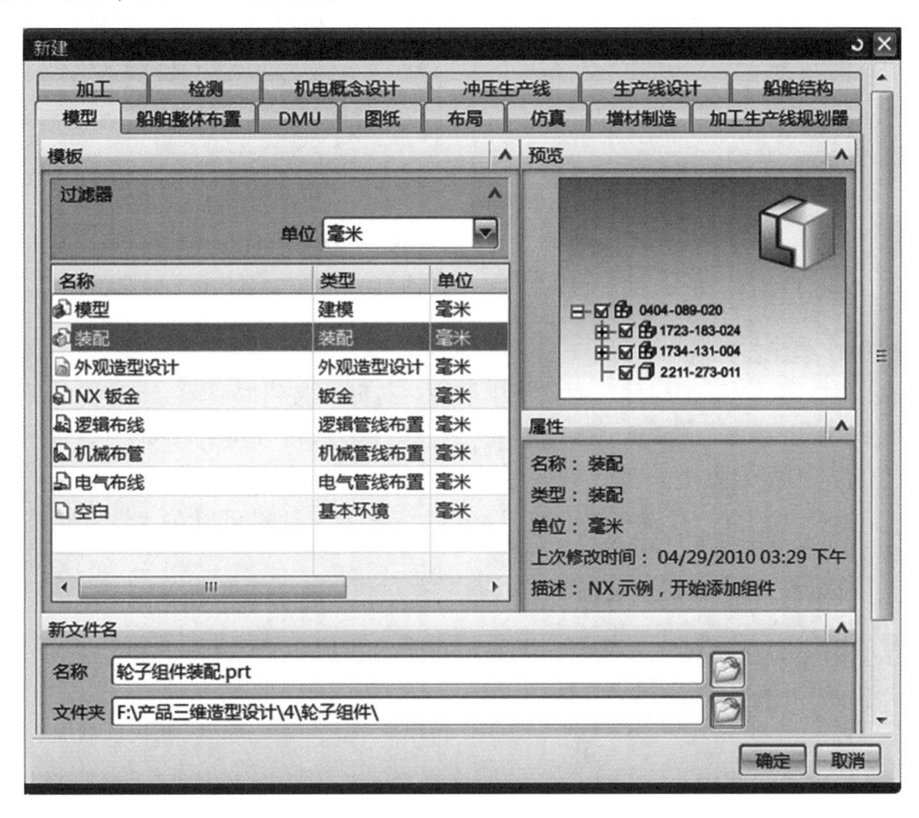

图 4-1-2 “新建”对话框

步骤 2. 加入组件支架

系统弹出“添加组件”对话框，如图 4-1-3 所示。单击“打开”按钮，打开“部件名”对话框，根据组件的存放路径（x：work\4\轮子组件）选择支架，单击“OK”按钮，返回到“添加组件”对话框，弹出如图 4-1-4 所示的“组件预览”窗口（注：在该窗口中相应操作鼠标中键，可以实现要添加的组件视图的放大、缩小以及旋转，具体的操作方法与绘图区域内模型视图的放大、缩小以及旋转相同，但操作时鼠标光标必须在“组件预览”窗口内）。在“组建锚点”下拉菜单中选择“绝对坐标系”选项，将组件放置位置定位于原点，单击“确定”按钮。依次添加其他组件，并为各个组件定义不同的坐标位置。

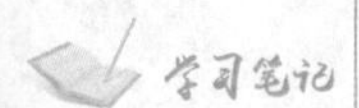

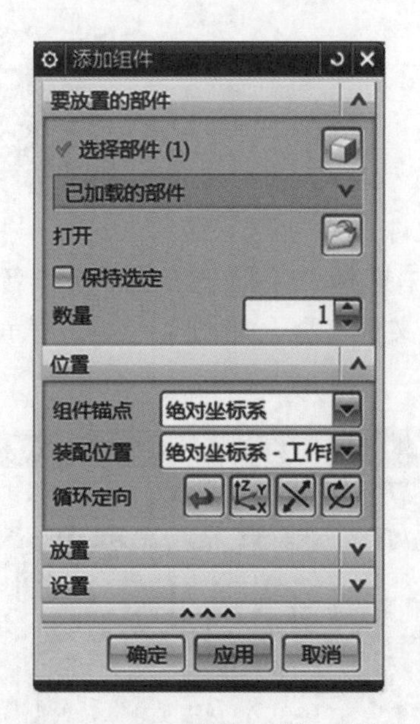

图 4-1-3 “添加组件”对话框

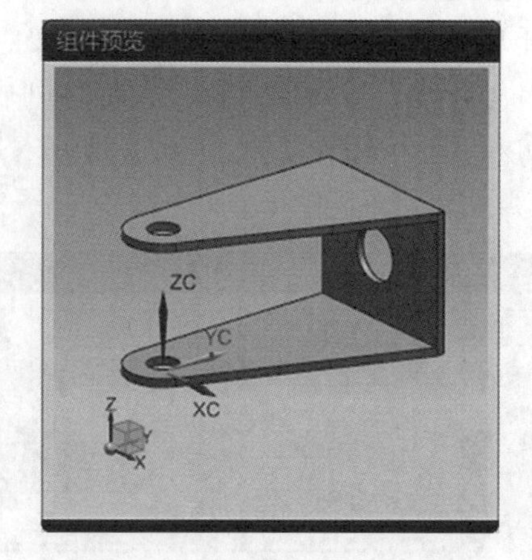

图 4-1-4 “组件预览”对话框

步骤 3. 装配支撑杆

同步骤 2，在“添加组件”对话框中单击“打开”按钮，系统弹出“部件名”对话框，选择支撑杆，单击“OK”按钮，支撑杆显示在“组件预览”窗口中，在“装配位置”下拉列表中选择“对齐”选项，展开“添加组件”对话框的“放置”选项组，选择“约束”单选按钮，如图 4-1-5 所示，这里可以在“设置”选项组

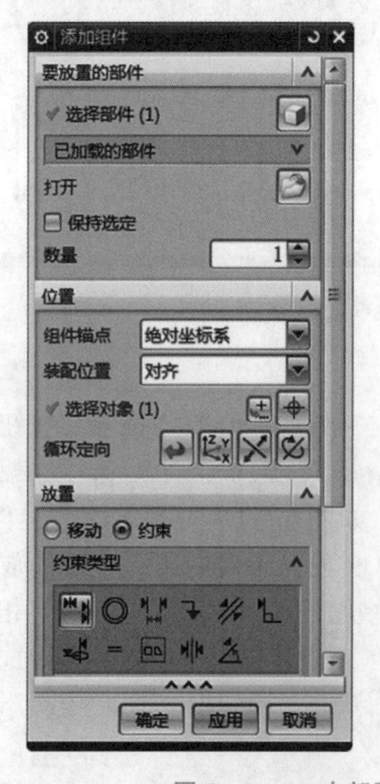

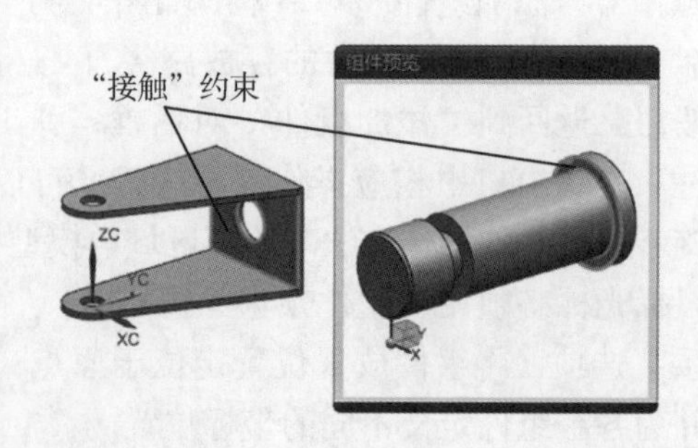

图 4-1-5 支架和支撑杆之间添加“接触”约束

的“互动选项”子选项组中临时取消勾选“预览”复选框，勾选“启用预览窗口”复选框。在“约束类型”列表框中单击“接触对齐”按钮，在“方位”下拉列表中选择“接触”。依次选择支撑杆中要配对接触的面，并在支架中选择要接触的配对面，再将“约束类型”设置为“自动判断中心/轴”，然后选择支撑杆上的孔中心线和支架上的孔中心线，如图 4 –1 –6 所示。单击该对话框的“应用”按钮，支撑杆被装配到支架上，效果如图 4 –1 –7 所示。

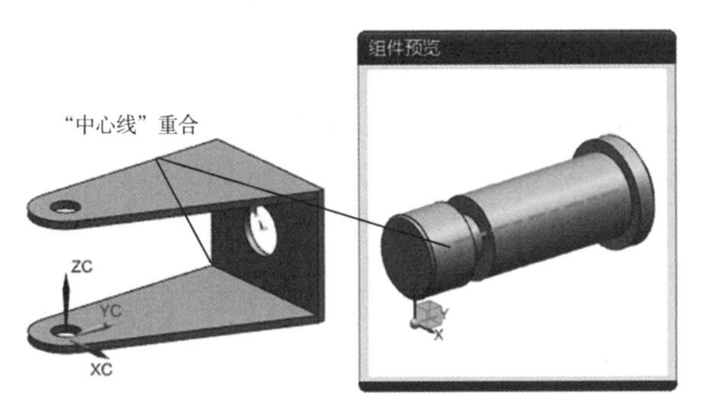

图 4 –1 –6　支架和支撑杆之间添加“同心”约束

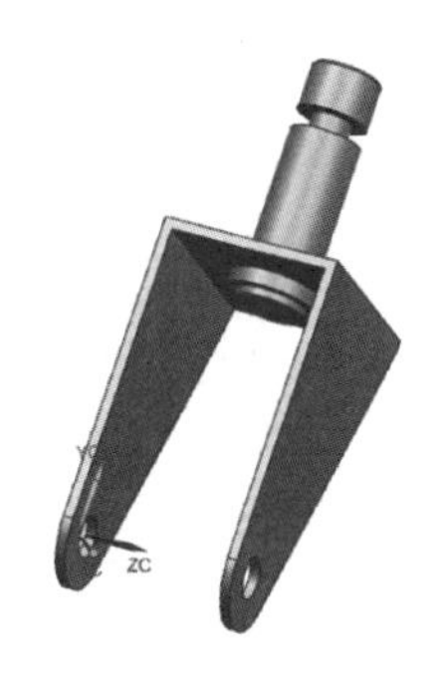

图 4 –1 –7　完成支撑杆装配效果

步骤 4. 装配套筒

同步骤 2，在“添加组件”对话框中单击“打开”按钮，系统弹出“部件名”对话框，选择套筒，单击“OK”按钮。在“约束类型”列表框中选择“接触对齐”按钮，在“方位”下拉列表中选择“自动判断中心/轴”选项，选择套筒中心线和支架一个孔的中心线作为约束对象，如图 4 –1 –8 所示。然后在“约束类型”列表框中单击“中心”按钮，在“子类型”下拉列表中选择“2 对 2”选项，如图 4 –1 –9 所示，先选择套筒的两个端面 1 和 2，再选择支架外面的两个侧面 3 和 4，如图 4 –1 –10 所示。单击“确定”按钮，套筒被装配到支架上，效果如图 4 –1 –11 所示。

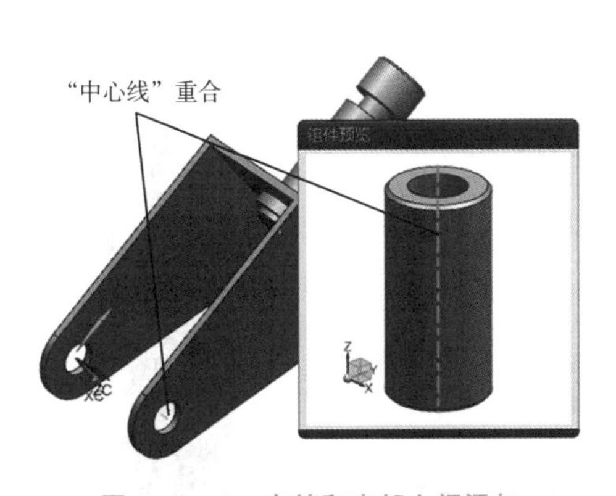

图 4 –1 –8　套筒和支架之间添加“自动判断中心/轴”约束

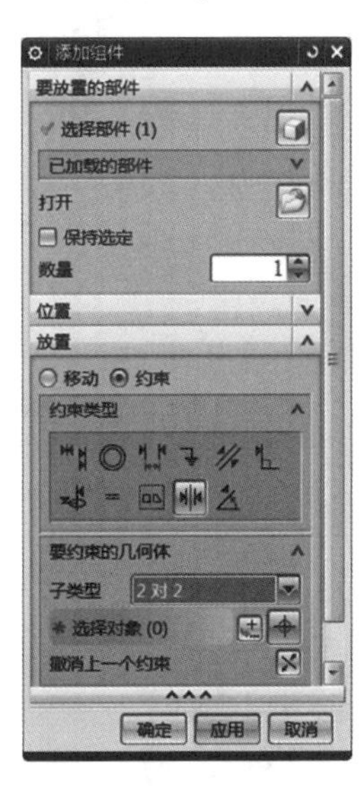

图 4 –1 –9　“添加组件”对话框

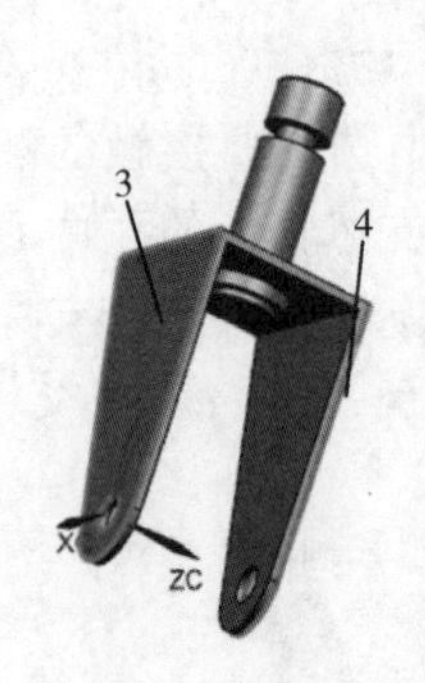

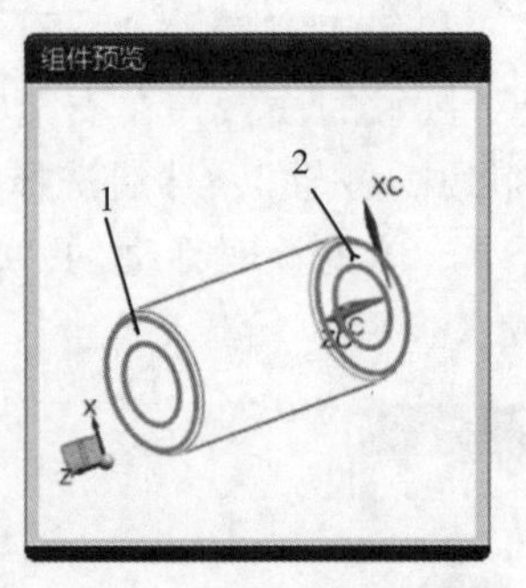

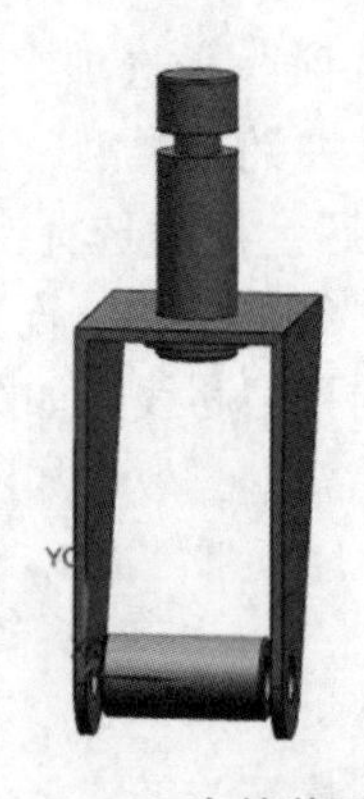

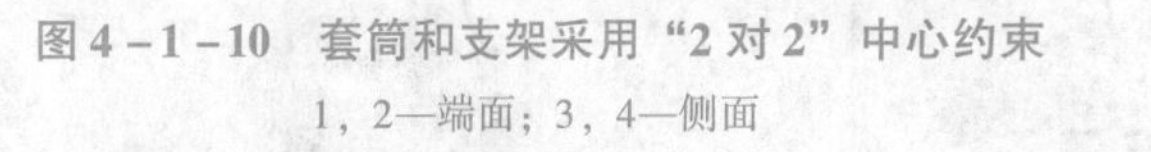

图 4-1-10　套筒和支架采用“2 对 2”中心约束

1，2—端面；3，4—侧面

图 4-1-11　套筒装配效果

步骤 5. 装配轮子

同步骤 2，在“添加组件”对话框中单击“打开”按钮，系统弹出“部件名”对话框，选择轮子，单击“OK”按钮。在“约束类型”列表框中单击“接触对齐”按钮，在“方位”下拉列表中选择“自动判断中心/轴”选项，选择轮了孔的中心线和套筒孔的中心线作为约束对象，如图 4-1-12 所示。然后在“约束类型”列表框中选择“中心”按钮，在“子类型”下拉列表中选择“2 对 2”选项，先选择轮子的两个端面 1 和 2，再选择支架外面的两个侧面 3 和 4，如图 4-1-13 所示。单击“确定”按钮，轮子被装配到支架上，效果如图 4-1-14 所示。

图 4-1-12　套筒和支架之间添加“自动判断中心/轴”约束

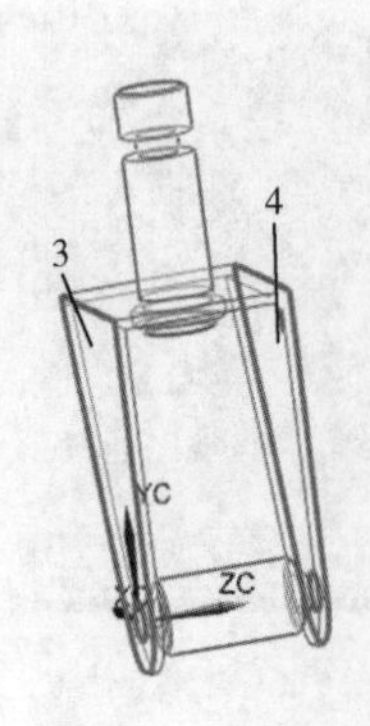

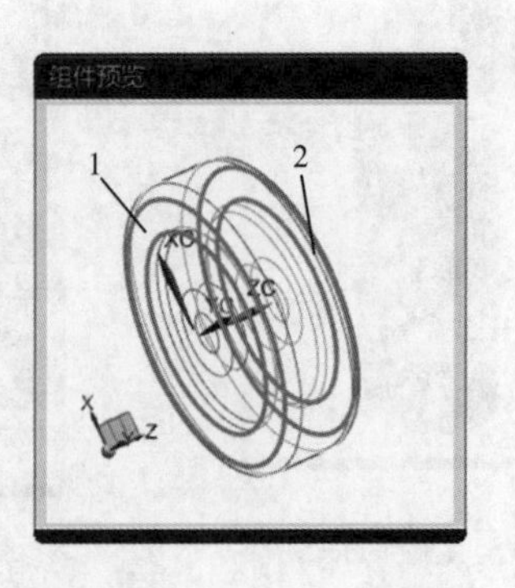

图 4-1-13　轮子和支架采用“2 对 2”中心约束　　图 4-1-14　轮子装配效果

步骤 6. 装配轴

同步骤 2，在“添加组件”对话框中单击“打开”按钮，系统弹出“部件名”对话框，选择轴，单击“OK”按钮。轴显示在“组件预览”窗口中，展开“添加组件”对话框的“放置”选项组，单击“约束”单选按钮，在“约束类型”列表框中单击“接触对齐”按钮，在“方位”下拉列表中选择“接触”选项。先选择轴的内端面，再选择支架端面，如图 4 –1 –15 所示。再在“方位”下拉列表中选择“自动判断中心/轴”选项，然后选择轴上的中心线和轮子上的孔中心线，如图 4 –1 –16 所示。单击该对话框的“确定”按钮，轴被装配到支架上，效果如图 4 –1 –17 所示。

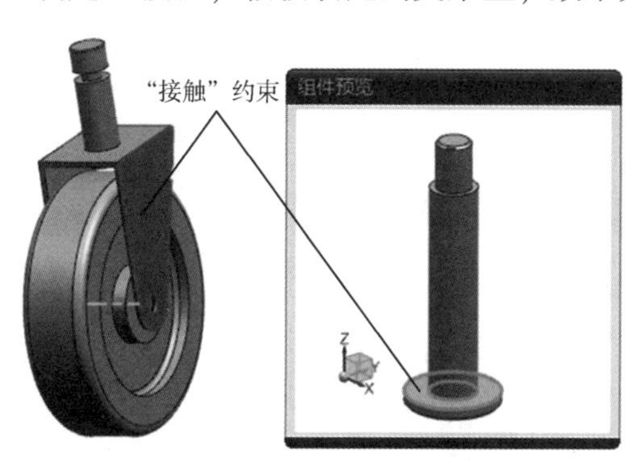

图 4 –1 –15　轴和支架添加“接触”约束

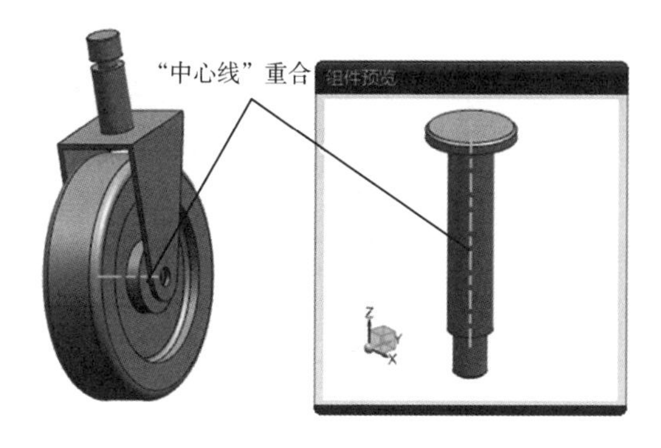

图 4 –1 –16　轴和轮子添加“自动判断中心/轴”约束

图 4 –1 –17　装配轴效果

步骤 7 . 装配螺母

在“添加组件”对话框中单击“打开”按钮，系统弹出“部件名”对话框，选择螺母，单击“OK”按钮。螺母显示在“组件预览”窗口中，展开“添加组件”对话框的“放置”选项组，单击“约束”单选按钮，在“约束类型”列表框中单击“接触对齐”按钮，在“方位”下拉列表中选择“接触”选项。先选择螺母的一个端面，再选择支架端面，如图 4 –1 –18 所示。再在“方位”下拉列表中选择“自动判断中心/轴”选项，然后选择螺母上的中心线和支架上的孔中心线，如图 4 –1 –19 所示。单击“确定”按钮，螺母被装配到支架上，效果如图 4 –1 –20 所示。

学习笔记

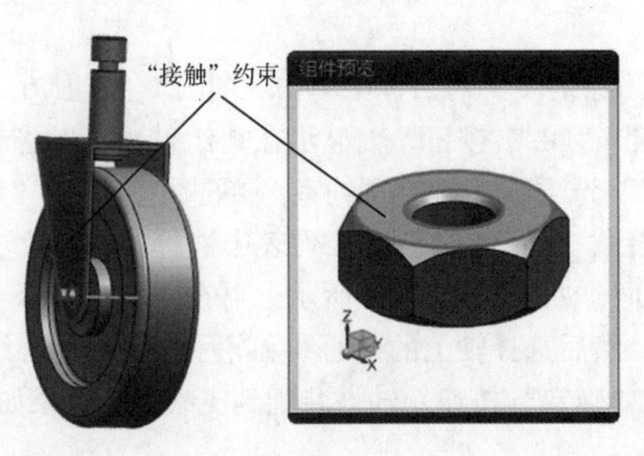

图 4-1-18　螺母和支架添加"接触"约束

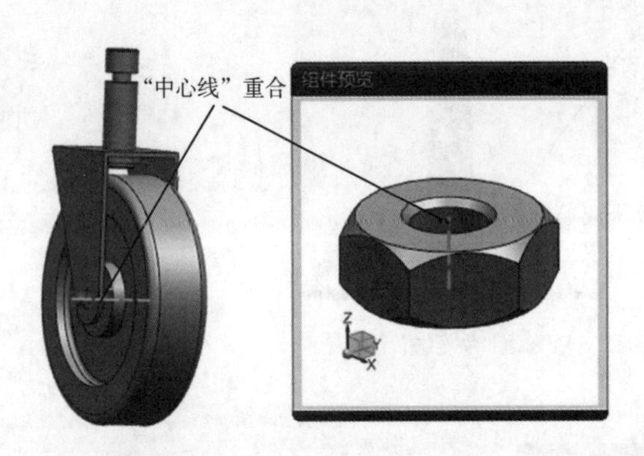

图 4-1-19　轴和螺母添加"自动判断中心/轴"约束

图 4-1-20　装配轴效果

相关知识

一、装配设计基础

一个产品通常由若干个零件组成，这就涉及装配设计。UG 的装配是将建模的各个零件进行组织和定位的一个过程。通过装配操作，系统可以形成产品的总体结构，并绘制出装配图和检查部件之间是否发生干涉等，在建模装配中用户可以参照其他的部件进行部件之间的关联设计，并对部件进行间隙分析和质量等操作。另外，用户在装配模型生成后可以将爆炸图引入装配图中。

装配的过程就是建立零件之间的配对关系。用户通过条件在零件之间建立约束关系而确定部件的位置。在装配中，部件的几何体被装配引用而不是复制到装配图中，不管如何对部件进行编辑，整个装配部件间始终保持关联性，如果某部件被修改，则引用它的装配部件将会自动更新，实时地反映部件的最新变化。系统可以根据装配信息自动生成零件的明细表，明细表的内容随装配信息的变化而自动更新。

1. 装配概念和术语

（1）装配部件：装配部件是由部件和子装配构成的。在 UG 中，允许向任何一个

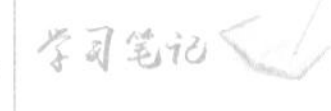

Part 文件中添加部件构成装配部件，因此任何一个 Part 文件都可以作为装配部件。

(2) 组件对象：组件对象是一个从装配部件链接到部件主模型的指针实体。一个组件对象记录的信息包括部件名称、层、颜色、线型、线宽、引用集和配对条件等。

(3) 组件：组件是装配中由组件对象所指的部件文件。组件可以是单个部件也可以是一个子装配。

(4) 子装配：子装配是在高一级装配中被用作组件的装配，子装配也拥有自己的组件。子装配是一个相对的概念，任何一个装配部件均可以在更高级的装配中用作子装配。

(5) 单个部件：单个部件是指在装配外存在的部件几何模型，它可以添加到一个装配中去，但它本身不能含有下级组件。

UG 的装配模块是集成环境中的一个应用模块，其有两方面作用：一方面是将基本零件或子装配体组装成更高一级的装配体或产品总装配体；另一方面可以先设计产品总装配体，然后再拆成装配体和单个可以进行加工的零件。

在“应用模块”选项卡的“设计”组中单击“装配”按钮，打开“装配”应用模块，如图 4－1－21 所示，然后再单击菜单栏中的“装配”按钮，进入装配工作环境中，并弹出“装配”选项卡，如图 4－1－22 所示。

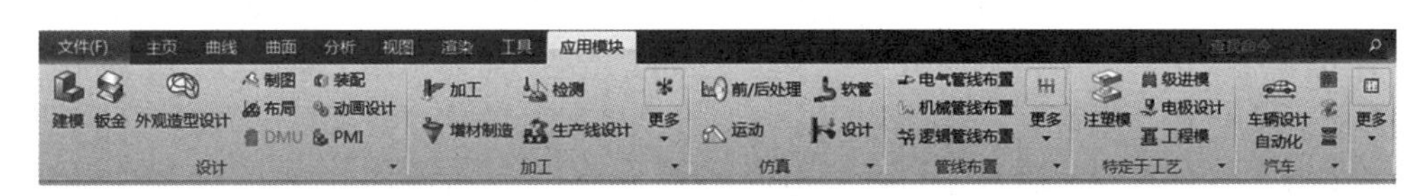

图 4－1－21　打开“装配”应用模块

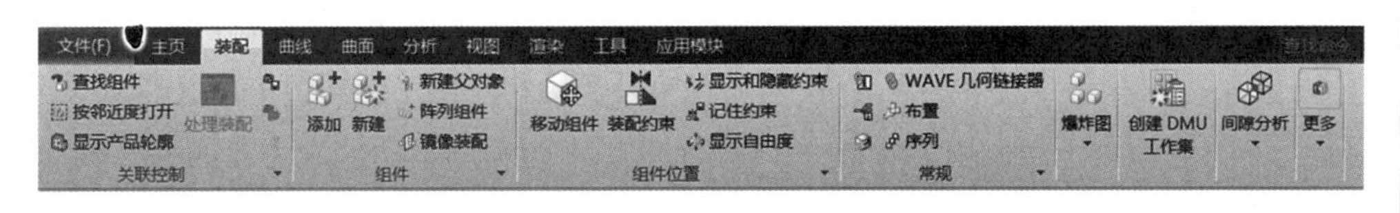

图 4－1－22　“装配”选项卡

二、装配导航器

装配导航器是一种装配结构的图形显示界面，又被称为装配树。在装配树形结构中，每个组件作为一个节点显示，它能清楚反映装配中各个组件的装配关系，而且能让用户快速、便捷地选取和操作各个部件。例如，用户可以在装配导航器中改变显示部件和工作部件、隐藏和显示组件。

装配导航器有两种不同的显示模式：浮动模式和固定模式。其中在浮动模式下，装配导航器以窗口形式显示。当鼠标离开导航器的区域时，导航器将自动收缩。单击“资源条选项”按钮 ，并勾选“销住”图标，装配导航器固定在绘图区不再回缩。

下面介绍装配导航器的功能及操作方法。

单击“装配导航器”按钮 ，弹出如图 4－1－23 所示装配树形结构图。

学习笔记

如果将光标定位在树形图中任意一个组件上单击鼠标右键，将会弹出如图 4－1－24 所示的快捷菜单，利用该快捷菜单用户可以很方便地管理组件。

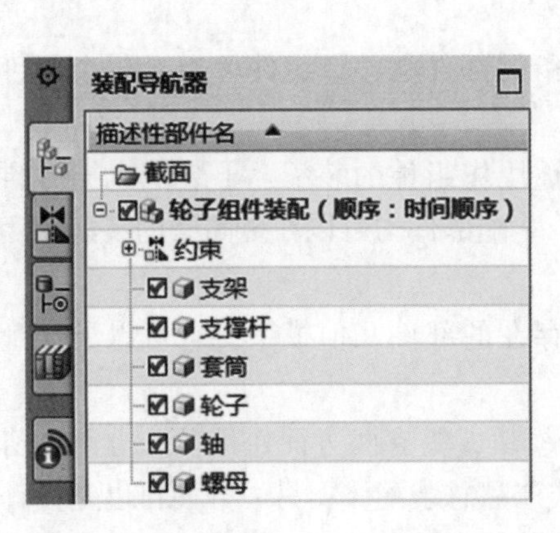

图 4－1－23　装配导航器

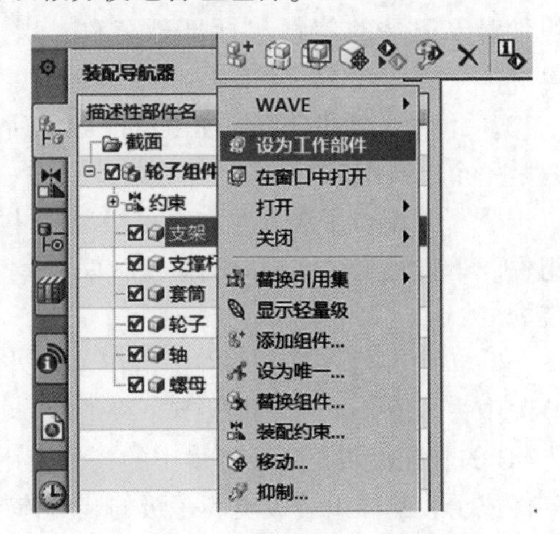

图 4－1－24　节点快捷菜单

三、引用集

在装配中，各部件含有草图、基准平面及其他辅助图形数据。如果要显示装配中所有的组件或子装配部件的所有内容，由于数据量大，需要占用大量内存，故不利于装配操作和管理。通过引用集能够限定组件装入装配中的信息数据量，同时避免了加载不必要的几何信息，提高了机器的运行速度。

1. 基本概念

引用集是在组件部件中定义或命名的数据子集或数据组，可以代表相应的组件部件装入装配。引用集可以包含下列数据：名称、原点和方位、几何对象、坐标系、基准、图样体素、属性。

UG NX 12.0 系统包含的默认引用集有：

（1）模型：只包含整个实体的引用集。

（2）整个部件：即引用部件的全部几何数据。

（3）空：表示不含任何几何数据的引用集，当部件以空形式添加到装配中时，装配中看不到该部件。

2. 创建引用集

选择“菜单”→“格式”→“引用集”命令，弹出“引用集”对话框，如图 4－1－25 所示，利用对话框可以进行添加和编辑引用。

（1）添加新的引用集：用于建立引用集，部件和子装配都可以建立引用集。部件的引用集既可在部件中建立，也可在装配中建立。如果要在装配中为某部件建立引用集，则应先使其成为工作部件。

建立引用集的步骤为：单击“添加新的引用集”按钮，系统将弹出如图 4－1－26 所示的对话框，在文本框中输入引用集名称，并根据需要选中或取消选中“创建引用集到复选框”，单击“确定”按钮。

（2）移除：用于删除组件或子装配中已创建的引用集。在“引用集”对话框中选中需要删除的引用集后，单击该图标，删除所选引用集。

（3）设为当前的：用于将所选引用集设置为当前引用集。

（4）属性：用于编辑所选引用集的属性。

（5）信息：用于查看当前零部件中已有引用集的有关信息。

图 4－1－25 “引用集”对话框

图 4－1－26 “引用集”对话框

四、装配方法

UG 的装配有自底向上装配、自顶向下装配和混合装配 3 种方法。自底向上的装配方法是真实装配过程的体现；而自顶向下的装配方法是在装配中参照其他零部件对当前工作部件进行设计的方法；混合装配方法是自顶向下装配和自底向上装配结合在一起的装配方法。

1. 自底向上装配方法

先设计好装配中的部件，再将部件添加到装配中。自底向上装配所使用的工具是“添加组件”，“添加组件”的典型操作方法如下。

选择“菜单”→“装配”→“组件”→“添加组件”命令或者单击“装配”选项卡的“组件”组中的“添加”按钮，弹出如图 4－1－27 所示的“添加组件”对话框。在“要放置的部件”选项组中选择部件：可以从“已加载的部件”列表框中选择部件（“已加载的部件”列表框中显示的部件为先前装配操作加载过的部件），也可以在“部件”选项组中单击“打开”按钮，接着利用弹出的“部件名”对话框选择所需的部件文件来打开。在“要放置的部件”选项组中还可以指定是否保持选定，以及部件数量。初始默认情况下，选择的部件将在单独的“组件预览”窗口中显示，如图 4 - 1 - 28 所示，这是由于“设置”选项组中的“启用预览窗口”复选框处于选中状态。

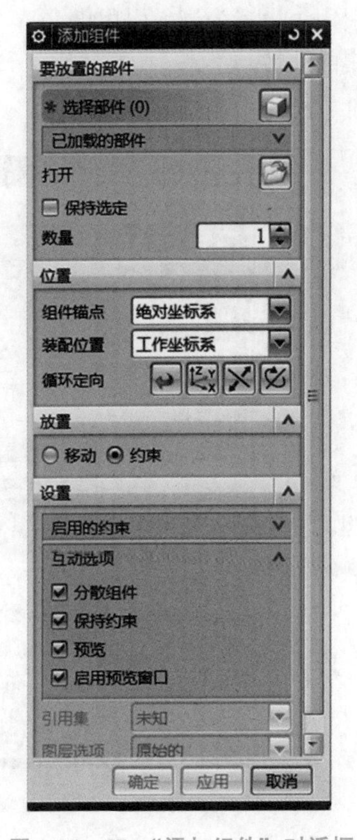

图 4 - 1 - 27 “添加组件”对话框

4 - 2 自底向上装配视频

“组件预览”窗口

在“位置”选项组中，“装配位置”下拉列表框用于设定装配中组件的目标坐标系，可供选择的选项有“对齐”“绝对坐标系 - 工作部件”“绝对坐标系 - 显示部件”“工作坐标系”。“对齐”选项用于通过选择位置来定义坐标系，“绝对坐标系 - 工作部件”选项用于将组件放置于当前工作部件的绝对原点，“绝对坐标系 - 显示部件”选项用于将组件放置于显示装配的绝对原点，“工作坐标系”选项用于将组件放置于工作坐标系。

在“放置”选项组中选择“移动”单选按钮或“约束”单选按钮。当选择“移动”单选按钮时，通过单击“操控器”按钮可在图形窗口要添加的组件中显示其操控器，利用操控器来将此部件移动到所需的位置处，如图 4 - 1 - 29 所示；通过单击“点构造器”按钮，可以利用弹出的“点”对话框来指定组件放置位置点。若单击“约束”单选按钮，则可以利用相关的约束类型工具来为要添加的部件和装配本体建立约束关系，以完成装配。

在“设置”选项组中设置互动选项、组件名、应用集和图层选项等，如图 4 - 1 - 30 所示，其中“图层”选项下拉列表框中有“原始的”“工作的”和“按指定的”三个选项，“原始的”图层设置添加组件所在的图层；“工作的”图层是指装配的操作层；“按指定的”图层是指用户指定图层。

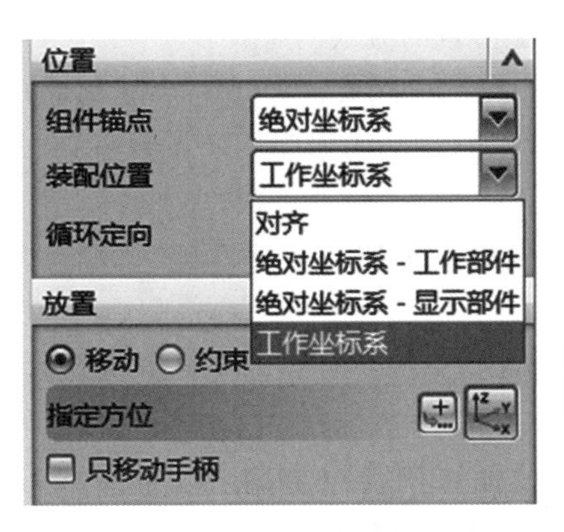

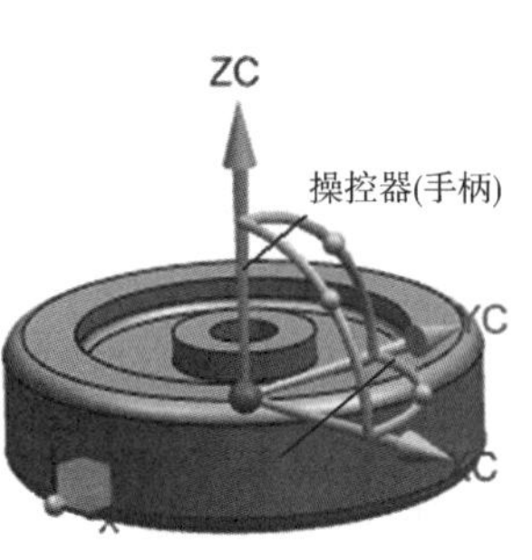

图 4-1-29　移动部件（使用操控器）

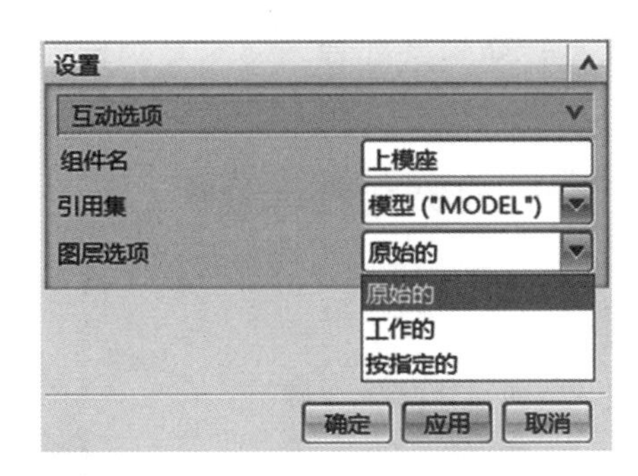

图 4-1-30　选择引用集和安放的图层

2. 装配约束

装配约束用于定义或设置两个组件之间的约束条件，其目的是确定组件在装配中的位置。选择“菜单”→“装配”→“组件位置”→“装配约束”命令或者选择“装配”选项卡，单击“组件位置”组中的“装配约束”按钮，弹出如图 4-1-31 所示的“装配约束”对话框。该对话框用于通过配对约束确定组件在装配中的相对位置，各选项介绍如下：

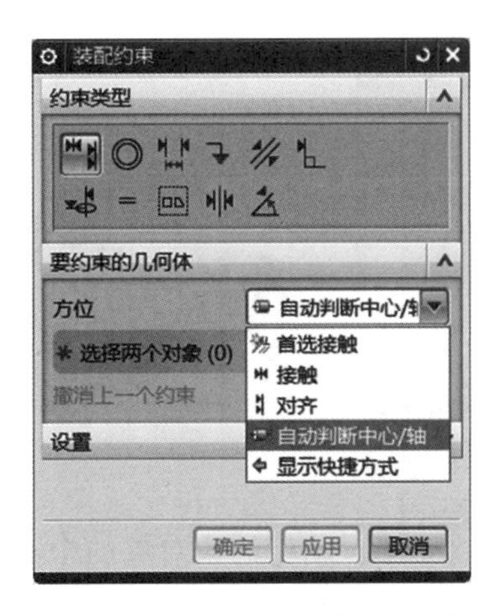

图 4-1-31　“装配约束”对话框

4-3　装配约束视频

学习笔记

(1) 约束类型。提供了确定组件装配位置的方式。

①接触对齐：接触对齐约束实际上是两个约束，即接触约束和对齐约束。“接触”是指约束对象贴着约束对象；“对齐”是指约束对象与约束对象是对齐的，且在同一个点、线或平面上。

接触对齐约束下拉列表中提供了四个方位选项：“首选接触”“接触”“对齐”和“自动判断中心/轴”。

a.“首选接触”：选项既包含接触约束，又包含对齐约束，但首先对约束对象进行的是接触约束。

b.“接触”：用于约束对象，使其曲面法向在反方向上，选择该方位方式时，指定的两个相配合对象接触在一起，如果要配合的两对象是平面，则两平面贴合且默认方向相反，如图 4-1-32 所示。此时可以单击“反转选的组件锚点的 Z 轴”按钮，进行反向切换设置；如果要配合两对象是圆柱面，则两圆柱面以相切约束接触。

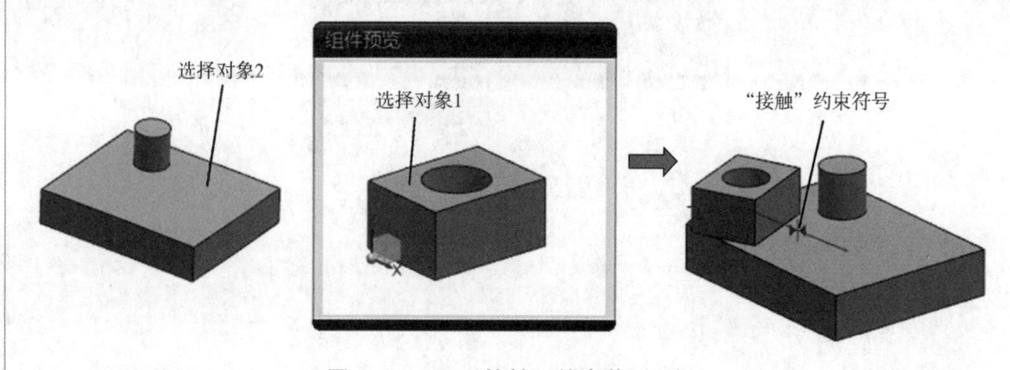

图 4-1-32 “接触”约束装配示例

c.“对齐”：用于约束对象，使其曲面法向在相同的方向上。选择该方位方式时，将对齐选定的两个要配合的对象。对于平面对象而言，将默认选定的两个平面共面并且法向相同，同样可以进行反向切换设置。对于圆柱面也可以实现面相切约束，如图 4-1-33 所示。

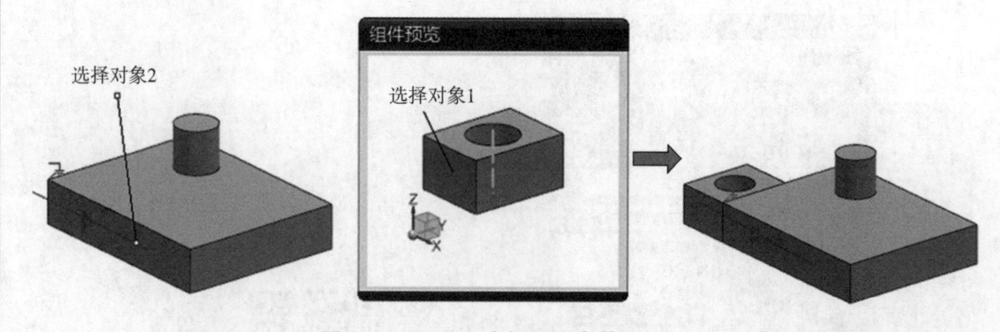

图 4-1-33 “对齐”约束装配示例

d.“自动判断中心/轴”：可根据所选参照曲面来自动将约束对象的中心或轴进行对齐或接触约束，如图 4-1-34 所示。

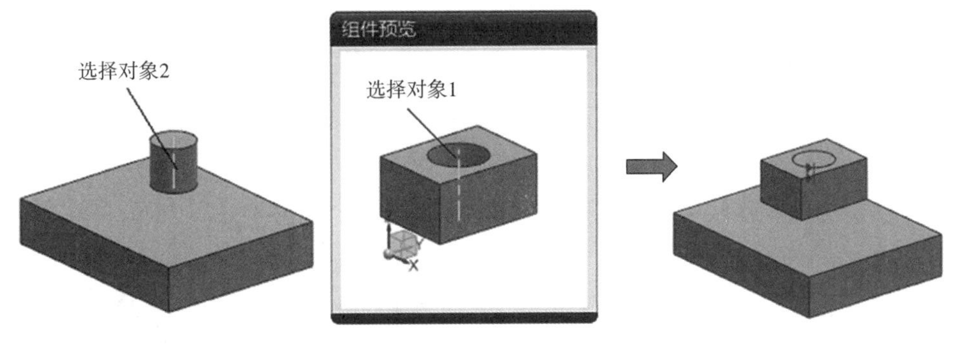

图 4-1-34 “自动判断中心/轴”约束装配示例

②同心◎：约束两个组件的圆形边界或椭圆边界，以使中心重合，并使边界面共面，如图 4-1-35 所示。

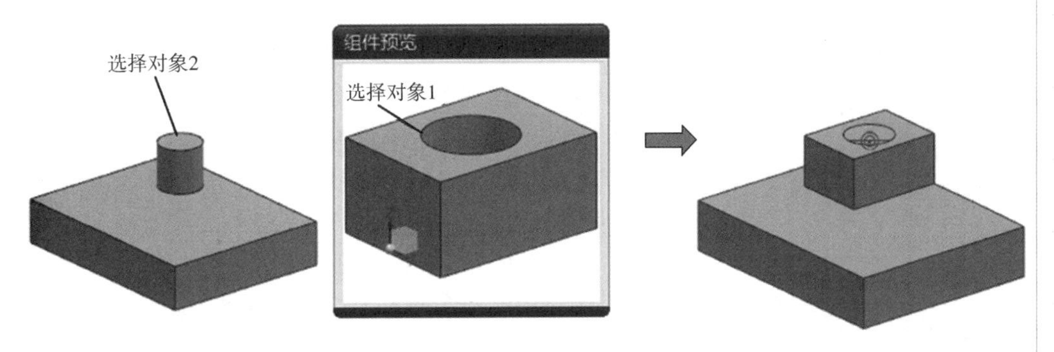

图 4-1-35 “同心”约束装配示例

③距离：用于指定两个配对对象间的最小距离，距离可以是正值也可以是负值，正、负用于确定相配组件在基础件的哪一侧，配对距离由“距离”输入框中的数值决定，如图 4-1-36 所示。

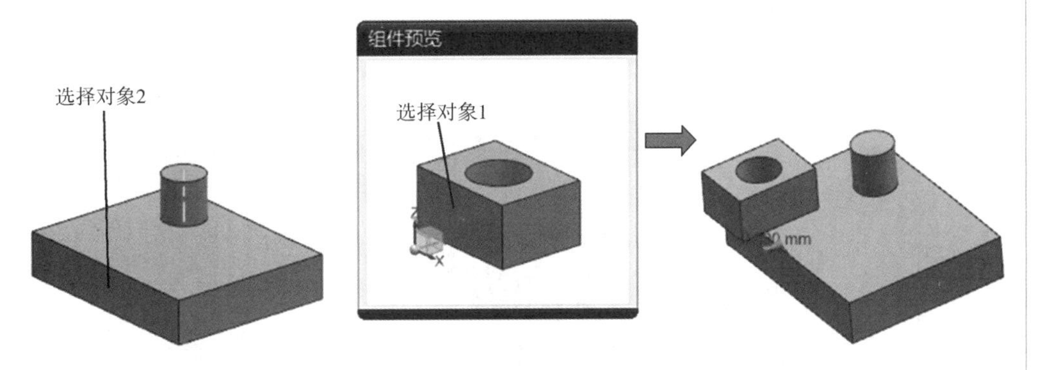

图 4-1-36 “距离”约束装配示例

④固定：将组件固定在其当前位置。

⑤平行：约束两个对象的方向矢量彼此平行。

⑥垂直：约束两个对象的方向矢量彼此垂直，如图 4-1-37 所示。

⑦胶合：将组件“焊接”在一起，使它们作为刚体移动。

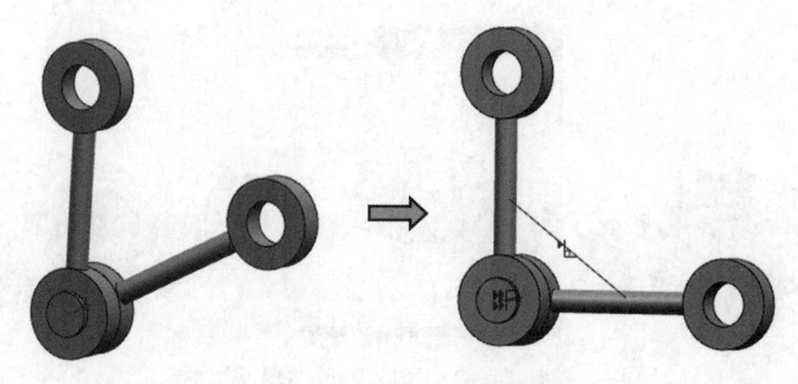

图 4 - 1 - 37 “垂直”约束装配示例

⑧适合 ：使具有等半径的两个圆柱面合起来。此约束对确定孔下销或螺栓的位置很有作用。如果半径不等，则此约束无效。

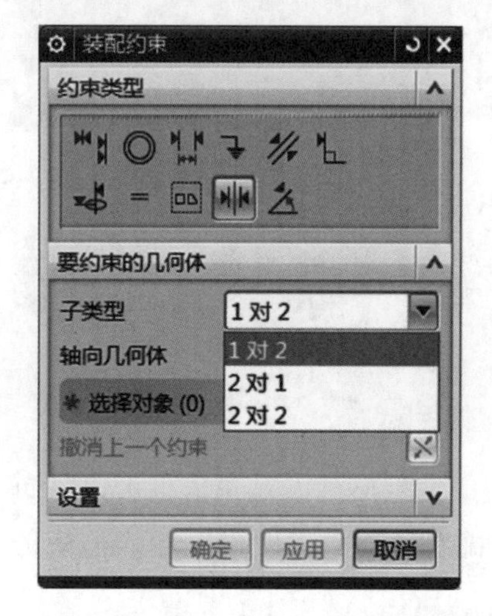

图 4 - 1 - 38 中心约束的三种类型

⑨中心 ：约束两个对象的中心，使其中心对齐，要约束的几何体有三种定位方式，如图 4 - 1 - 38 所示，具体含义如下：

a. 1 对 2：将装配组件中的一个对象定位到基础组件中两个对象的对称中心。

b. 2 对 1；将装配组件中的两个对象定位到基础组件中的一个对象上，并与其对称。

c. 2 对 2：将装配组件中的两个对象与基础组件中的两个对象成对称布置。

下面以“1 对 2”类型为例进行说明。

在“1 对 2”类型下，分别选择如图 4 - 1 - 39 所示孔圆柱面对象 1、2、3，最后单击“确定”按钮即可。

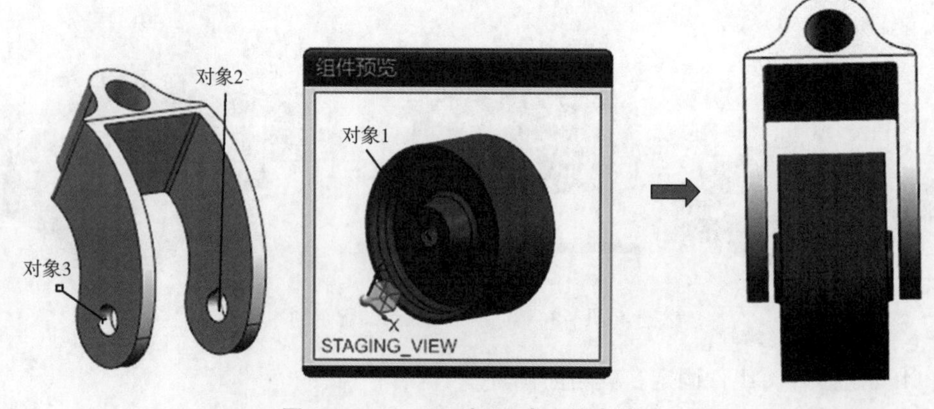

图 4 - 1 - 39 “1 对 2”中心约束装配

⑩角度：定义两个对象间的角度尺寸，用于约束配对组件到正确的方位上。角度约束可以在两个具有方向矢量的对象间产生，角度是两个方向矢量的夹角，逆时针方向为正。选择如图 4－1－40 所示的组件圆柱面，通过角度 30°约束组件装配。

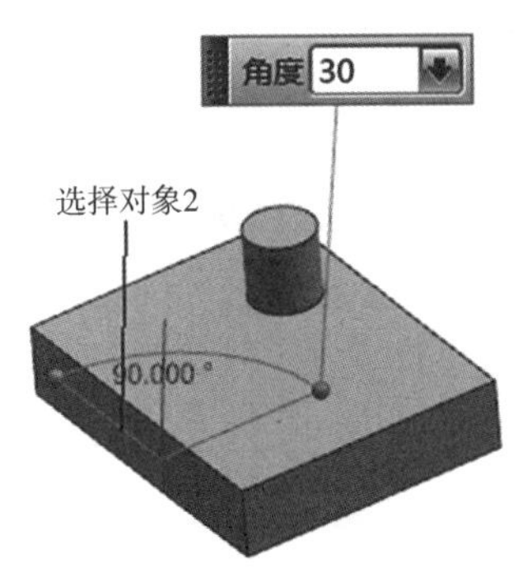

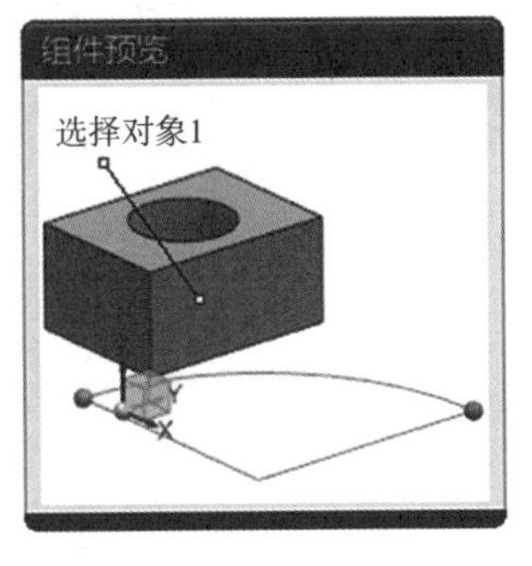

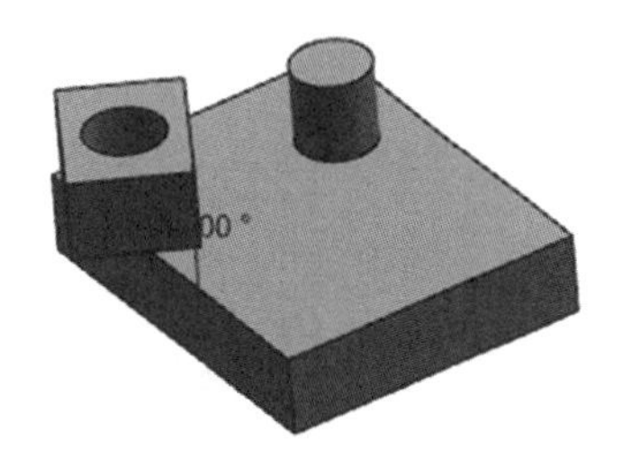

图 4－1－40 “角度”约束装配示例

（2）要约束的几何体。选择不同的装配类型，在“约束的几何体”分组中就会显示不同的选项，用来限定装配的步骤和参数等。

“设置”的具体内容如图 4－1－41 所示，现介绍如下：

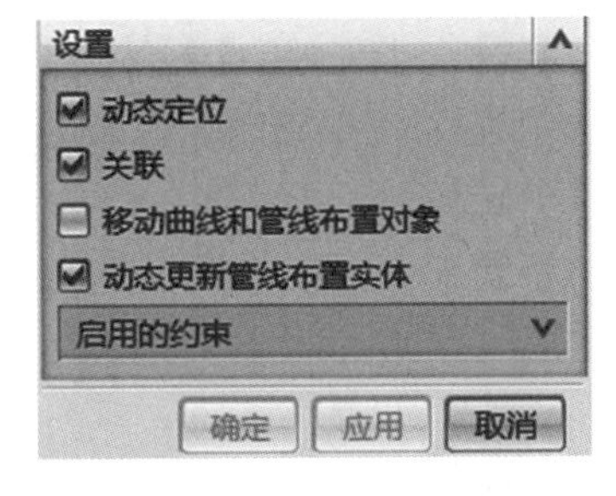

图 4－1－41 “设置”内容

①动态定位：如果未选中动态定位复选框，则在单击“装配约束”对话框中的“确定”或“应用”按钮之前，不打算约束或移动对象。

②关联：指定该选项，则在关闭“装配约束”对话框时，将约束添加到装配，在保存组件时将保存约束。如果清除关联复选框，则约束是临时存在的，在单击“确定”按钮退出对话框时，约束将被删除。

③移动曲线和管线布置对象：在约束中使用管线布置对象和相关曲线移动对象。

2. 自顶向下的装配方法

4－4 自顶向下的装配视频

自顶向下装配有两种方法，下面分别说明。

方法 1：先在装配中建立一个新组件，它不包含任何几何对象，即“空”组件，然后使其成为工作部件，再在其中建立几何模型。下面举例介绍其操作步骤。

步骤 1 单击“菜单”→“文件”→“新建”命令，弹出“新建”对话框，在“模板”列表框中选择“装配”选项，在“名称”文本框输入“自顶向下装配”，将文件放入指定文件夹里，单击“确定”按钮，进入装配模块。

步骤 2 添加组件，选择“菜单”→“装配”→“组件”→“新建组件”命令，或单击“装配”选项卡中“组件”组中的“新建”按钮，弹出“新组件文件”对话框，设置名称“组件 1”和文件夹，单击“确定”按钮，弹出“新建组件”对话框，参数设置如图 4－1－42 所示。然后单击“确定”按钮，即可添加组件 1 到装配件中。

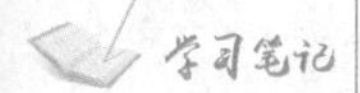

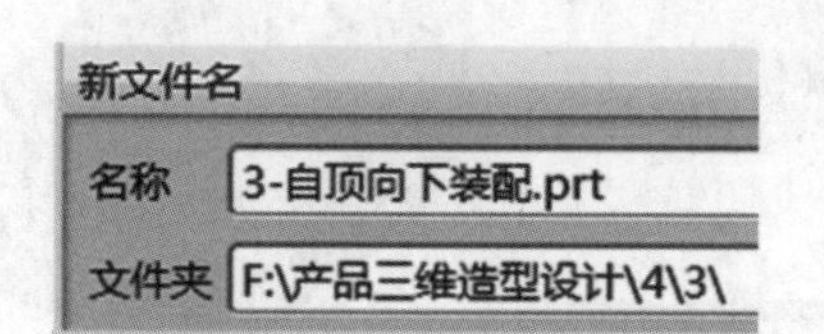

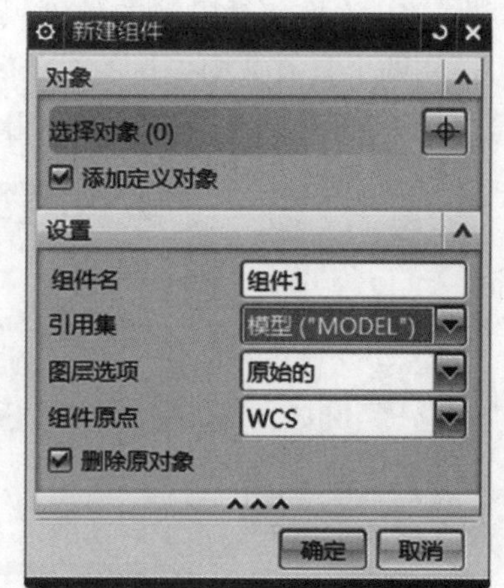

图 4－1－42　添加组件的操作过程

步骤 3　重复步骤 2 建立组件 2。

步骤 4　转换工作部件，单击“装配导航器”按钮，在弹出的“装配导航器”中选中组件 1；单击鼠标右键，从弹出的快捷菜单中选择“设为工作部件”命令，将组件 1 转换为工作部件。

步骤 5　进入建模模块，创建模型，如图 4－1－43 所示。其中，圆柱的直径为 ϕ50 mm，高为 80 mm；沉头孔的直径为 ϕ30 mm，深度为 5 mm；孔的直径为 ϕ16 mm，深度为 80 mm。

步骤 6　参照步骤 4，将组件 2 转换为工作部件，创建与 1 同心的圆柱，参数直径为 ϕ40 mm，高为 80 mm，如图 4－1－44 所示。

步骤 7　应用“WAVE 几何链接器”命令，将组件 1 添加到组件 2 的工作部件中，应用“布尔”中“减去”选项把组件 2 作为为目标体，组件 1 作为工具体，单击“确定”按钮，完成“布尔”操作。在“装配导航器”中选中组件 2，单击鼠标右键选择“在窗口中打开”命令，则可观察到组件 2，如图 4－1－45 所示。

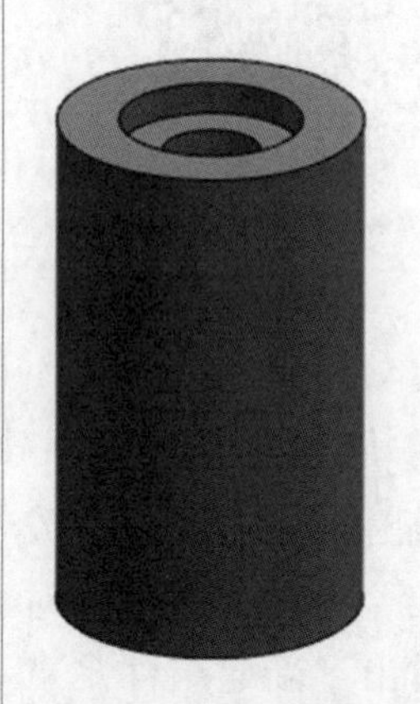

图 4－1－43　组件 1

图 4－1－44　组件 2

图 4－1－45　组件 2 减去后的形状

步骤 8　在“装配导航器”中选中“自顶向下装配”文件，单击鼠标右键，从弹

出的快捷菜单中选择“设为工作部件”命令，将装配体转换为工作部件。

步骤 9 单击“装配”选项卡“组件位置”组中的“装配约束”按钮，弹出“装配约束”对话框，选择“接触对齐”中的“对齐”方式，分别选择组件的平面为装配对齐面，单击“应用”按钮；选择“同心”约束方式，分别选择两个组件的边缘线，单击“确定”按钮，完成组件的装配，如图 4 -1 -46 所示。

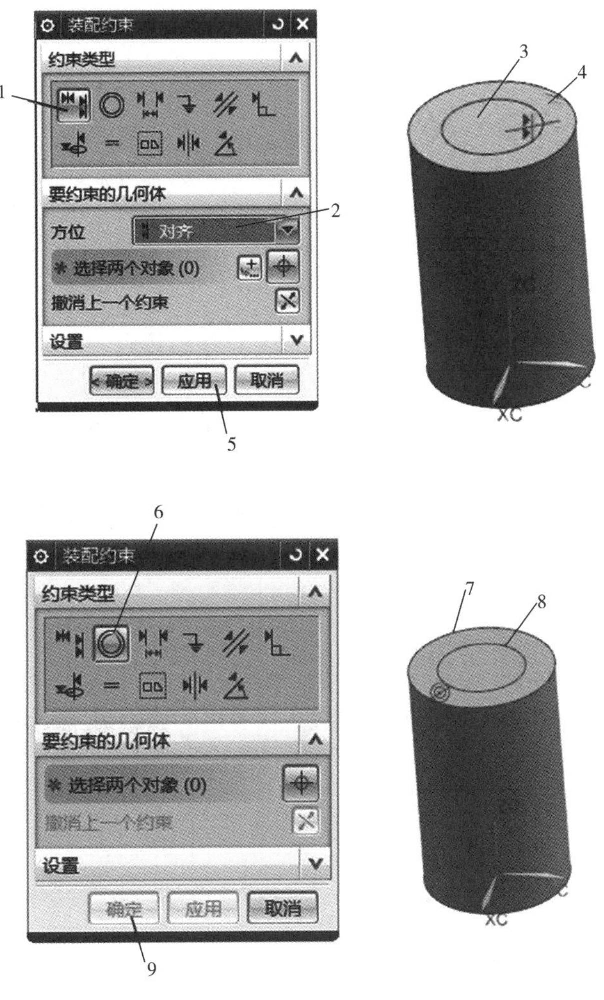

图 4 -1 -46　组件的装配过程

方法 2：先在装配中建立几何模型（草图、曲线、实体等），然后建立新组件，并把几何模型加入新建组件中。

此种方法首先在装配中建立几何模型，然后建立组件即建立装配关系，并将几何模型添加到组件中。

3. WAVE 几何链接器

在装配环境下进行装配设计，组件与组件之间是不能直接进行布尔运算的，因此，需要将这些组件进行链接复制，并生成一个新的实体，此实体并非装配组件，而是与建模环境下创建的实体类型相同。

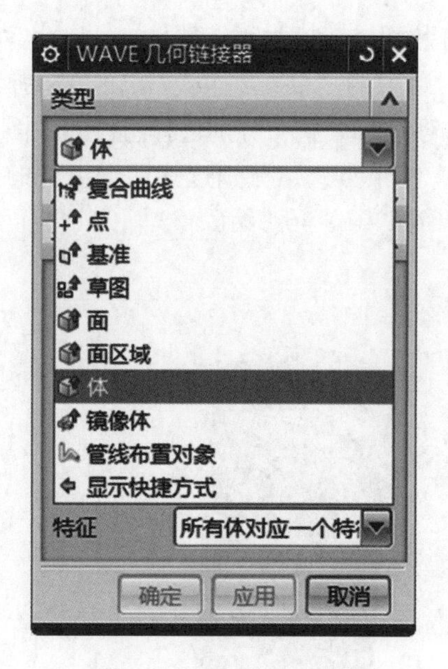

图 4-1-47 “WAVE 几何链接器”对话框

在“装配”选项卡的“常规”组中，单击“WAVE 几何链接器”按钮，弹出“WAVE 几何链接器”对话框，如图 4-1-47 所示。该对话框中包含 9 种链接类型，这 9 种类型及设置选项区的选项含义如下：

（1）复合曲线：装配中所有组件上的边。

（2）点：在组件上直接创建出点或点阵。

（3）基准：选择组件上的基准平面进行复制。

（4）草图：复制组件的草图。

（5）面：选择组件上的面进行复制。

（6）面区域：选择组件上的面区域进行复制。

（7）体：选择单个组件进行复制，并生成实体。

（8）镜像体：选择组件进行镜像复制，生成实体。

（9）管线布置对象：选择装配中的管路（如机械管线、电气管线、逻辑管线等）进行复制。

学有所思

1. 在任务实施过程中，你是如何理解责任意识和团队精神的？

2. 请你准确地说出创建轮子组件装配图过程中所使用到的命令名称，以及它们的主要功能。你是如何记住这些命令名称和功能的？

学习笔记

拓展训练

完成如图 4-1-48 所示齿轮泵装配图的创建（源文件 x：work \ 4 \ 练习 \ 齿轮泵）。

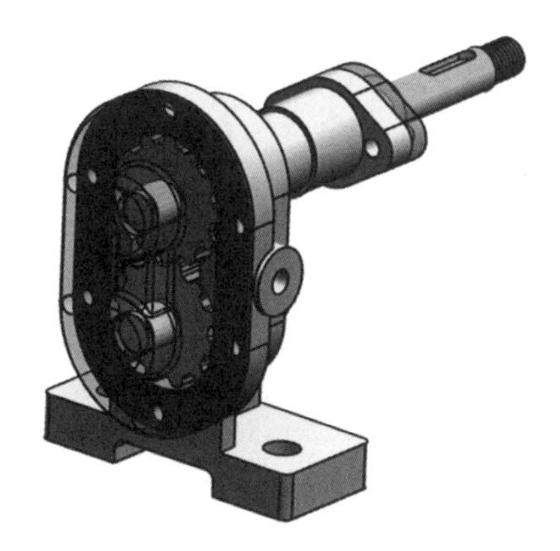

图 4-1-48　齿轮泵

AR资源

任务二　创建台虎钳的装配图及爆炸图

学习目标

【技能目标】

1. 会应用 UG 装配模块熟练装配台虎钳并生成爆炸图。
2. 会对产品装配图和爆炸图进行编辑。

【知识目标】

1. 掌握装配图编辑命令的使用。
2. 掌握创建爆炸图各命令的功能。
3. 掌握编辑爆炸图各命令的使用方法。

【态度目标】

1. 具有团结协作精神和集体观念。
2. 树立责任意识，养成工匠精神。

工作任务

根据提供的台虎钳各零件三维图，在 UG 软件装配模块进行台虎钳的装配，并且创建台虎钳的爆炸图。完成台虎钳装配图和爆炸图的效果如图 4-2-1 所示。

AR资源

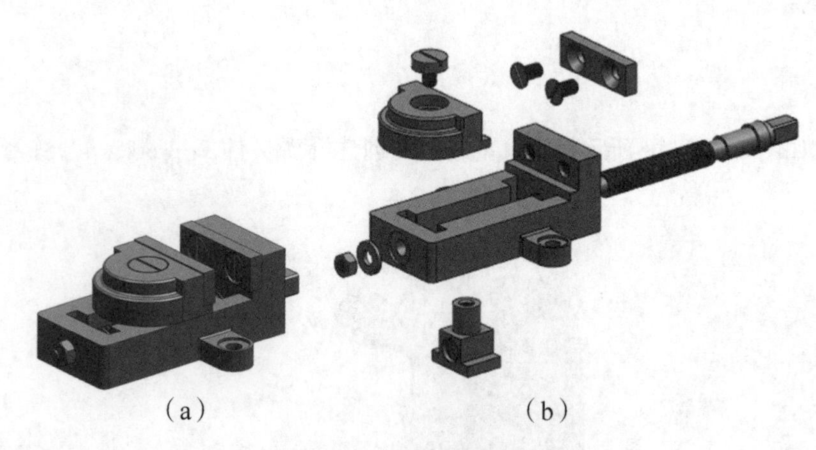

图 4-2-1 台虎钳装配图及爆炸图

(a) 装配图；(b) 爆炸图

4-5 台虎钳装配

步骤 1. 建立新文件

选择“菜单”→“文件”→“新建”命令，弹出“新建”对话框，在“模板”列表框中选择“装配”选项，在文件名文本框中输入“台虎钳装配”，文件夹放在如图 4-2-2 所示指定路径里，单击“确定”按钮，进入 UG 主界面。

新建
加工 检测 机电概念设计 冲压生产线 生产线设计 船舶结构
模型 船舶整体布置 DMU 图纸 布局 仿真 增材制造 加工生产线规划器
模板
过滤器
单位 毫米

名称	类型	单位
模型	建模	毫米
装配	装配	毫米
外观造型设计	外观造型设计	毫米
NX 钣金	钣金	毫米
逻辑布线	逻辑管线布置	毫米
机械布管	机械管线布置	毫米
电气布线	电气管线布置	毫米
空白	基本环境	毫米

预览
0404-089-020
1723-183-024
1734-131-004
2211-273-011
属性
名称：装配
类型：装配
单位：毫米
上次修改时间：04/29/2010 03:29 下午
描述：NX 示例，开始添加组件
新文件名
名称 台虎钳装配.prt
文件夹 F:\产品三维造型设计\4\台虎钳\
确定 取消

图 4-2-2 “新建”对话框

步骤2. 加入组件底座

选择“菜单”→“装配”→“组件”→“添加组件”命令，弹出“添加组件”对话框，如图4-2-3所示。单击“打开”按钮，打开“部件名”对话框，根据组件的存放路径（x：产品三维造型设计\4\台虎钳）选择组件底座，单击“OK”按钮，返回到“添加组件”对话框，弹出如图4-2-4所示的“组件预览”窗口（注：在该窗口中相应位置操作鼠标中键，可以实现要添加的组件视图的放大、缩小以及旋转，具体的操作方法与绘图区域内模型视图的放大、缩小以及旋转相同，但操作时鼠标光标必须在“组件预览”窗口内）。在“组建锚点”下拉菜单中选择“绝对坐标系”选项，将组件放置位置定位于原点，单击“确定”按钮。依次添加其他组件，并为各个组件定义不同的坐标位置。

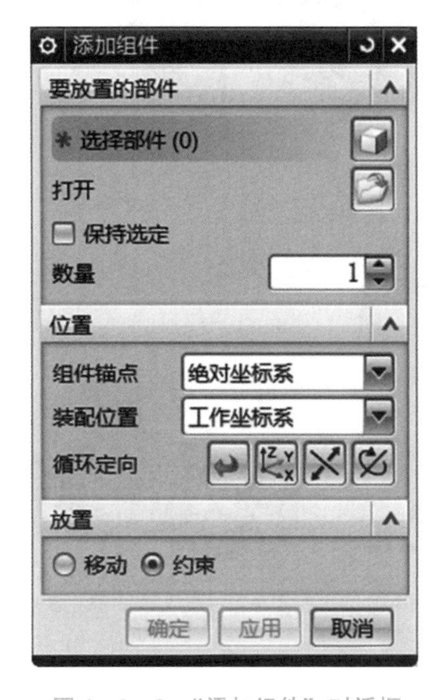

图4-2-3 “添加组件”对话框

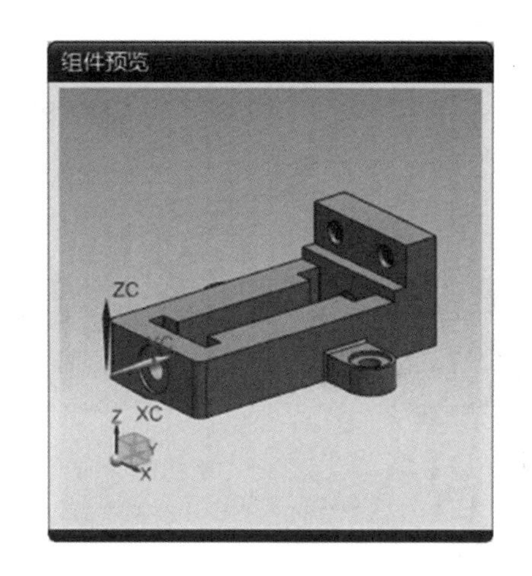

图4-2-4 “组件预览”对话框

步骤3. 装配钳口板

同步骤2，在“添加组件”对话框中单击“打开”按钮，系统弹出“部件名”对话框，选择钳口板组件，单击“OK”按钮。钳口板显示在组件预览窗口中，展开“添加组件”对话框的“放置”选项组，单击“约束”单选按钮，如图4-2-5所示，这里可以在“设置”选项组的“互动选项”子选项组中临时取消勾选“预览”复选框，勾选“启用预览窗口”复选框。在“约束类型”列表框中单击“接触对齐”按钮，在“方位”下拉列表中选择“接触”选项。依次选择钳口板中要配对接触的面，并在底座中选择要接触的配对面，再将“约束类型”设置为“同心”，然后选择钳口板上一个孔的孔中心和底座上的孔中心作为同心约束的两个对象，如图4-2-6所示。同理，选择前口板上另一个孔的孔中心和底座上的孔中心作为同心约束的两个对象，单击该对话框的“确定”按钮，前口板被装配到底座上，效果如图4-2-7所示。

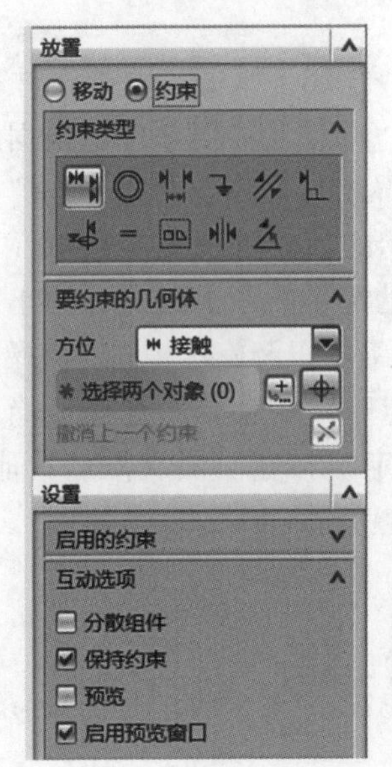

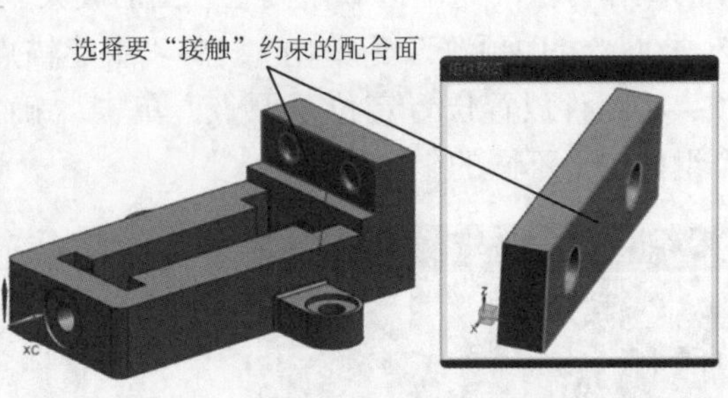

图 4-2-5　底座和钳口板之间添加“接触”约束

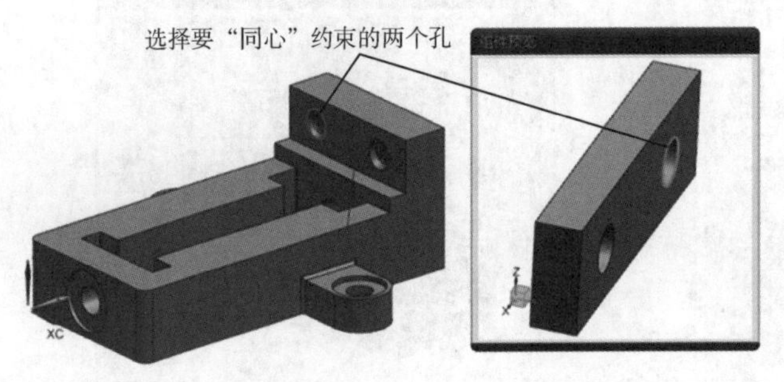

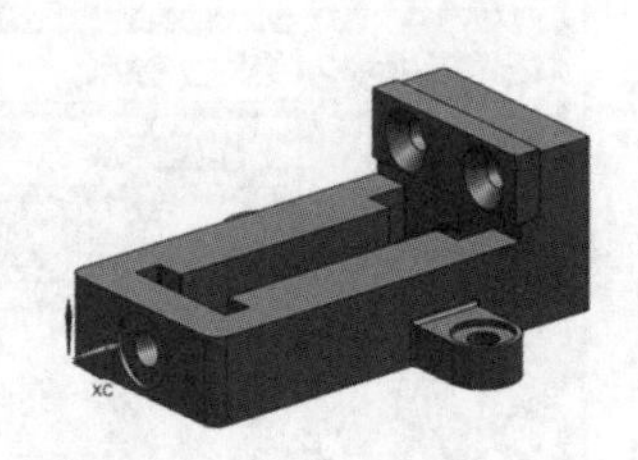

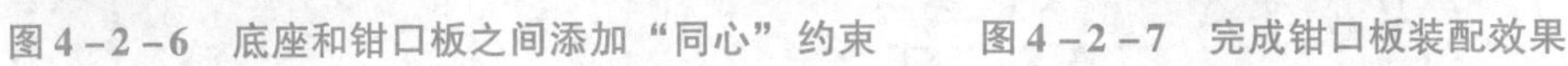

图 4-2-6　底座和钳口板之间添加“同心”约束　　图 4-2-7　完成钳口板装配效果

步骤 4. 装配螺钉

同步骤 2，在“添加组件”对话框中单击“打开”按钮，系统弹出“部件名”对话框，选择螺钉组件，单击“OK”按钮。在“约束类型”列表框中单击“适合”按钮，选择螺钉斜面和钳口板孔的斜面作为“适合”约束对象，如图 4-2-8

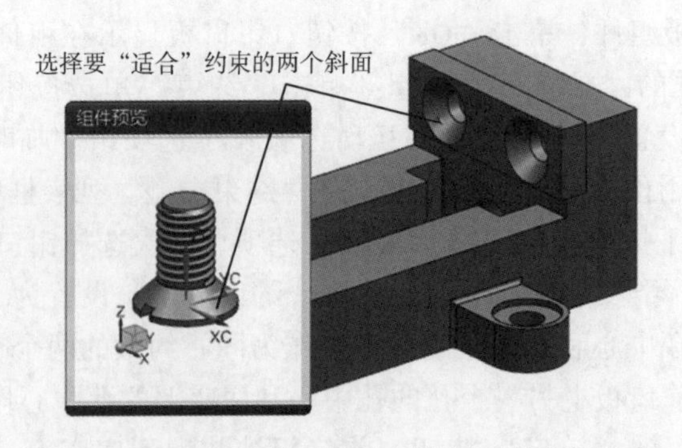

图 4-2-8　螺钉和钳口板之间添加“适合”约束

所示。然后在“约束类型”列表框中单击“接触对齐”按钮，在“方位”下拉列表中选择“自动判断中心/轴”选项，选择螺钉中心线和钳口板孔的中心线作为约束对象，单击“确定”按钮，螺钉被装配到钳口板，如图 4－2－9 所示。同理，以相同方式再次选择此螺钉组件，并将其装配到钳口板的另一个孔中，如图 4－2－10 所示。

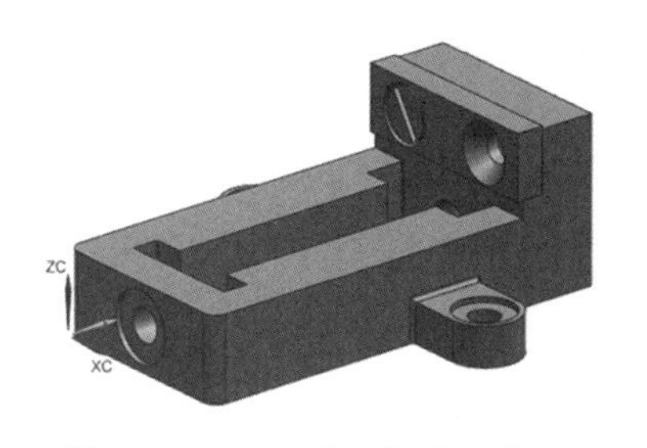

图 4－2－9　一个螺钉装配效果

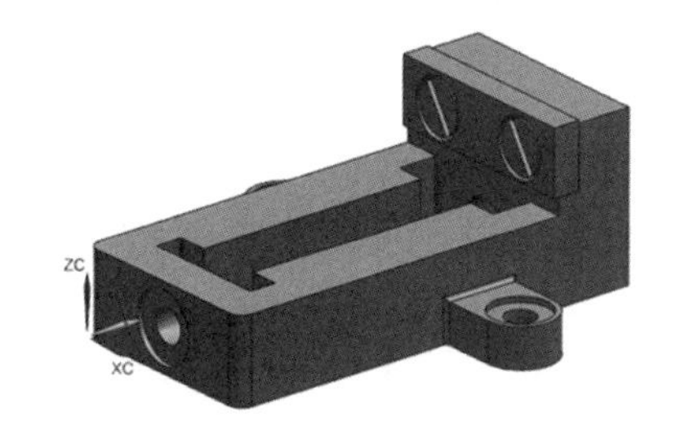

图 4－2－10　第二个螺钉装配效果

步骤 5. 装配螺杆

同步骤 2，在“添加组件”对话框中单击“打开”按钮，系统弹出“部件名”对话框，选择螺杆组件，单击“OK”按钮。在“约束类型”列表框中单击“接触对齐”按钮，在方位下拉列表中选择“自动判断中心/轴”选项，选择螺杆中心线和底座孔的中心线作为约束对象，如图 4－2－11 所示。再在“方位”下拉列表中选择“接触”选项，选择螺杆端面和底座端面作为约束对象，如图 4－2－12 所示。单击“应用”按钮，螺杆被装配到底座上，如图 4－2－13 所示。

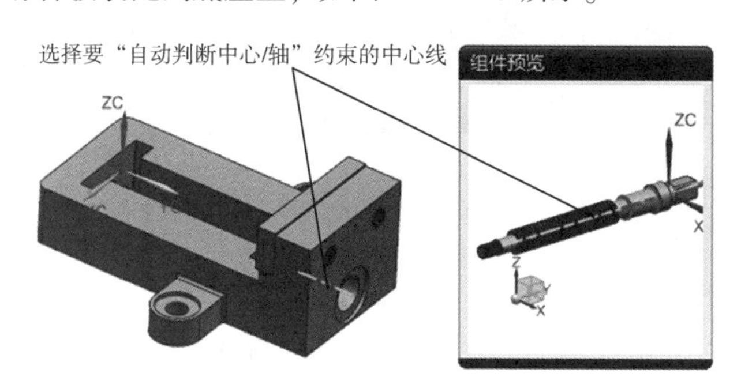

图 4－2－11　底座和螺杆之间添加“自动判断中心/轴”约束

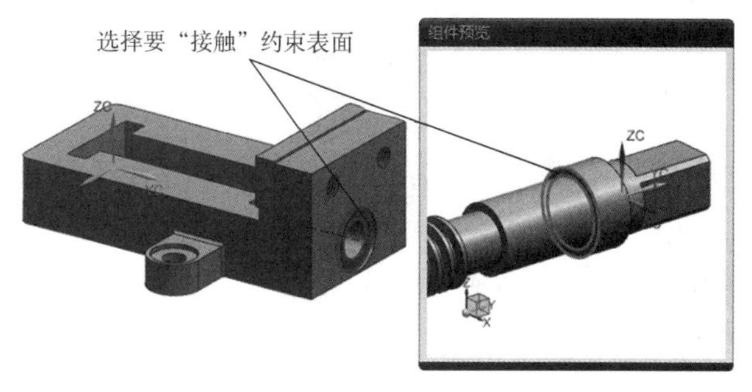

图 4－2－12　底座和螺杆之间添加“接触”约束

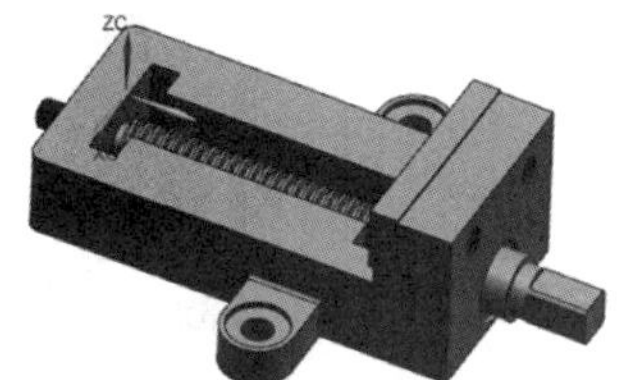

图 4－2－13　螺杆被装配到底座后的效果

步骤 6. 装配方块螺母

同步骤 2，在“添加组件”对话框中单击“打开”按钮，系统弹出“部件名”对话框，选择方块螺母组件，单击“OK”按钮。在“约束类型”列表框中单击“接触对齐”按钮，在“方位”下拉列表中选择“自动判断中心/轴”选项，选择方块螺母孔中心线和螺杆的中心线进行“自动判断中心/轴”约束，如图 4－2－14 所示。再在“方位”下拉列表中选择“接触”选项，选择方块螺母侧面和底座侧面进行“平行”约束，如图 4－2－15 所示。在“约束类型”列表框中选择“距离”按钮，在方块螺母端面和底座端面之间添加“距离”约束，在“距离”文本框中输入 60 mm，如图 4－2－16 所示。单击“应用”按钮，方块螺母被装配到底座上，如图 4－2－17所示。

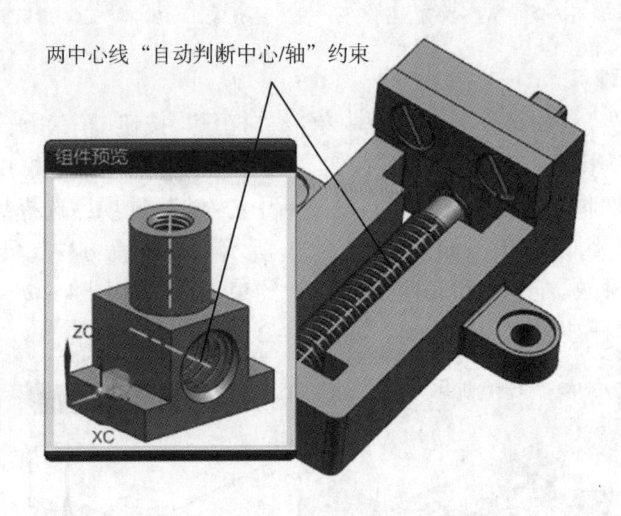

图 4－2－14　方块螺母和螺杆之间添加“自动判断中心/轴”约束

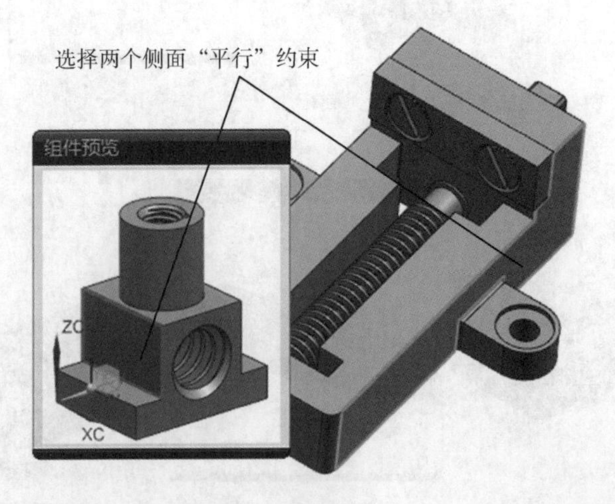

图 4－2－15　方块螺母和底座侧面之间添加“平行”约束

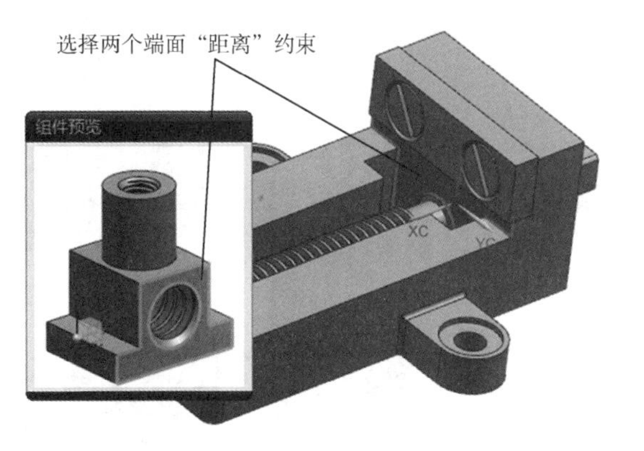

图 4-2-16　方块螺母端面和底座端面之间添加“距离”约束

图 4-2-17　方块螺母装配后的效果

步骤 7. 装配垫片

同步骤 2，在“添加组件”对话框中单击“打开”按钮，打开垫片组件，“约束类型”为“接触对齐”，在“方位”下拉列表中选择“自动判断中心/轴”约束选项，在垫片和底座之间添加“自动判断中心/轴”约束，如图 4-2-18 所示。然后在将垫片和底座之间添加“接触”约束，如图 4-2-19 所示，从而将垫片装配到底座上，如图 4-2-20 所示。

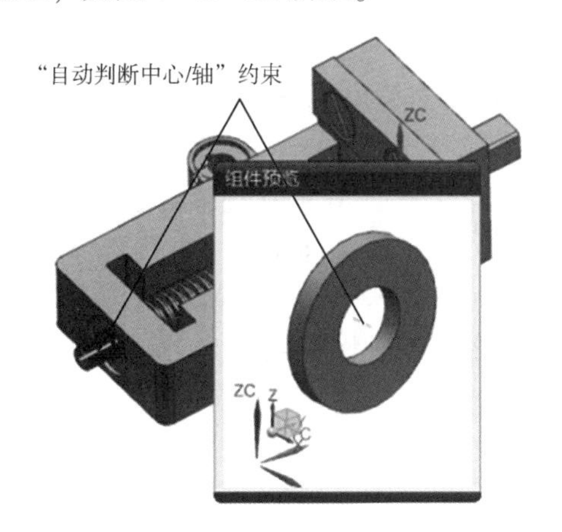

图 4-2-18　垫片和底座添加“自动判断中心/轴”约束

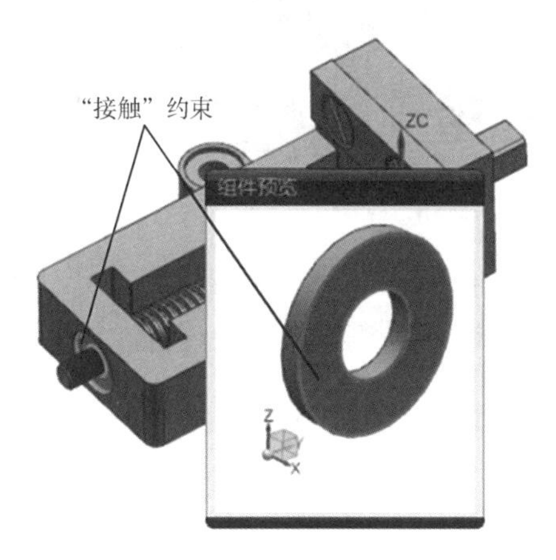

图 4-2-19　垫片和底座添加“接触”约束

步骤 8. 装配螺母

同步骤 2，在“添加组件”对话框中单击“打开”按钮，打开螺母组件，“约束类型”为“接触对齐”，在“方位”下拉列表中选择“自动判断中心/轴”选项，在螺母和螺杆之间添加“自动判断中心/轴”约束，如图 4-2-21 所示。然后在螺母和垫片侧面之间添加“接触”约束，如图 4-2-22 所示，从而将螺母装配到垫片上，如图 4-2-23 所示。

图 4-2-20　垫片装配到底座上效果

学习笔记

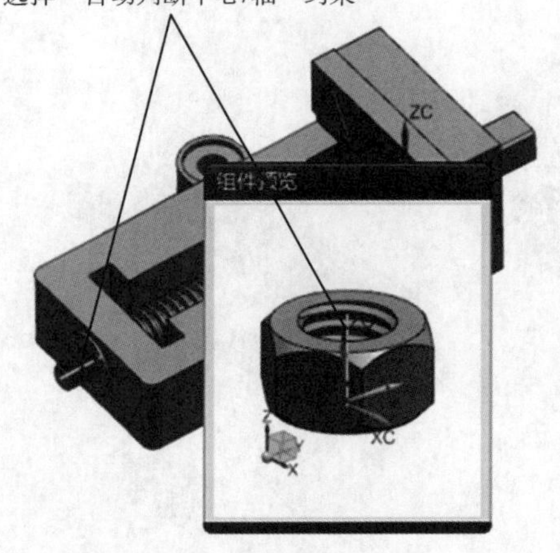

图 4-2-21　螺母和螺杆添加“自动判断中心/轴”约束

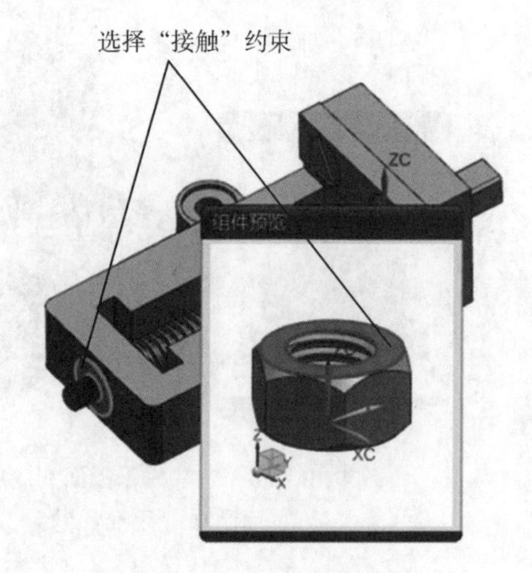

图 4-2-22　螺母和垫片添加“接触”约束

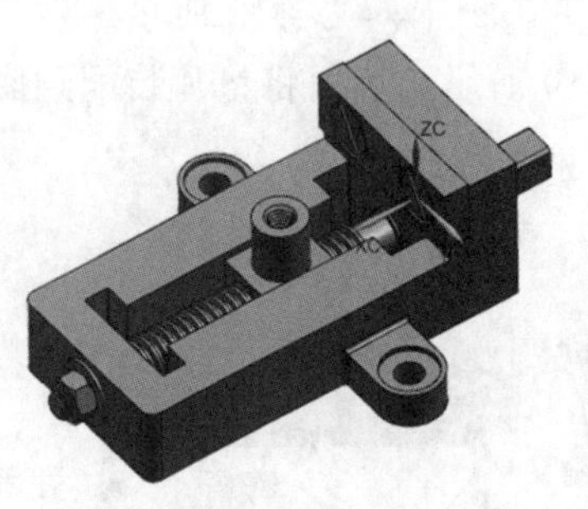

图 4-2-23　螺母装配到垫片上效果

步骤 9. 装配活动钳口组件

同步骤 2，在“添加组件”对话框中单击“打开”按钮，打开活动钳口组件，“约束类型”为“接触对齐”，在“方位”下拉列表中选择“接触”选项，使活动钳口组件底面与底座上表面添加“接触”约束，如图 4-2-24 所示；再选择“对齐”选项，使活动钳口组件侧面与底座侧面添加“对齐”约束，如图 4-2-25 所示；再选择“自动判断中心/轴”选项，使活动钳口组件和方头螺母孔添加“自动判断中心/轴”约束，如图 4-2-26 所示，从而将活动钳口组件装配到底座上，如图 4-2-27 所示。

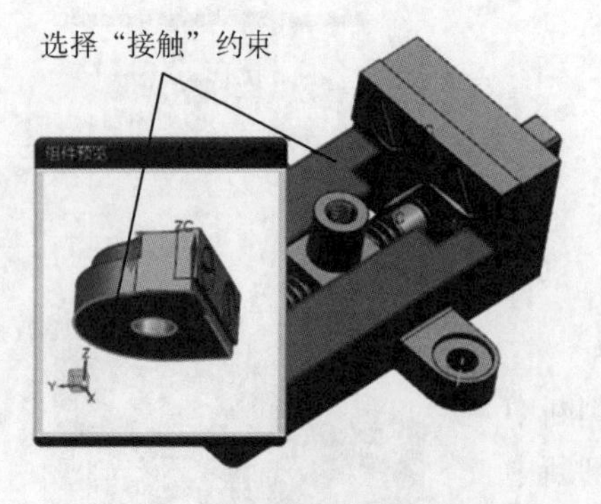

图 4-2-24　活动钳口组件与底座添加“接触”约束

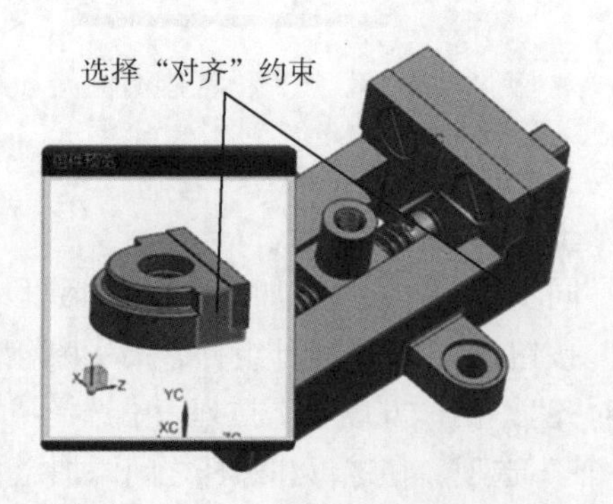

图 4-2-25　活动钳口组件与底座添加“对齐”约束

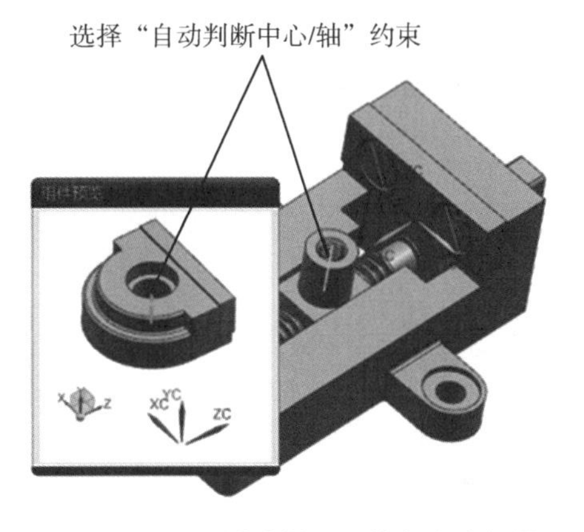

图 4－2－26　活动钳口组件和方头螺母孔添加“自动判断中心/轴”约束

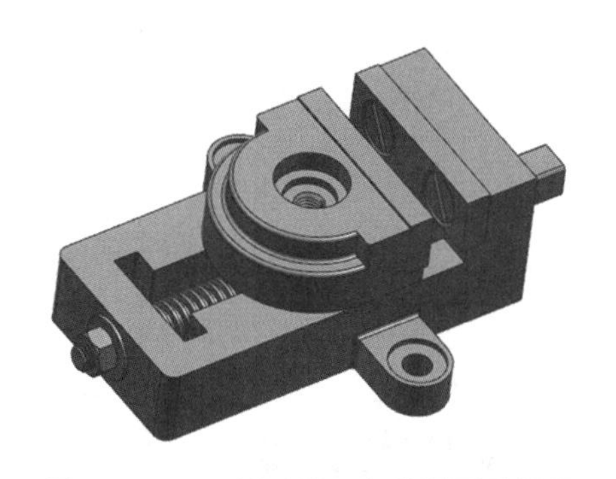

图 4－2－27　活动钳口组件装配后效果

步骤 10. 装配沉头螺钉

同步骤 2，在“添加组件”对话框中单击“打开”按钮，打开沉头螺钉组件，“约束类型”为“接触对齐”，在“方位”下拉列表中选择“自动判断中心/轴”约束，在沉头螺钉和活动钳口组件之间添加“自动判断中心/轴”约束，如图 4－2－28 所示。然后再沉头螺钉和活动钳口组件之间添加“同心”约束，如图 4－2－29 所示，从而将沉头螺钉装配到活动钳口组件上，如图 4－2－30 所示，完成台虎钳整个装配。

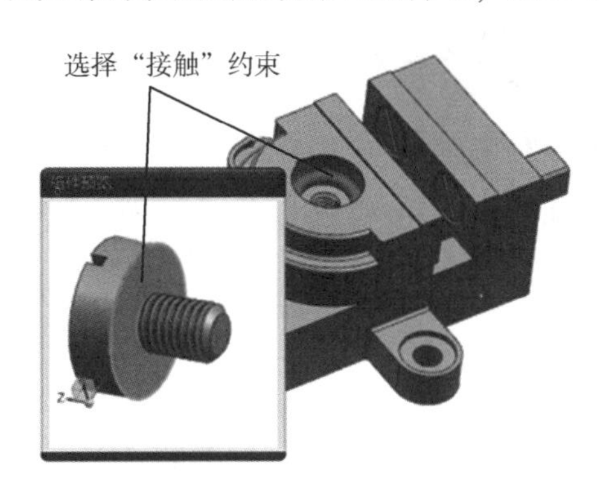

图 4－2－28　螺钉和活动钳口组件添加“接触”约束

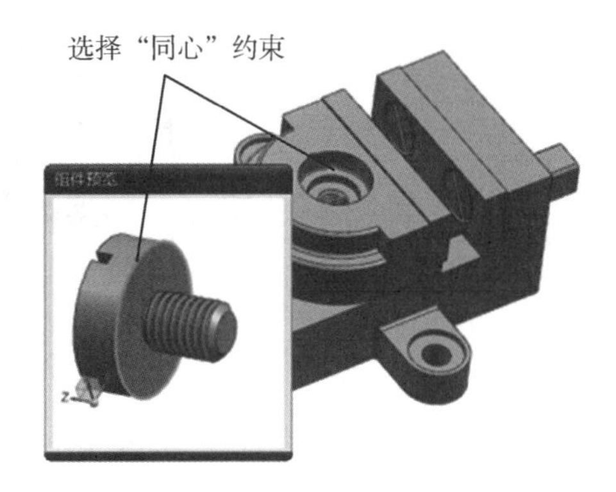

图 4－2－29　螺钉和活动钳口组件添加“同心”约束

步骤 11. 创建台虎钳爆炸图

选择“菜单”→“装配”→“爆炸图”→“新建爆炸”命令，系统弹出“新建爆炸”对话框，如图 4－3－31 所示，接受默认名称，单击“确定”按钮。再选择“爆炸图”→“编辑爆炸”命令，弹出“编辑爆炸”对话框，如图 4－2－32 所示，选择台虎钳中螺母为要移动的对象，然后单击“移动对象”按钮，使用鼠标拖动移动手柄，将螺母移动一定距

图 4－2－30　台虎钳装配后效果

离，如图4-2-33所示。单击“应用”按钮。

同理，再次选择“选择对象”按钮，选择其他要移动的零件，再选择“移动对象”编辑移动该零件到合适位置，直到所有零件移动到如图4-2-33所示位置，单击“确定”按钮，完成台虎钳爆炸图的创建。

图4-2-31 “新建爆炸”对话框

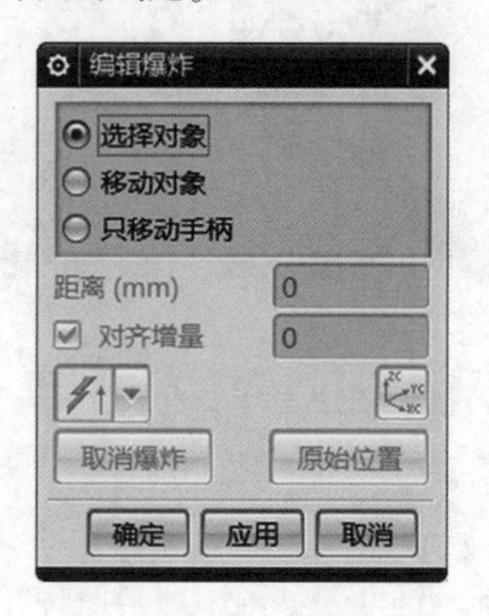

图4-2-32 “编辑爆炸”对话框

4-6 创建台虎钳爆炸图

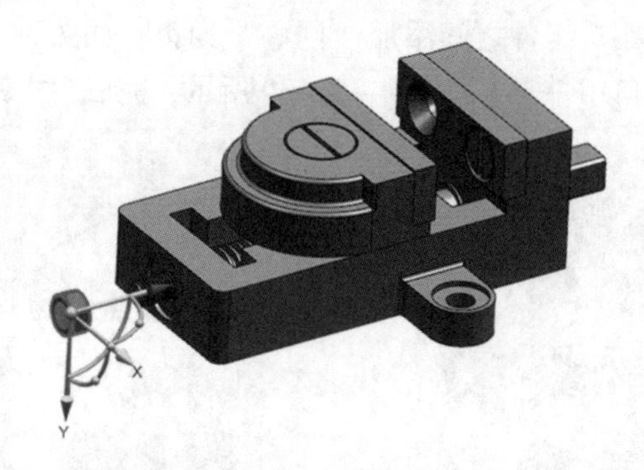

图4-2-33 编辑螺母移动后的效果

4-7 阵列组件

一、阵列组件

阵列组件是指将一个组件复制到指定的阵列中，该方法是快速装配相同零部件的一种常用装配方法，它要求这些相同零部件的安装方位要具有某种阵列参数关系。

选择“菜单”→“装配”→“组件”→“创建阵列”命令或单击“装配”选项卡的“组件”组中的“创建阵列”按钮，弹出“创建阵列”对话框，如图4-2-34所示。此对话框中包含3种阵列定义的布局选项，其含义如下：

（1）线形：以线形布局的方式进行阵列。

（2）圆形：以圆形布局的方式进行阵列。

（3）参考：自定义的布局方式。

学习笔记

创建“线形”布局组件的步骤如下：在装配模块打开如图 4－2－35 所示线性列阵组件，单击“列阵组件”按钮，弹出“列阵组件”对话框，在“布局”下拉列表中选择“线形”选项，如图 4－2－36 所示，在“方向 1”选项组中选择“自动判断的矢量”图标选项，激活“指定矢量”收集器，选择一条边定义方向 1，如图 4－2－37 所示；在“间距”下拉列表中选择“数量和间隔”选项，在“数量”文本框中输入“3”，“节距”文本框中输入“35”；接着在“方向 2”选项组中勾选“使用方向 2”复选框，选择“自动判断的矢量”图标选项，选择所需的一条边定义方向 2，其“间距”方式为“数量和间隔”，“数量”为“2”，“节距”为“25”。单击“确定”按钮，列阵效果如图 4－2－38 所示。

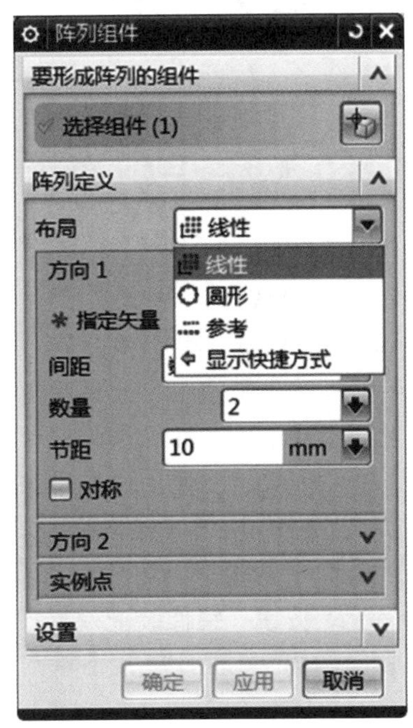

图 4－2－34 “组件阵列”对话框

图 4－2－35 线性列阵组件

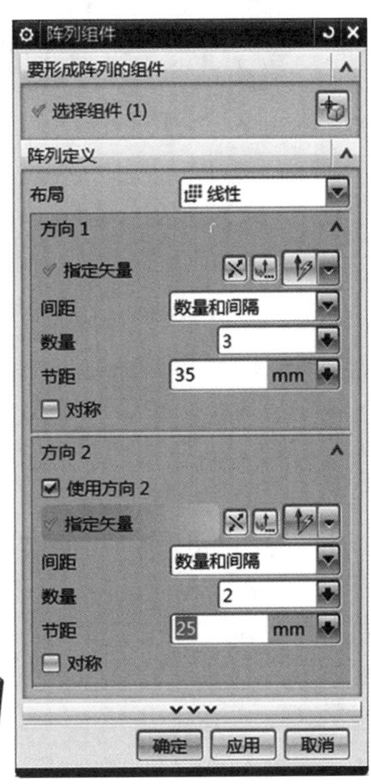

图 4－2－36 线性阵列定义

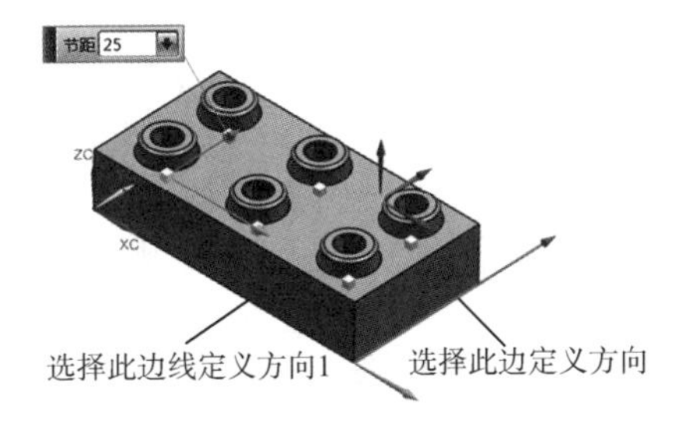

图 4－2－37 线性列阵方向定义

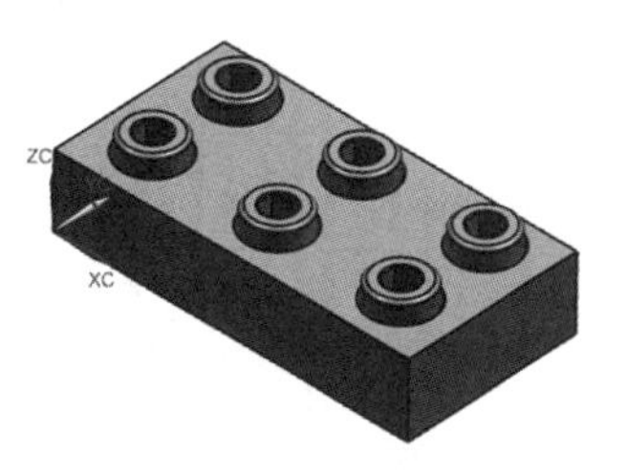

图 4－2－38 线性列阵效果

创建“圆形”布局列阵组件的步骤如下：在装配文件中已经将模板组件添加到装配部件中，并建立其装配约束，在这里选择螺栓作为列阵组件。单击“列阵组件”按钮，弹出“列阵组件”对话框，在“布局”下拉列表中选择“圆形”选项，然后在“旋转轴”选项组中的“指定矢量”下拉列表中选择图标，在“斜角方向”选项组的“间距”下拉列表中选择“数量和间隔”选项，将“数量”设为“6”，“节距角”设为“60”，单击“确定”按钮，列阵效果如图 4－2－39 所示。

图 4－2－39　圆形列阵

二、镜像装配

4－8　镜像装配

在装配过程中，如果窗口有多个相同的组件，则可通过镜像装配的形式创建新组件。执行“装配”→“组件”→“镜像装配”命令或单击装配工具栏“镜像装配”按钮，弹出“镜像装配向导”对话框，如图 4－2－40 所示。单击“下一步”按钮，系统提示选择要镜像的组件，选择如图 4－2－41 中螺栓，单击“下一步”按钮，系统提示选择镜像平面，在“镜像装配向导”对话框中单击“创建基准平面”按钮，如图 4－2－42 所示，弹出“基准平面”对话框，在“类型”下拉列表中选择“二等分”选项，如图 4－2－43 所示，分别选择盖板两个端面，单击“确定”按钮，从而创建所需的基准平面，如图 4－2－44 所示。单击 3 次“下一步”按钮后单击“完成”按钮。镜像装配效果如图 4－2－45 所示。

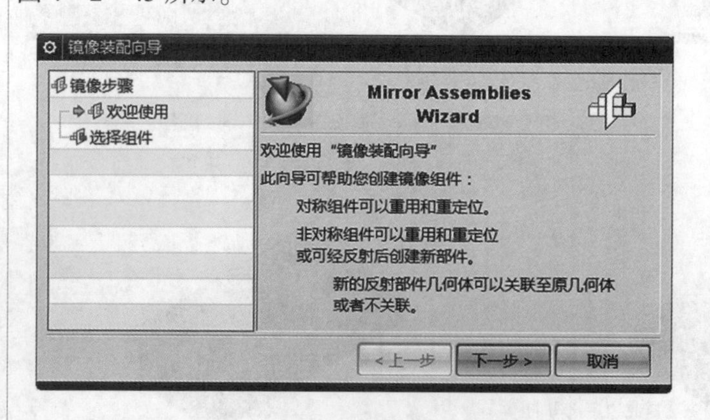

图 4－2－40　“镜像装配向导”对话框

图 4－2－41　选择要镜像的螺栓

图 4－2－42 “镜像装配向导”对话框

图 4－2－43 “基准平面”对话框

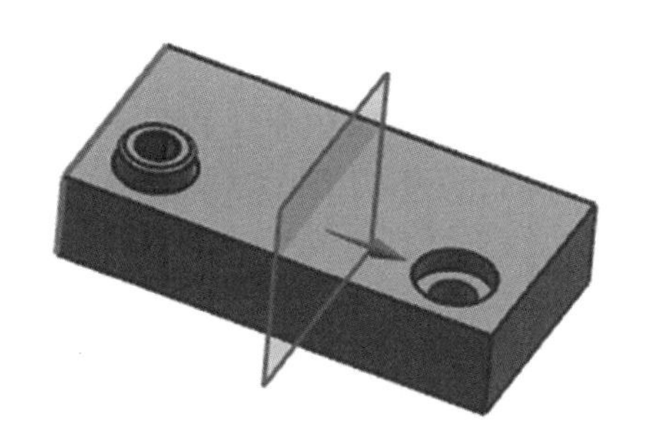

图 4－2－44 创建的基准平面

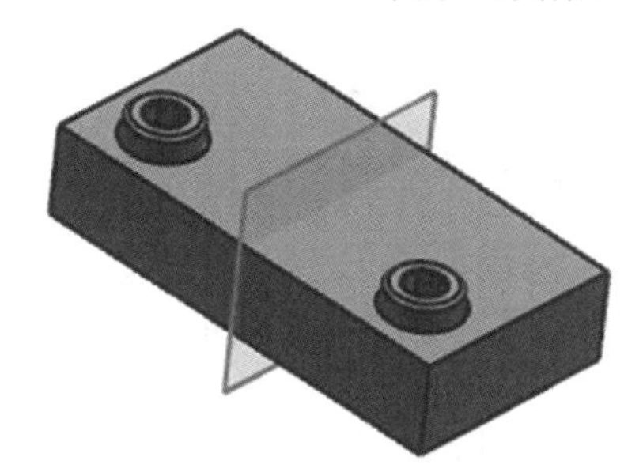

图 4－2－45 镜像装配效果

三、爆炸装配图

装配爆炸图是指在装配环境下，将装配体中的组件拆分开来，目的是更好地显示整个装配的组成情况。同时，可以通过对视图的创建和编辑，将组件按照装配关系偏离原来的位置，以便观察产品内部结构以及组件的装配顺序，如图 4－2－46 所示。

1. 爆炸图概述

爆炸图同其他用户定义视图一样，各个装配组件或子装配已经从其装配位置移走，用户可以在任何视图中显示爆炸图形，并对其进行各种操作。爆炸图有以下特点：

（1）可对爆炸视图组件进行编辑操作。

（2）对爆炸图组件操作会影响非爆炸图组件。

（3）爆炸图可随时在任一视图显示或不显示。

4－9 爆炸图

单击“装配”选项卡中的“爆炸图”按钮，展开“爆炸图”组，该组中包含用于创建或编辑装配图的工具，如图 4－2－47 所示。接下来对创建爆炸图的相关工具逐一进行介绍。

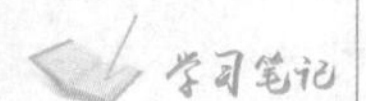

图 4-2-46 爆炸图

图 4-2-47 “爆炸图”子菜单

2. 新建爆炸图

要查看装配体内部结构特征及其之间的相互装配关系，需要创建爆炸视图。选择“菜单”→“装配”→“爆炸图”→“新建爆炸”命令，或单击“爆炸图”组中的“新建爆炸”按钮，弹出“新建爆炸”对话框，如图 4-2-48 所示，单击“确定”按钮，完成爆炸图的创建。

图 4-2-48 “新建爆炸”对话框

3. 自动爆炸组件

创建新的爆炸图后视图并没有发生变化，接下来就必须使组件炸开。UG 装配中组件爆炸的方式为自动爆炸，即基于组件关联条件，沿表面的正交方向按照指定的距离自动爆炸组件。

选择“菜单”→“装配”→“爆炸图”→“自动爆炸组件”命令，或单击“爆炸图”组中的“自动爆炸组件”按钮，弹出“类选择”对话框。选择需要爆炸的组件，单击“确定”按钮，弹出“自动爆炸组件”对话框，在该对话框的“距离”文本框中输入偏置距离，单击“确定”按钮，将所选的对象按指定的偏置距离移动。如果选中“添加间隙”复选框，则在爆炸组件时，各个组件根据被选择的先后顺序移动，相邻两个组件在移动方向上以“距离”文本框中输入的偏置距离隔开，如图 4-2-49 所示。

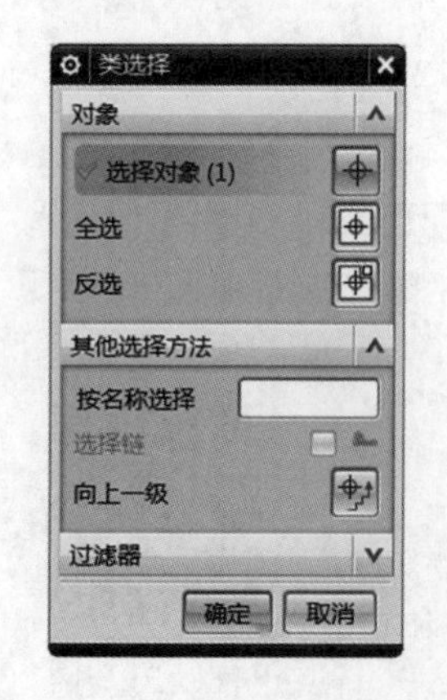

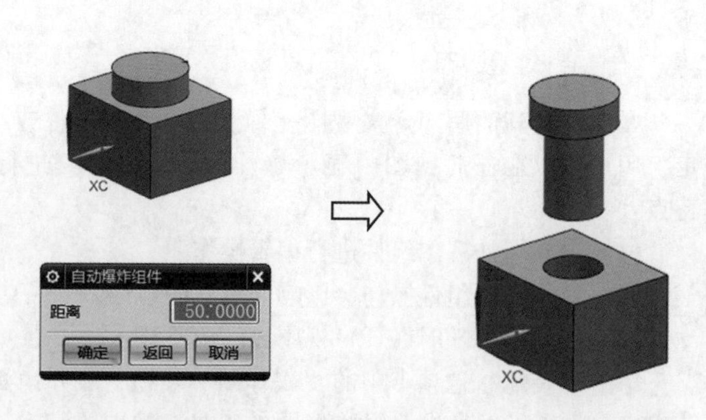

图 4-2-49 “自动爆炸组件”操作过程

学习笔记

4. 编辑爆炸图

在完成爆炸视图后，如果没有达到理想的爆炸效果，通常还需要对爆炸视图进行编辑。选择“菜单”→“装配”→“爆炸图”→“编辑爆炸图”命令，或单击“爆炸图”组中的“编辑爆炸图”按钮，弹出“编辑爆炸图”对话框，如图4-2-50所示。首先选择要编辑的组件，然后选中“移动对象”选项，选中组件并移动到所需位置，如图4-2-51所示。

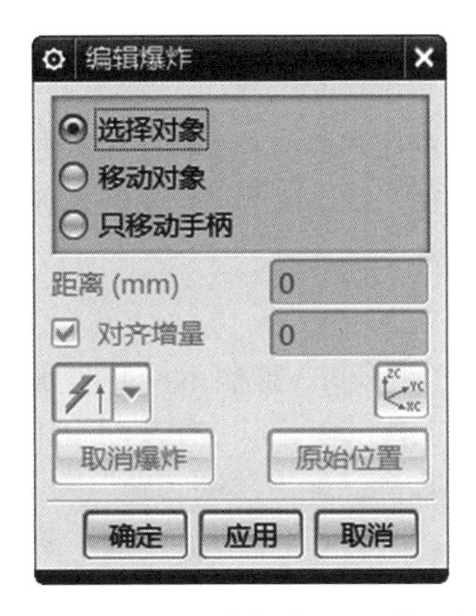

图4-2-50 “编辑爆炸图”选择对象

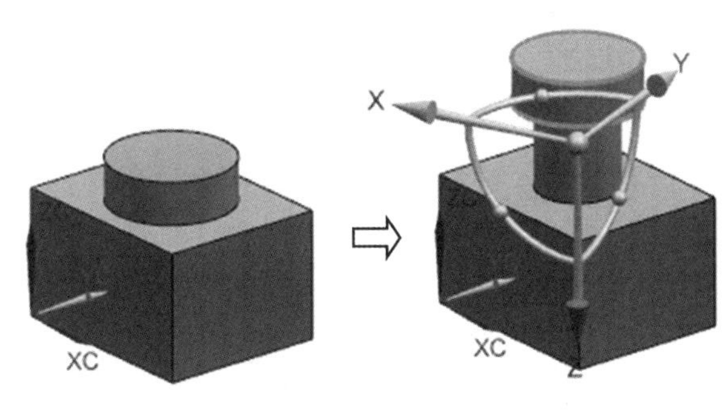

图4-2-51 编辑爆炸图——移动对象

5. 取消爆炸组件

该选项用于取消已爆炸的视图。选择“菜单”→“装配”→“爆炸图”→“取消爆炸组件”命令，或单击“爆炸图”组中的“取消爆炸组件”按钮，弹出“类选择”对话框。选择需要取消爆炸的组件，单击“确定”按钮，即可将选中的组件恢复到爆炸前的位置。

6. 删除爆炸图

该选项用于删除爆炸视图。当不需要显示装配体的爆炸效果时，可执行“删除爆炸图”操作将其删除。单击“爆炸图”组中的“删除爆炸图”按钮，或者执行“装配”→“爆炸图”命令，进入“爆炸图”对话框，如图4-2-52所示。系统在该对话框列出了所有爆炸图的名称，用户只需选择需要删除的爆炸图名称，单击“确定”按钮即可将选中的爆炸图删除。

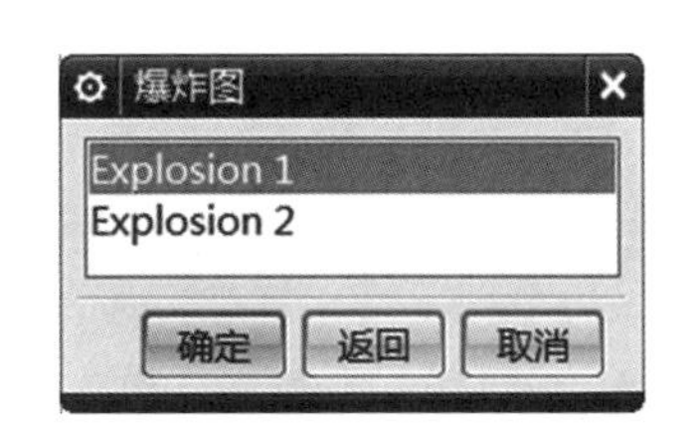

图4-2-52 “删除爆炸图”对话框

7. 切换爆炸图

在装配过程中，尤其是已创建了多个爆炸视图，当需要在多个爆炸视图间进行切换时，可以利用“爆炸图”工具栏中的列表框按钮进行爆炸图的切换，只需单击该按钮，打开下拉列表框，如图4-2-53所示，在其中选择爆炸图名称，进行爆炸图的切换操作。

图 4－2－53　切换爆炸图下拉列表

四、编辑组件

组件添加到装配以后，可对其进行抑制、阵列、镜像和移动等编辑操作，通过上述方法来实现编辑装配结构、快速生成多个组件等功能。现主要介绍常用的几种编辑组件方法。

1. 抑制组件

“抑制组件”是指将显示部件中的组件及其子组件移除。抑制组件并非删除组件，组件的数据仍然保留在装配中，只是不执行一些装配功能，以方便装配。

选择“菜单”→“装配”→“组件”→“抑制组件”命令，弹出“类选择”对话框，选择需要抑制的组件或子装配，单击“确定”按钮，即可将选中的组件或子装配从视图中移除。如果要取消“抑制组件”，则可以在“装配导航器”中选择被抑制的组件，单击右键，选择“抑制”命令，弹出“抑制”对话框，单击“从不抑制”单选按钮，如图 4－2－54 所示，单击“确定”按钮即可。

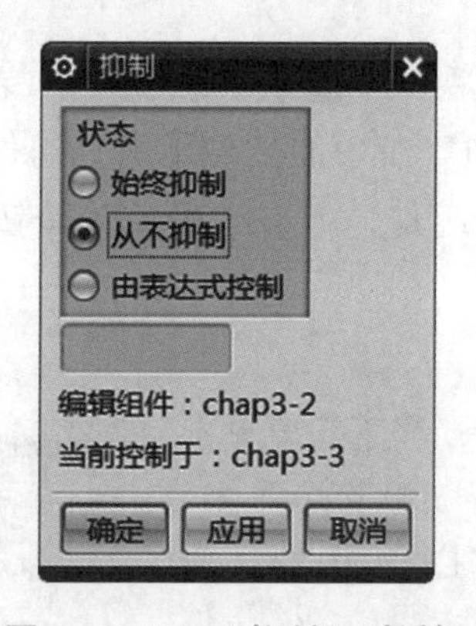

图 4－2－54　“抑制”对话框

2. 移动组件

在装配过程中，如果之前的约束关系并不是当前所需要的，则可对组件进行移动。重新定位包括点到点、平移、绕点旋转等多种方式。

选择“菜单”→“装配”→“组件”→“移动组件”命令或在“装配”选项卡的“组件位置”组中单击“移动组件”按钮，弹出“移动组件”对话框，如图 4－2－55 所示，选择要移动的组件，接着在“变换”选项组的“运动”下拉列表中可以通过“动态”“根据约束”“距离”“角度”“点到点”定义移动方式；根据所选运动类型选项定义移动参数；“复制”选项组中设置复制模式为“不复制”“复制”“手动复制”。例如移动螺栓组件，在“运动”下拉列表中选择“点到点”选项，指定螺栓的出发点和目标点位置，单击“确定”按钮，则螺栓移动效果如图4－2－56所示。

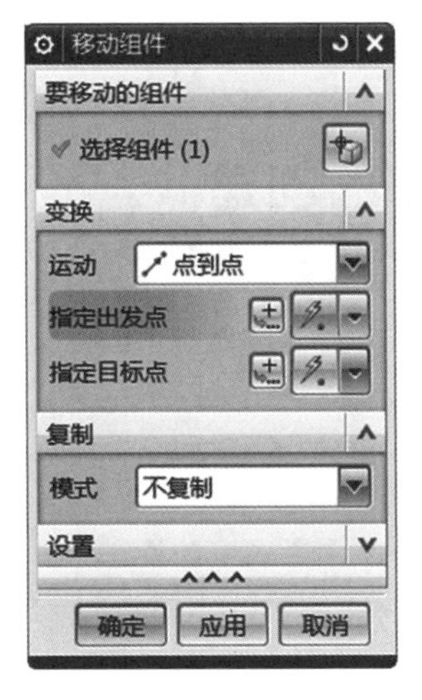

图4－2－55　“移动组件”对话框

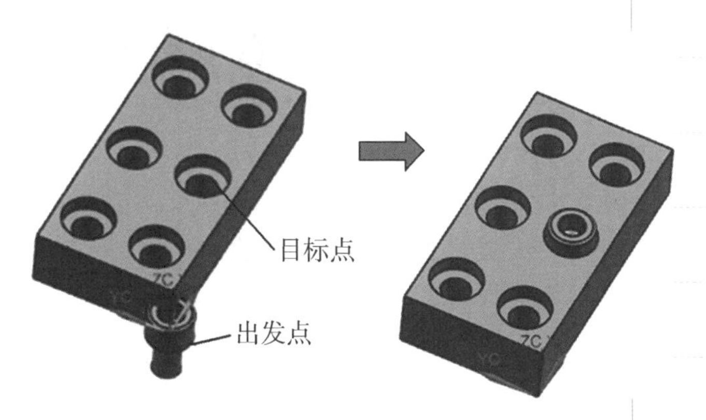

图4－2－56　移动组件效果

学有所思

1. 在任务实施过程中，你遇到了哪些障碍？你是如何想办法解决这些困难的？

2. 请你准确地说出制作台虎钳过程中所使用的命令名称，以及它们的主要功能。你是如何记住这些命令名称和功能的？

拓展训练

创建如图4－2－57所示轴承装配图并形成爆炸图（源文件x:work\4\练习\轴承组件）。

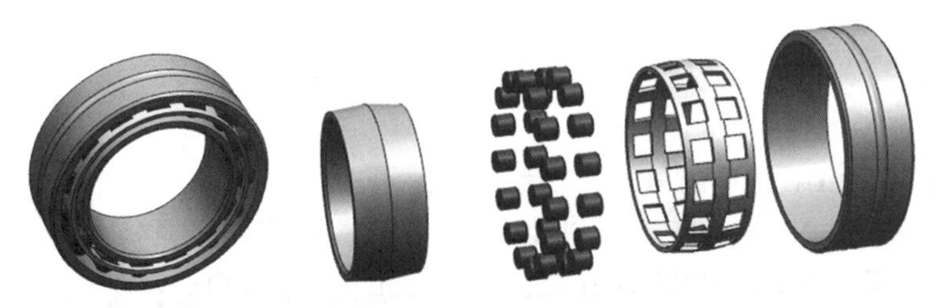

图4－2－57　轴承装配图和爆炸图

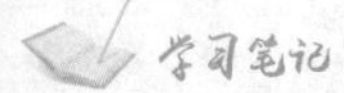

项目五　下模座和轮子组件工程图的创建

任务一　下模座工程图的创建

【技能目标】

1. 会对工程图参数进行预设置。
2. 会正确标注工程图的尺寸公差、形位公差、表面粗糙度和文本注释。
3. 会正确调用标准图框。

【知识目标】

1. 掌握 UG NX 12.0 制图的基本参数设置和使用。
2. 掌握 UG NX 12.0 制图的创建与视图操作。
3. 掌握 UG NX 12.0 制图的尺寸和形位公差的标注。

【态度目标】

1. 具有规矩意识、标准意识。
2. 提高职业素养，遵守职业道德。

UG 工程图是从三维空间到二维空间经过投影变换得到的二维图形，这些图形严格地与零件的三维模型相关。三维实体模型的尺寸、形状和位置的任何改变，均会引起二维制图的自动改变。由于此关联性的存在，故可以对模型进行多次更改。通过对如图 5－1－1 所示下模座工程图的创建，使学生掌握利用 UG 制图模块命令绘制零件工程图的方法。

5－1　工程图预设置

步骤 1. 启动 UG NX 12.0，对工程图预设置

（1）启动 UG NX 12.0，单击主菜单“文件”→“实用工具”→“用户默认设置”按钮，弹出如图 5－1－2 所示“用户默认设置”对话框，选中“毫米”为默认单位。

学习笔记

AR资源

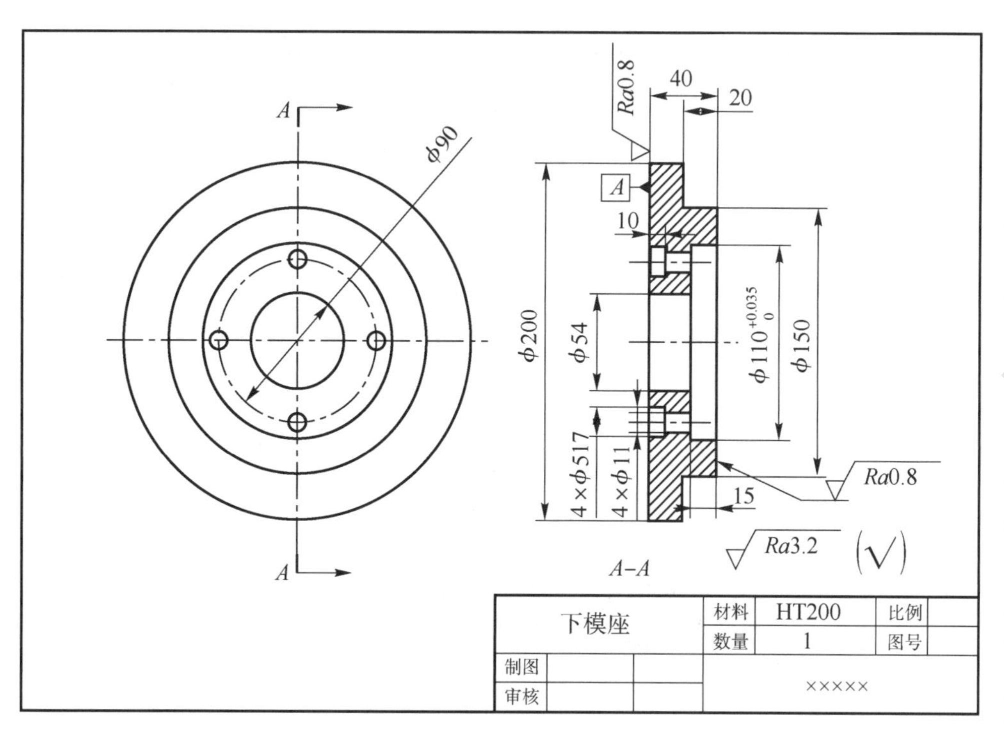

图 5-1-1　下模座工程图

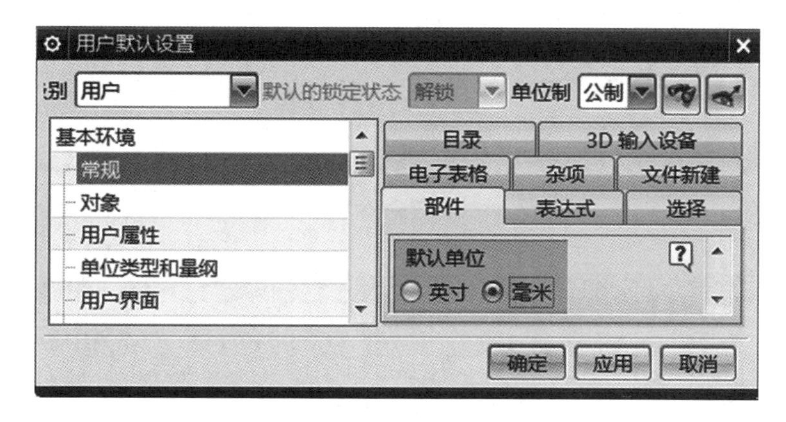

图 5-1-2　“单位”设置

（2）选择“基本环境”→“绘图”命令，在“颜色”选项卡中单击“白纸黑字”单选按钮，如图 5-1-3 所示。

（3）选择“制图”→“常规/设置”→“标准”命令，如图 5-1-4 所示，在“制图标准”下拉列表框中选择“GB”，单击“定制标准”按钮，弹出“定制制图标准-GB”对话框，在该对话框中进行设置。

①单击“视图”→“工作流程”按钮，在边界“显示”前面复选框去除勾选，如图 5-1-5 所示。

②单击“视图”→“公共”按钮，在“光顺边”选项“格式”中的“显示光顺边”前复选框中取消勾选，如图 5-1-6 所示。

图 5-1-3 “颜色”选项设置

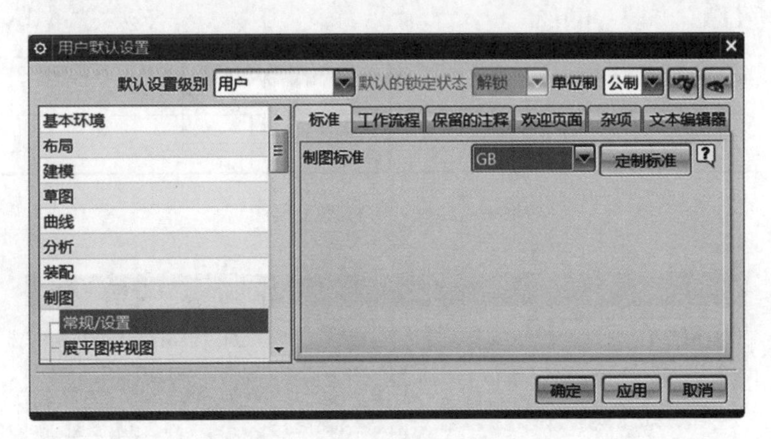

图 5-1-4 “标准”选项设置

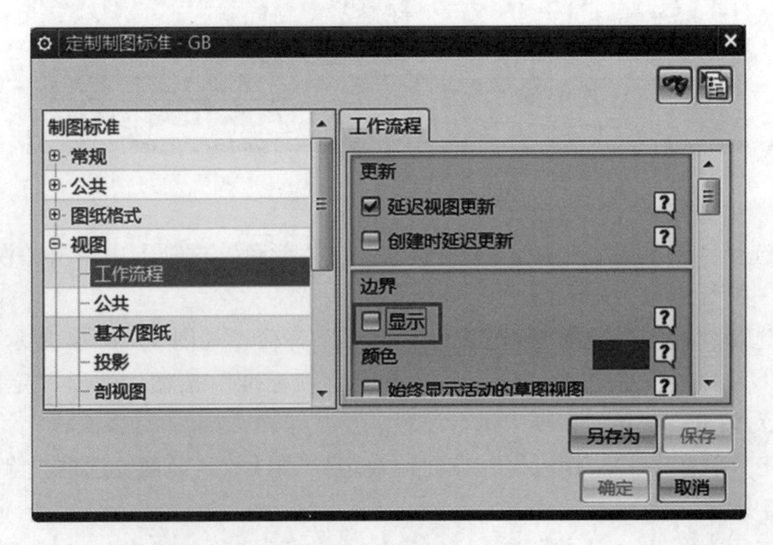

图 5-1-5 边界显示设置

学习笔记

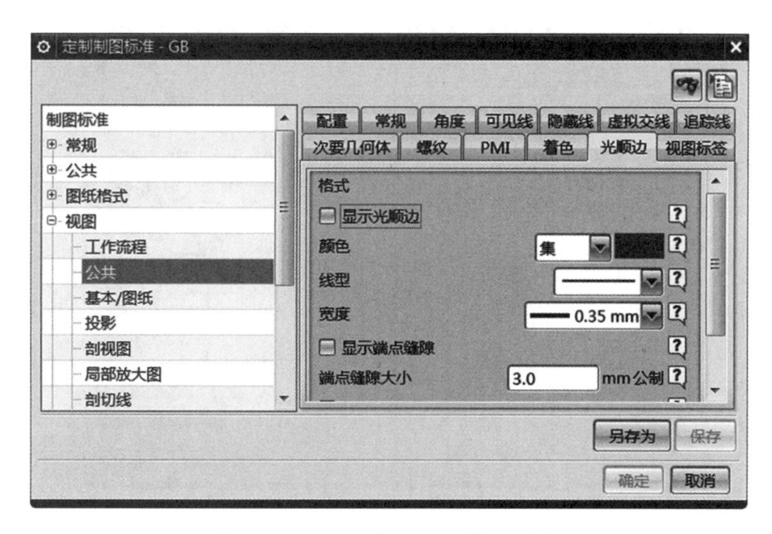

图 5－1－6 “光顺边”选项设置

③单击“视图”→“剖视图”按钮，在“剖面线”中“将剖面线角度限制在 +/－45 度”前面复选框的勾选打开，如图 5－1－7 所示。

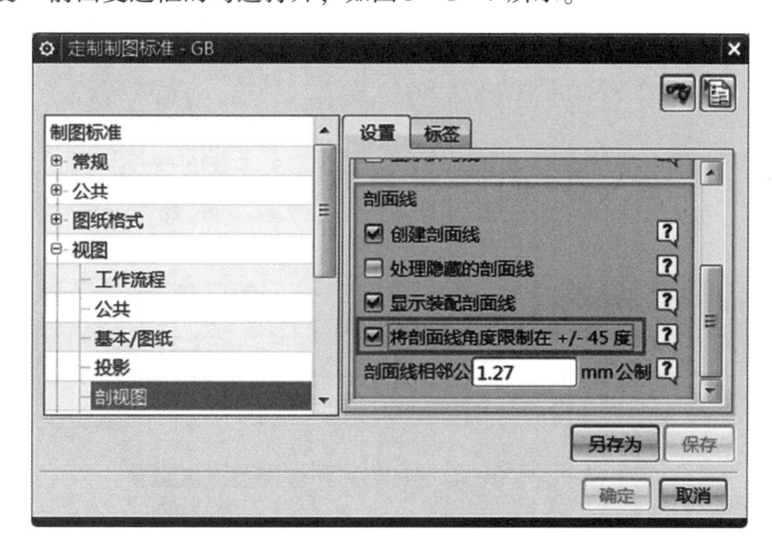

图 5－1－7 “剖切视图”设置

④单击“视图”→“剖切线”按钮，在“显示和格式”对话框中按照如图 5－1－8 所示进行设置。

⑤单击“图纸格式”→“图纸页”按钮，在“尺寸和比例”对话框中按如图 5－1－9 所示进行设置。

⑥单击“尺寸”→“公差”按钮，在公差“小数位数”下拉列表中选择“3”，如图 5－1－10 所示。

⑦单击“尺寸”→“文本”按钮，在“单位”中勾选“显示前导零”，如图 5－1－11 所示。

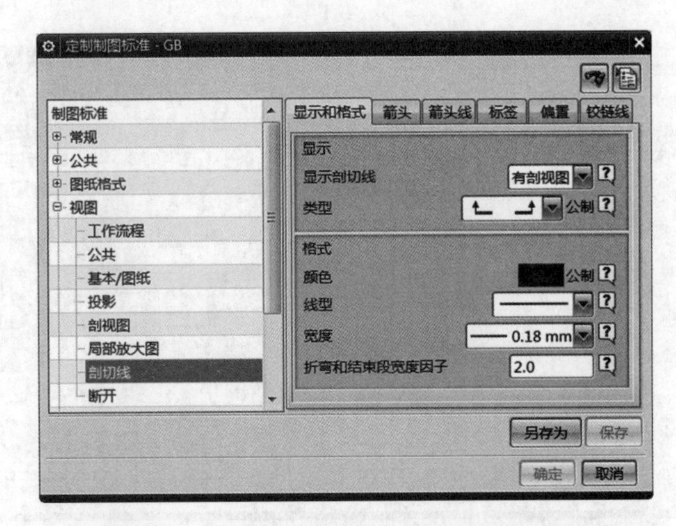

图 5-1-8 “剖切线”的“显示和格式”设置

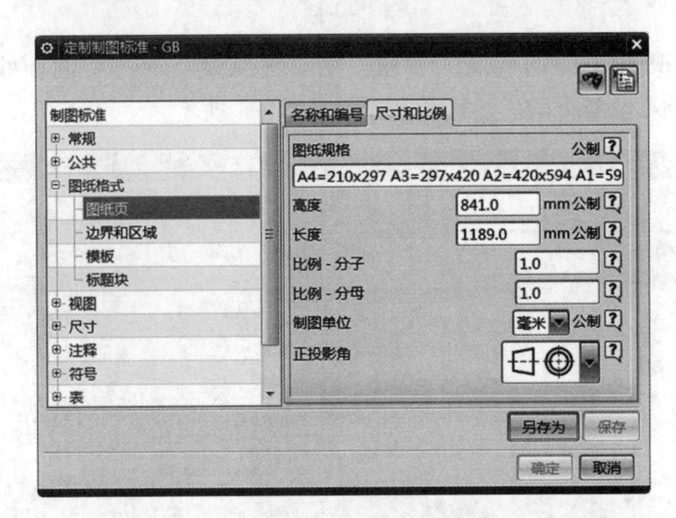

图 5-1-9 “图纸页”设置

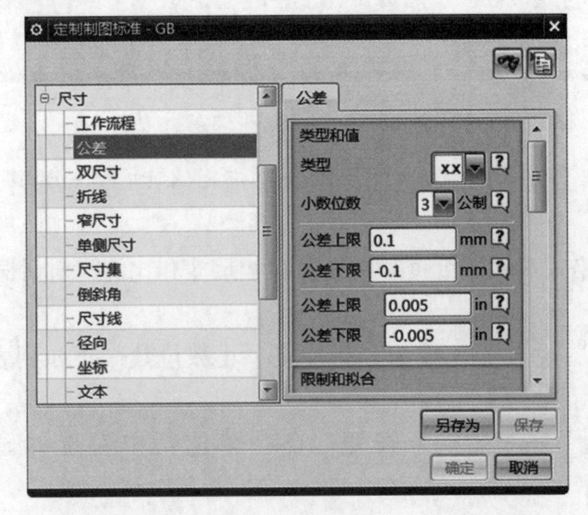

图 5-1-10 “公差”小数位数设置

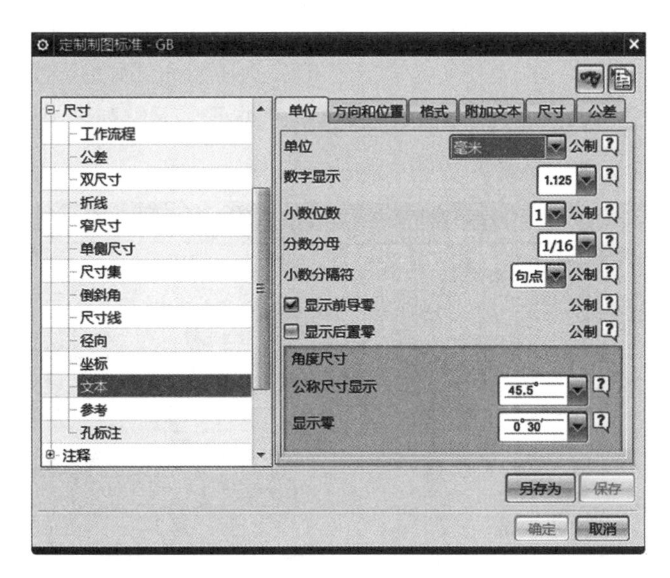

图 5-1-11 “尺寸”中“文本”设置

上述设置结束，单击“另存为”按钮，弹出如图 5-1-12 所示对话框，在“标准名称”文本框中输入“GB1”，单击“确定”按钮保存，再重新启动 UG。

图 5-1-12 “另存为制图标准”对话框

（4）单击主菜单“文件”→“首选项”→“制图”按钮，弹出如图 5-1-13 所示“制图首选项”对话框。

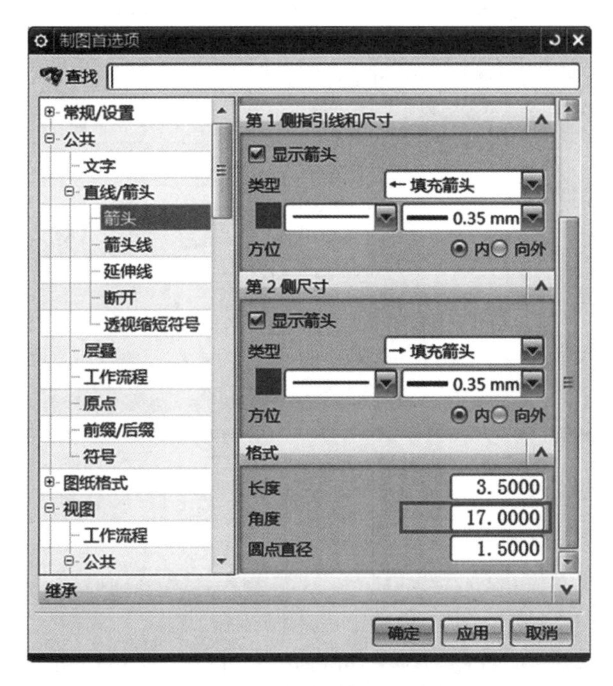

图 5-1-13 “直线/箭头”选项设置

学习笔记

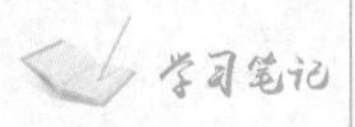

①在“直线/箭头”选项设置。在“格式”中的“角度”文本框中输入“17”，如图 5－1－13 所示。

②在“截面线”选项设置。在“显示”中“类型”下拉列表中选择如图 5－1－14 所示形式。

图 5－1－14 “截面线”设置

③“单位”选项设置如图 5－1－15 所示。

图 5－1－15 “单位”选项设置

步骤 2. 进入制图模块

打开配套源文件 x：产品三维造型设计\5\1\下模座 . prt 文件，选择“应用模块”→“制图”命令，进入制图模块。

5－2 下模座工程图创建

(1) 选择“菜单”→“首选项”→“可视化”命令，打开“可视化首选项”对话框，在对话框中选择“颜色/字体”选项卡，

在“图纸和布局部件设置”选项中勾选“单色显示”复选框，如图 5－1－16 所示。

（2）单击“新建图纸页”图标，弹出“工作表”对话框，如图 5－1－17 所示，在“大小”选项中选择“A4 －210 ×297”选项，单击“确定”按钮。单击“视图”→“基本视图”按钮，弹出“基本视图”对话框，在“比例”选项中选择“1∶2”，如图 5－1－18 所示。移动鼠标将俯视图放到合适位置，如图 5－1－19 所示，单击左键，再按“Esc”键退出。

图 5－1－16 “图纸部件设置”

图 5－1－17 “图纸页”对话框

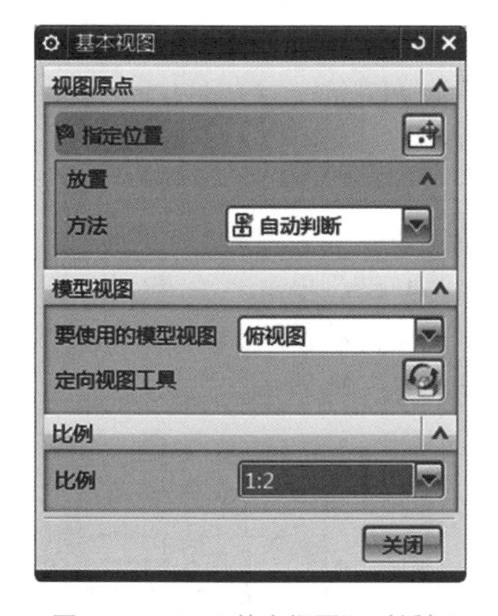

图 5－1－18 “基本视图”对话框

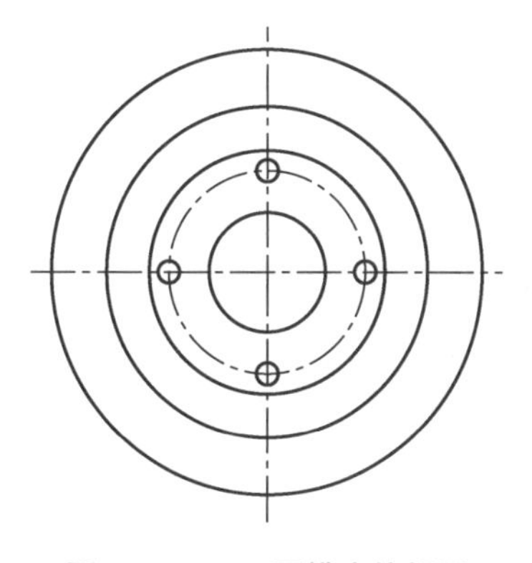

图 5－1－19 下模座俯视图

步骤 3. 添加剖视图

单击“剖视图”按钮，弹出“剖视图”对话框，选择俯视图为父视图，圆心

学习笔记

为剖切位置，鼠标向右移动到合适位置，单击鼠标左键，放置全剖视图，单击“关闭”按钮。效果如图 5－1－20 所示。

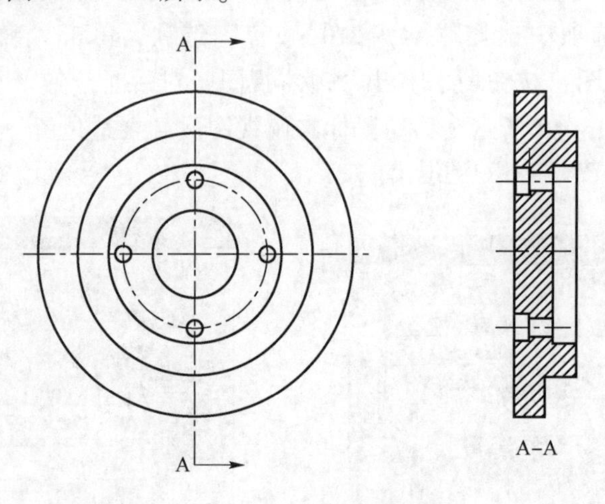

图 5－1－20　添加剖视图

步骤 4. 尺寸标注

图 5－1－21　“快速尺寸”对话框

单击“快速”按钮，弹出“快速尺寸”对话框，如图 5－1－21 所示，在“方法”下拉列表中选择“直径”选项，然后选取主视图中 4 个孔的圆形点画线，放置 $\phi90$ mm 到主视图合适位置。再在“快速尺寸”对话框“方法”下拉列表中选择“水平”选项，选择右视图左右两端面端点，标注 40 mm 的水平尺寸，同理标注其他水平尺寸。再在“快速尺寸”对话框“方法”下拉列表中选择“圆柱式”，标注 $\phi150$ mm、$\phi54$ mm、$\phi200$ mm 的圆柱尺寸，标注 $4\times\phi17$ mm、$4\times\phi11$ mm 时，在如图 5－1－22 所示屏显编辑器（一）对话框中单击“编辑附加文本”按钮，弹出“附加文本”对话框，在“文本位置”下拉列表中选择“之前”选项，在文本框中输入“4×”，单击“关闭”按钮，放置尺寸线到合适位置。标注 $\phi110^{+0.035}_{0}$ mm 时，在屏显编辑器进行参数设置，如图 5－1－23 所示。在合适位置放置尺寸，尺寸标注如图 5－1－24 所示。

图 5－1－22　屏显编辑器（一）

图 5－1－23　屏显编辑器（二）

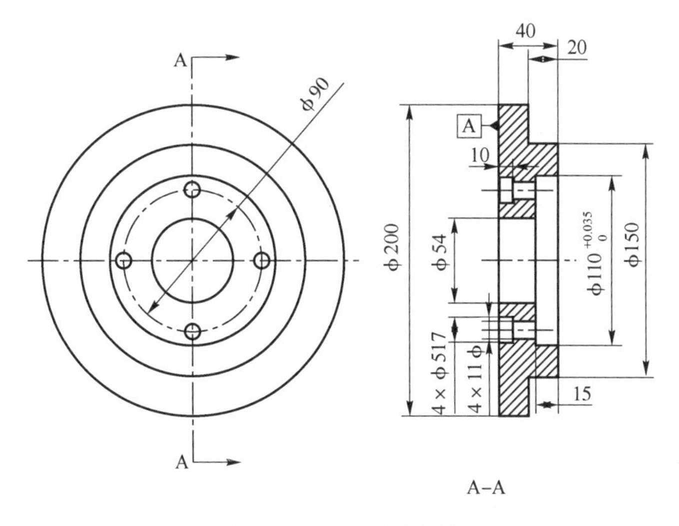

图 5 –1 –24　尺寸标注

步骤 5. 标注形位公差

（1）单击“注释”→“基准特征符号”按钮，打开“基准特征符号”对话框，如图 5 –1 –25 所示。在“基准标识符”选项组中的“字母”文本框中输入“A”，选择工作区中左侧直线，最后放置基准符号到合适位置，如图 5 –1 –26 所示。

图 5 –1 –25　“基准特征符号”对话框

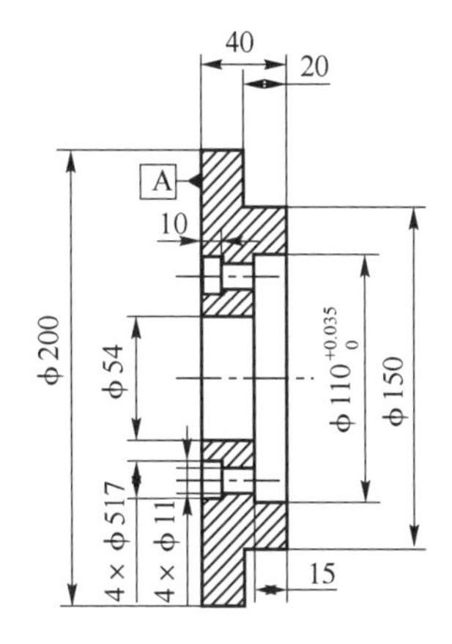

图 5 –1 –26　添加基准符号

（2）单击“注释”→“特征控制框”按钮，打开“特征控制框”对话框，如图 5 –1 –27 所示。在“框”的“特征”中选择“平行度”，“框样式”中选择“单框”，然后在“公差”中输入数值“0.02”，在“主基准参考”中选择“A”。选择好放置位置，单击鼠标左键，按住鼠标左键拖动合适位置，单击鼠标左键，放置平

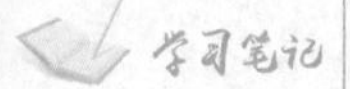

行度形位公差图框。同理创建垂直度形位公差，如图 5 - 1 - 28 所示。

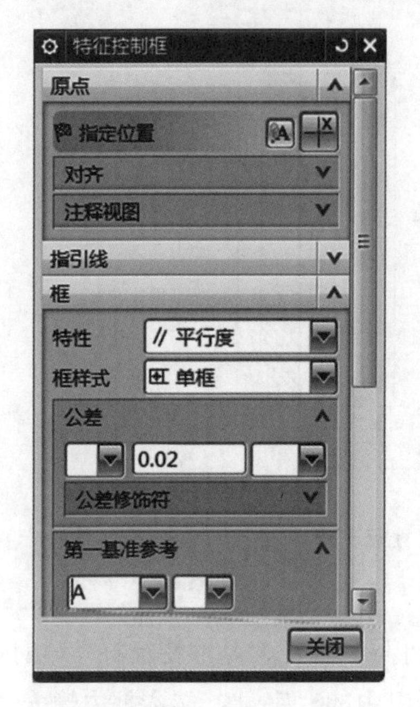

图 5 - 1 - 27 “特征控制框”对话框

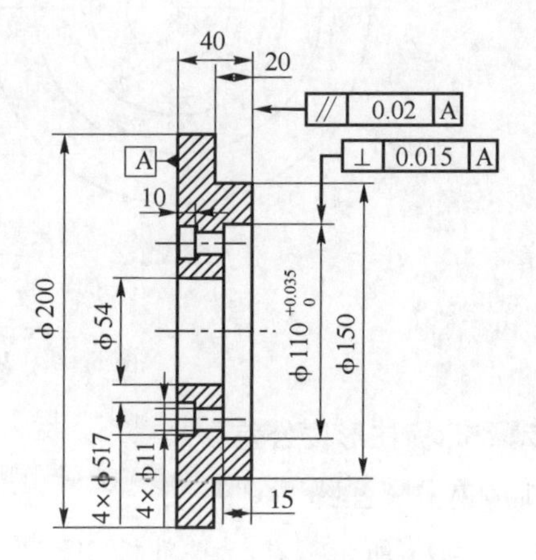

图 5 - 1 - 28 添加形位公差

步骤 6. 标注表面粗糙度符号

单击“注释”→“表面粗糙度符号”按钮，打开“表面粗糙度符号”对话框，如图 5 - 1 - 29 所示，选择“除料”中“修饰符，需要除材料”选项，在“波纹（c）”文本框中输入表面粗糙度数值“Ra0. 8”，选择放置边，拖拉鼠标左键选择合适的放置位置后单击左键，创建表面粗糙度为 *Ra*0. 8 μm。同理创建表面粗糙度为“Ra3. 2”的符号，选择放置位置，表面粗糙度符号标注结果如图 5 - 1 - 30 所示。

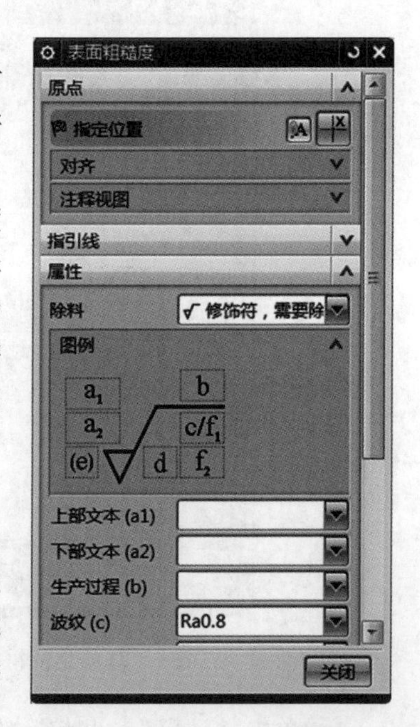

图 5 - 1 - 29 “表面粗糙度符号”对话框

步骤 7. 调用图框

单击“文件”→“导入”→“部件”按钮，弹出“导入部件”对话框，单击“确定”按钮，选择源文件中：\5\A4tukuang. prt，单击“OK”按钮，弹出“点”对话框，选用默认值，单击“确定”按钮，将图框导入，如图 5 - 1 - 31 所示。

步骤 8. 添加文本

单击“注释”→“注释”按钮，弹出“注释”对话框，在“格式设置”下面选择“chinesef”，在文本框中输入“下模座”，如图 5 - 1 - 32 所示。单击“注释”中设置“样式”按钮，弹出“样式”对话框，如图 5－1－33 所示。将“字符大小”改为“7”，单击“确定”按钮，移动鼠标将文本移到合适位置，单击左键。同理修改文本内容、字符大小，并添加其他文本，完成后按“Esc”键退出。完成任务中图 5－1－1 所示工程图。

学习笔记

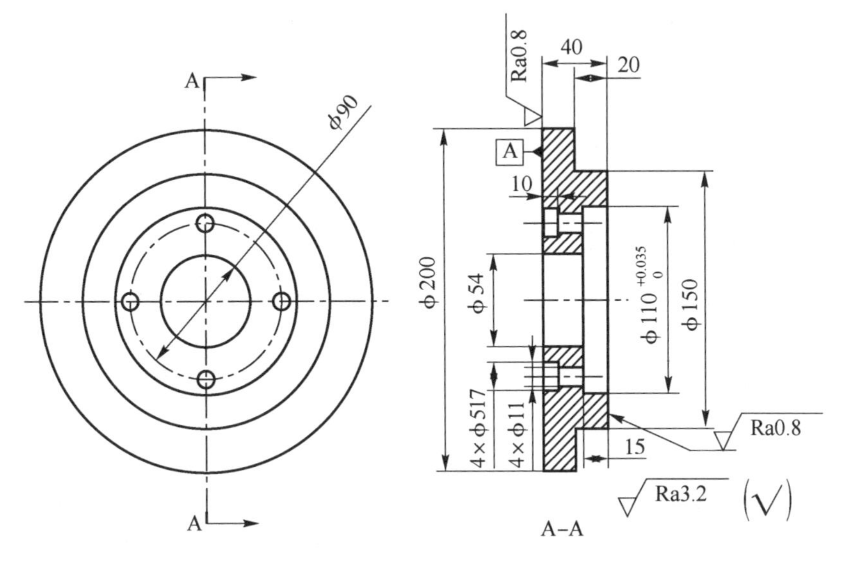

图 5－1－30　表面粗糙度符号标注

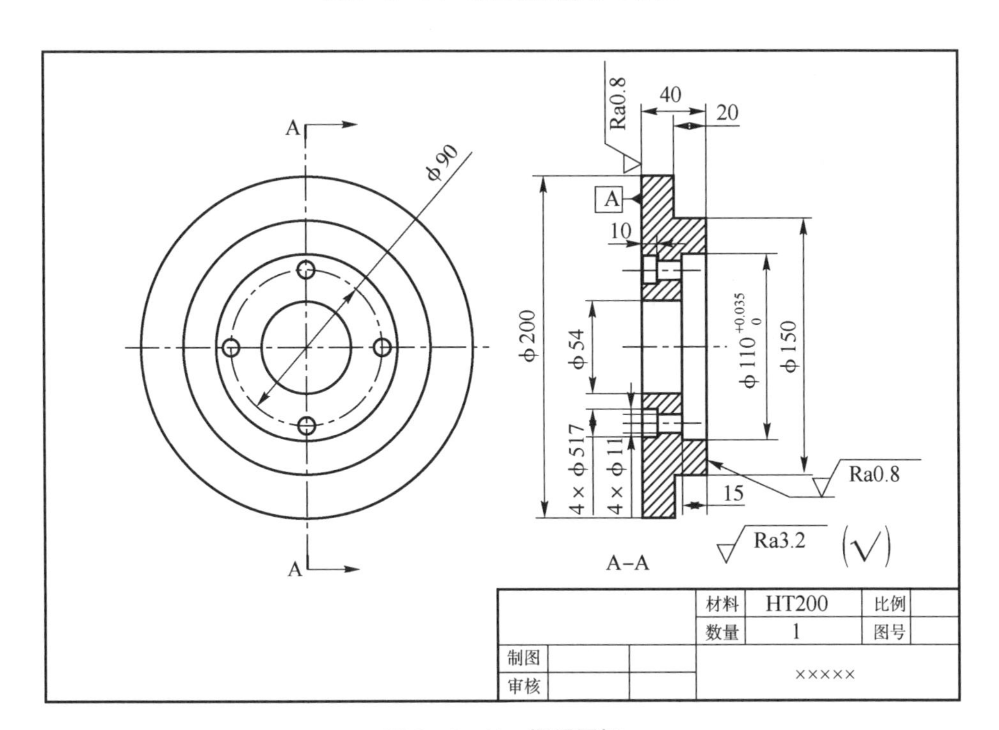

图 5－1－31　调用图框

至此完成工程图的创建，单击“保存”按钮保存文件。

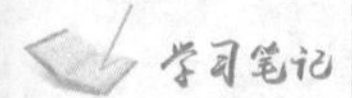

图 5－1－32 “注释”对话框

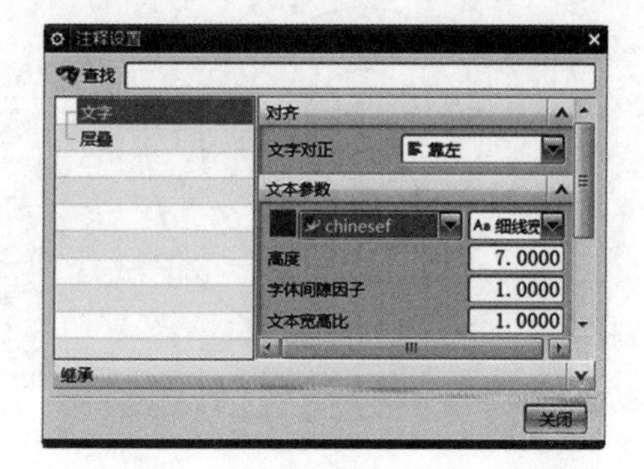

图 5－1－33 “样式”对话框

相关知识

一、工程图的管理

1. 建立工程图

在功能区的“主页”选项卡中单击“新建图纸页”按钮，系统弹出如图 5－1－34 所示的“工作表”对话框，该对话框提供了 3 种方式来创建新图纸页，分别为“使用模板”“标准尺寸”和“定制尺寸”。

（1）使用模板。在“工作表”对话框的“大小”选项组中选择“使用模板”单选按钮，可以从对话框出现的列表框中选择系统提供的一种制图模板，如“A0－无视图”“A1－无视图”“A2－无视图”“A3－无视图”“A4－无视图”“A0－装配 无视图”等。单击该对话框中的“确定”按钮即可创建标准图纸。

（2）标准尺寸。在“工作表”对话框的“大小”选项组中选择“标准尺寸”单选按钮，如图 5－1－35 所示，可以从“大小”下拉列表中选择一种标准尺寸样式，如“A0－841×1189” “A1 －594×841” “A2 －420×594” “A3 －297×420”“A4－210×297”；可以从“比例”下拉列表中选择一种绘图比例，或者选择“定制比例”来设置所需的比例；在“图纸页名称”文本框中输入新建图纸的名称，或者接受系统自动为新建图纸指定的默认名称；在“设置”选项组中，可以设置单位为毫米或英寸，以及设置投影方式。其中“第一角投影”是根据我国《技术制图》国家标准规定而采用的第一角投影画法；“第三角投影”则是国际标准。

(3) 定制尺寸。“定制尺寸”方式是用户自定义的一种图纸创建方式，在“工作表”对话框的“大小”选项组中选择“定制尺寸”单选按钮，由用户设置图纸高度、长度、比例、图纸页名称、单位和投影方式等，定义好图纸页后单击“确定”按钮。

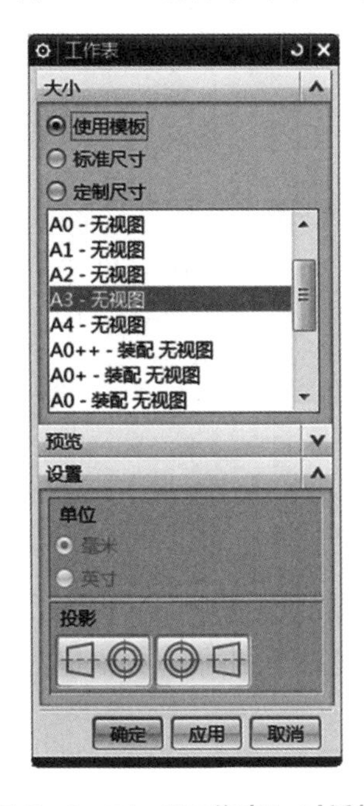

图 5-1-34 “工作表”对话框（使用模板）

图 5-1-35 “工作表”对话框（标准尺寸）

2. 打开工程图

对于同一个实体模型采用不同的图样图幅尺寸和比例建立了多张二维工程图，当要编辑其中一张或多张工程图时，必须先将工程图打开。在部件导航器的“图纸”节点下列出了所创建的多个图纸页，其中标识有“工作的-活动”字样的图纸页是当前活动的工作图纸页，此时如果要打开其他图纸页作为新的工程图纸页，则在部件导航器中选择它并单击鼠标右键，弹出一个快捷菜单，如图 5-1-36 所示，然后从该快捷菜单中选择“打开”命令，该图纸页打开后变为工作活动图纸页。

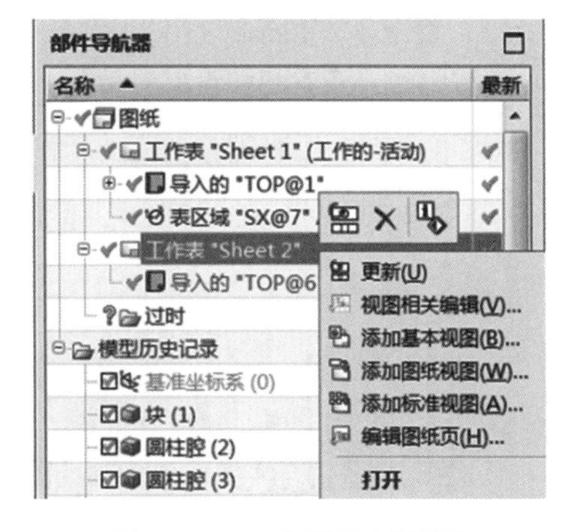

图 5-1-36 打开指定图纸页

3. 删除工程图

若要删除某张工程图纸，则可以在部件导航器中选择要删除的图纸，单击鼠标右键，然后在弹出的快捷菜单中选择“删除”命令，即可删除该工程图。

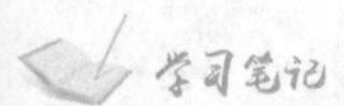

4. 编辑工程图

在添加视图的过程中，如果发现原来设置的工程图参数不合要求（如图幅大小或比例不适当等），可以对工程图的有关参数进行相应修改。在部件导航器中选择要进行编辑的图纸，单击鼠标右键，在弹出的快捷菜单中选择“编辑图纸页”命令，修改工程图的名称、尺寸、比例和单位等参数。

5. 导航器操作

在 UG NX 12.0 中还提供了部件导航器，它位于绘图工作区左侧，对应于每一幅工程图，有相应的父子关系和细节窗口可以显示。在部件导航器上同样有很强大的鼠标右键功能，对应于不同的层次，单击鼠标右键后弹出的快捷菜单是不一样的。

在根节点上单击鼠标右键，弹出快捷菜单，如图 5－1－37 所示。

（1）节点：将整个图纸背景显示栅格。

（2）单色：选中该选项，图纸以黑白显示。

（3）插入图纸页：添加一张新的图纸。

（4）折叠：展开或收缩结构树。

（5）过滤：用于确定在结构树上是否显示和显示哪个节点。

在每张具体的图纸上单击鼠标右键，弹出的快捷菜单如图 5－1－38 所示。

（1）视图相关编辑：对视图的关联性进行编辑。

（2）添加基本视图：向图纸中添加一个基本视图。

（3）添加图纸视图：向图纸中添加一个图纸视图。

（4）编辑图纸页：编辑单张视图。

（5）复制：复制这张图。

（6）删除：删除这张图。

（7）重命名：重新命名图。

（8）属性：查看和编辑图的属性。

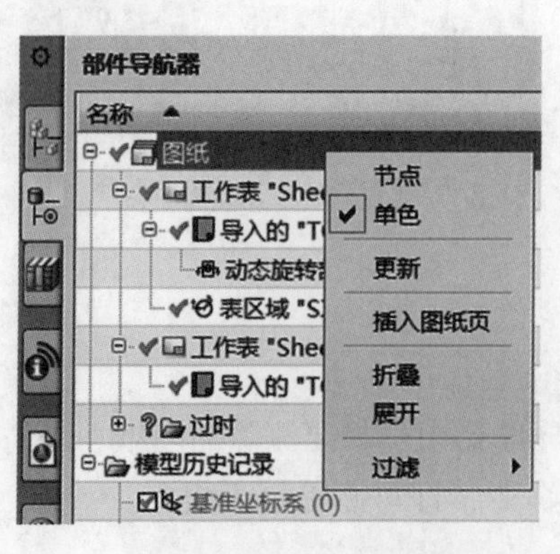

图 5－1－37　根节点上的快捷菜单

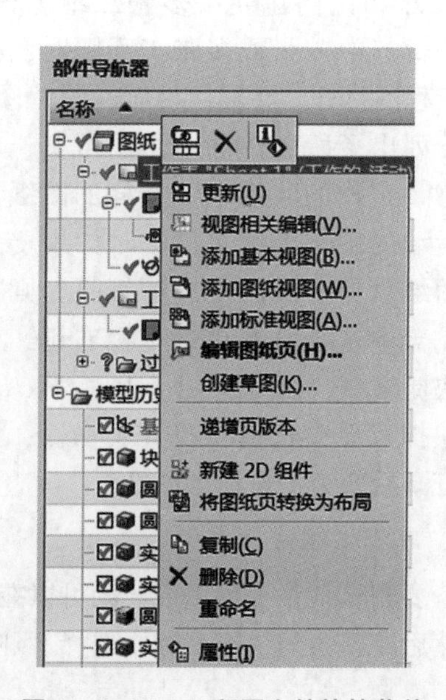

图 5－1－38　工程图上的快捷菜单

二、添加视图

当图纸确定后，就可以在其中进行视图的投影和布局了。在工程制图中，视图一般用二维图形表示零件的形状信息，而且它也是尺寸标注和符号标注的载体，由不同方向投影得到的多个视图就可以清晰完整地表示零件的信息。在 UG NX 系统中，在向工程图中添加了各类视图后，还可以对视图进行移动、复制、对齐和定义视图边界等编辑视图的操作。

1. 添加基本视图和投影视图

单击“菜单”→“插入”→“视图”→“基本（B）”按钮，弹出“基本视图”对话框，如图 5－1－39 所示。指定添加的基本视图的类型，并对添加视图类型相对应的参数进行设置，在屏幕上指定视图的放置位置即可生成基本视图。添加基本视图后移动光标，系统会自动转换到添加投影视图状态，“基本视图”对话框转换成如图 5－1－40 所示的“投影视图”对话框，随“铰链线”拖动视图，将“投影视图”定位到合适位置，松开鼠标左键。

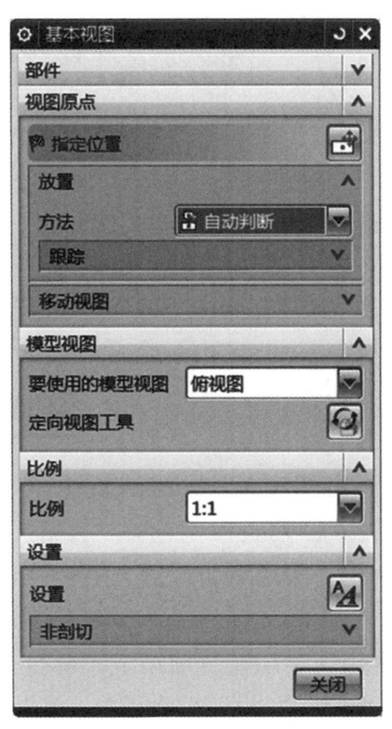

图 5－1－39 “基本视图”对话框

图 5－1－40 “投影视图”对话框

2. 全剖视图

在全剖视图中只包含一个剖切段和两个箭头段，它是用一个直的剖切平面通过整个零件实体而得到的剖视图。

单击“菜单”→“插入”→“视图”→“剖视图”命令，或在“主页”选项卡中单击“剖视图”按钮，弹出如图 5－1－41

5－3 全剖视图

学习笔记

所示的“剖视图”对话框。在“截面线”方法下拉列表框中选择“简单剖/阶梯剖”选项，将铰链放在剖视图要剖切的位置，在该视图中选择对象定义折页线的矢量方向，在图形界面中将剖视图拖动到适当的位置单击，就可以建立简单剖视图，效果如图5-1-42所示。

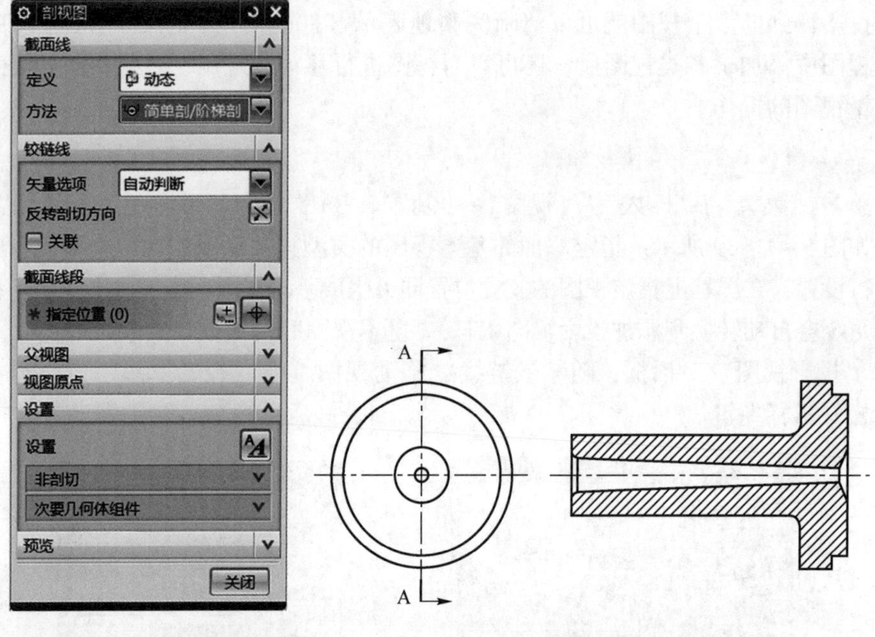

图5-1-41 “剖视图”对话框　　图5-1-42 创建全剖视图

3. 半剖视图

5-4 半剖视图

半剖操作在工程上常用于创建对称零件的剖视图，它由一个剖切段、一个箭头段和一个弯折段组成。

单击“菜单”→“插入”→“视图”→“剖视图”按钮，或在“主页”选项卡中单击“剖视图”按钮，弹出如图5-1-43所示的“剖视图”对话框。在“截面线”方法下拉列表框中选择“半剖”选项，添加半剖视图的步骤包括选择父视图，指定铰链线，指定弯折位置、剖切位置和箭头位置，以及设置剖视图放置位置这几个步骤。

在绘图工作区中选择主视图为父视图，再用矢量功能选项指定铰链线，利用视图中的圆心定义弯折位置、剖切位置，最后拖动剖视图边框到理想位置单击鼠标左键，指定剖视图的中心，按“Esc”键退出，如图5-1-44所示。

4. 旋转剖视图

5-5 旋转剖

单击“菜单”→“插入”→“视图”→“剖视图”按钮，或在“主页”选项卡中单击“剖视图”按钮，弹出如图5-1-45所示的“剖视图”对话框。在“截面线”方法下拉列表框中选择“旋转”选项，旋转剖包括了选择父视图、指定铰链线、定义旋转点、指定两个剖切段位置和设置剖视图放置位置这几个步骤。

学习笔记

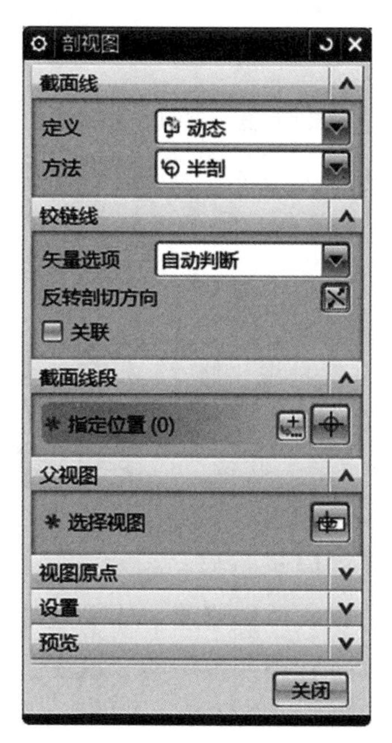

图 5 -1 -43 “剖视图”对话框

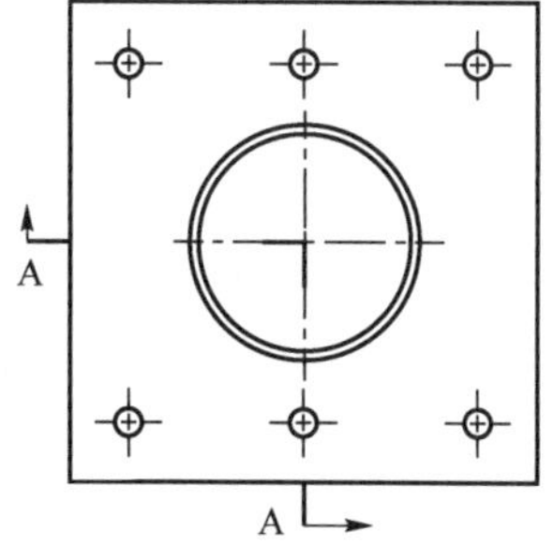

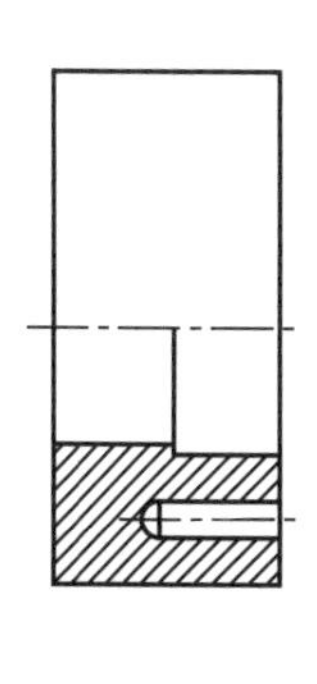

图 5 -1 -44 创建半剖视图

在绘图工作区中选择主视图为要剖切的父视图，接着在父视图中选择旋转点，再在旋转点的一侧指定剖切位置，在旋转点的另一侧设置剖切位置。完成剖切位置的指定工作后，将鼠标移到绘图工作区，拖动剖视图边框到理想位置后单击鼠标左键，指定剖视图的放置位置，按“Esc”键退出操作，如图 5 -1 -46 所示。

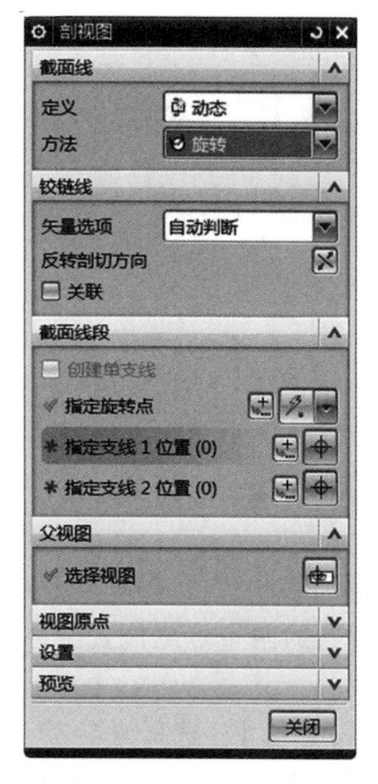

图 5 -1 -45 “剖视图”对话框

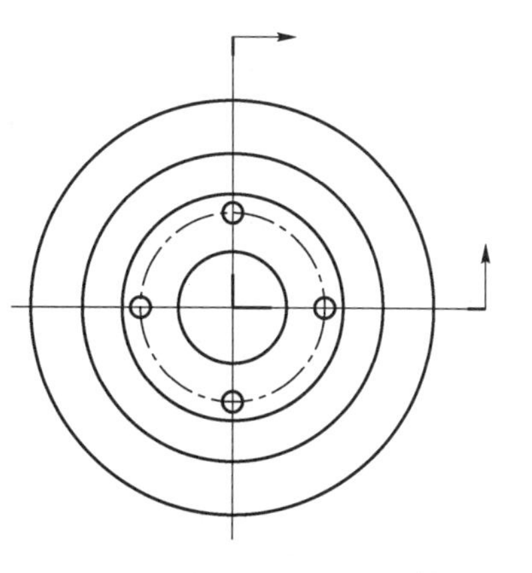

图 5 -1 -46 旋转剖视图

三、标注工程图

工程图的标注是反映零件尺寸和公差信息的最重要的方式，在尺寸标注之前，应对标注时的相关参数进行设置，如尺寸标注时的样式、尺寸公差以及标注的注释等。利用标注功能，用户可以向工程图中添加尺寸、形位公差、制图符号和文本注释等内容。

1. 尺寸标注

5－6　尺寸标注

在工程图中标注的尺寸值不能作为驱动尺寸，也就是说，修改工程图上标注的原始尺寸，模型对象本身的尺寸大小不会发生改变。由于 UG 工程图模块和三维实体造型模块是完全关联的，在工程图中进行标注尺寸就是直接引用三维模型真实的尺寸，具有实际的含义，因此无法像二维软件中的尺寸那样可以进行修改，如果要修改零件中的某个尺寸参数，则需要在三维实体中修改。如果三维模型被修改，工程图中的相应尺寸会自动更新，从而保证了工程图与模型的一致性。

选择"菜单"→"插入"→"尺寸"命令，系统弹出"尺寸"菜单，如图 5－1－47 所示。在该菜单中选择相应选项可以在视图中标注对象的尺寸。"尺寸"组如图 5－1－48 所示，在该组中选择相应选项也可以标注尺寸。

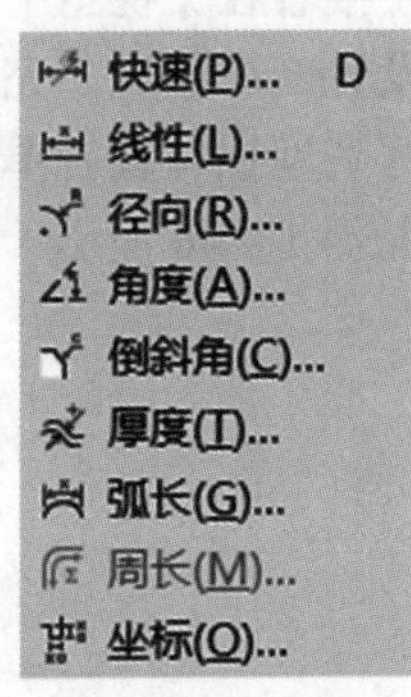

图 5－1－47　"尺寸"菜单

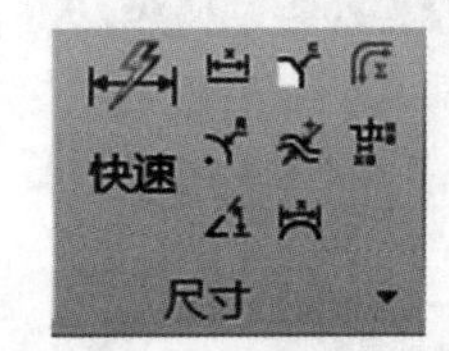

图 5－1－48　"尺寸"组

下面介绍一下常用的一些尺寸标注方法：

(1) 快速尺寸：该工具由系统自动推断出选用哪种尺寸标注，默认包括所有的尺寸标注形式。以下为"快速尺寸"对话框中的各种测量方法：

①自动推断的：系统根据所选对象的类型和鼠标位置自动判断出选用哪种尺寸标注类型进行尺寸标注。

②水平：用于指定约束两点间距离与 *XC* 轴平行的尺寸，选择好参考点后，移动鼠标到合适位置，单击"确定"按钮就可以在所选的两个点之间建立水平尺寸标注。

③竖直：用于指定约束两点间距离与 *YC* 轴平行的尺寸，选择好参考点后，移动鼠标到合适位置，单击"确定"按钮就可以在所选的两个点之间建立竖直尺寸标注。

④点到点：用于指定与约束两点间的距离，选择好参考点后，移动鼠标到合适位置，单击“确定”按钮就可以建立尺寸标注平行于所选的两个参考点的连线。

⑤垂直：选择该选项后，首先选择一个线性的参考对象，线性参考对象可以是存在的直线、线性的中心线、对称线或者是圆柱中心线。然后利用捕捉点工具条在视图中选择定义尺寸的参考点，移动鼠标到合适位置，单击“确定”按钮就可以建立尺寸标注。建立的尺寸为参考点和线性参考之间的垂直距离。

（2）线性尺寸：可将6种不同线性尺寸中的一种创建为独立尺寸，或者在尺寸集中选择链或基线，创建为一组链尺寸或基线尺寸。以下为“线性尺寸”对话框中的测量方法（其中水平、竖直、点到点、垂直与上述“快速尺寸”中的一致，这里不再列举）：

①圆柱式：该选项以所选两对象或点之间的距离建立圆柱的尺寸标注。系统自动将系统默认的直径符号添加到所建立的尺寸标注上，在“尺寸型式”对话框中可以自定义直径符号及直径符号与尺寸文本的相对关系。

②孔标注：用于标注视图中孔的尺寸。在视图中选取圆弧特征，系统自动建立尺寸标注，并且自动添加直径符号，所建立的标注只有一条引线和一个箭头。

（3）径向：用于创建4个不同的径向尺寸类型中的一种。

①直径：用于标注视图中的圆弧或圆。在视图中选取圆弧或圆后，系统自动建立尺寸标注，并且自动添加直径符号，所建立的标注有两个方向相反的箭头。

②径向：用于建立径向尺寸标注，所建立的尺寸标注包括一条引线和一个箭头，并且箭斗从标注文本指向所选的圆弧。系统还会在所建立的标注中自动添加半径符号。

③孔标注：用于建立大半径圆弧的尺寸标注。首先选择要建立尺寸标注的圆弧，然后选择偏置中心点和折线弯曲位置，移动鼠标到合适位置，单击鼠标建立带折线的尺寸标注。系统也会在标注中自动添加半径符号。

（4）角度：用于标注两个不平行的线性对象间的角度尺寸。

（5）倒斜角：用于定义倒角尺寸，但是该选项只能用于45°角的倒角。在“尺寸型式”对话框中可以设置倒角标注的文字、导引线等的类型。

（6）厚度：用于标注等间距两对象之间的距离尺寸。选择该项后，在图纸中选取两个同心而半径不同的圆，选取后移动鼠标到合适位置，单击鼠标系统标注出所选两圆的半径差。

（7）弧长：用于建立所选弧长的长度尺寸标注，系统自动在标注中添加弧长符号。

（8）周长：用于创建周长约束，以控制选定直线和圆弧的集体长度。

（9）坐标：用于创建一个坐标尺寸，测量从公共点沿一条坐标基线到某一对象上位置的距离。坐标尺寸由文本和一条延伸线（可以是直的，也可以有一段折线）组成，它描述了从被称为坐标原点的公共点到对象上某个位置沿坐标基线的距离。

使用相关的尺寸工具创建尺寸后，有时还需要根据设计要求为尺寸文本添加前缀

学习笔记

或为尺寸设置公差等。要编辑某一个尺寸，可以对该尺寸使用右键快捷命令。

2. 表面粗糙度标注

表面粗糙度是指零件表面具有的较小间距的峰谷所组成的微观几何形状特性，它是由于切削加工过程中的刀痕、切屑分裂时的塑性变形、刀具与工件表面间的摩擦及工艺系统的高频振动等所形成的，它对零件的使用性能有重要的影响，在设计零件时必须对其表面粗糙度提出合理的要求。

单击“主页”选项卡“注释”组中的“表面粗糙度符号”按钮 ，弹出如图5－1－49所示的“表面粗糙度符号”对话框。在“除料”下拉列表中选择一种除料选项，选择好除料选项后，在“属性”选项组中设置相关的参数。展开“设置”选项组，根据设计要求来定制表面粗糙度样式和角度等，如图5－1－50所示。对于某方向上的表面粗糙度，可设置反转文本以满足相应的标注规范。另外，还可以根据设计需要来设置要创建的表面粗糙度符号是否带有圆括号，以及如何带圆括号。如果需要指引线，那么需要使用对话框的“指引线”选项组，指定原点放置表面粗糙度符号，单击“关闭”按钮。

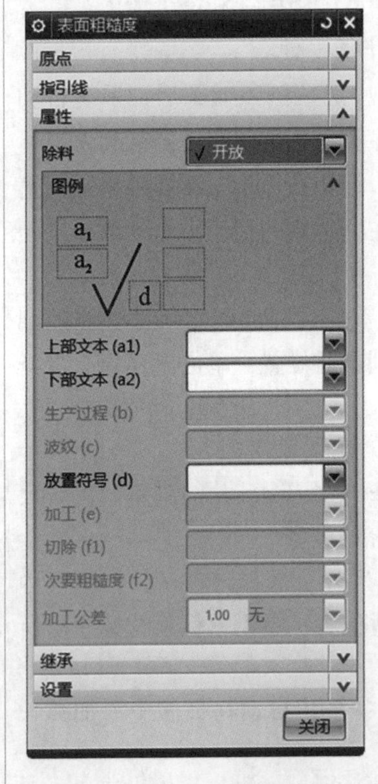

图5－1－49 “表面粗糙度符号”对话框

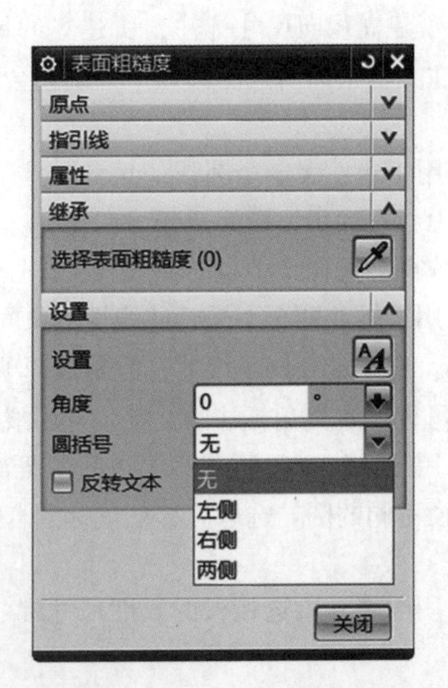

图5－1－50 表面粗糙度设置样式和角度

5－7 表面粗糙度

3. 文本注释

单击“主页”选项卡“注释”组中的“注释”按钮 A，弹出如图5－1－51所示的“注释”对话框。要设置中文字体，则必须在“格式设置”中选择字体形式为

"chinesef_fs"，如图 4－49 所示，在 <F5> 与 <F> 之间输入"技术要求"等中文，鼠标在图纸中对应位置放置文本。

5－8　注释

学习笔记

4. 形位公差

为了提高产品质量，使其性能优良并有较长的使用寿命，除了给零件恰当的尺寸公差和表面粗糙度外，还应规定适当的几何精度，以限制零件要素的形状和位置公差，并将这些要求标注在图纸上。

5－9　位置公差

(1)"特征控制框"标注。在"制图"应用模块下，单击"主页"选项卡"注释"组中的"特征控制框"按钮，弹开如图 5－1－52 所示"特征控制框"对话框，在"框"选项区的各选项组中设置选项，单击"样式"中按钮，在弹出的"特征控制框设置"对话框的"文字"中，"文本参数"选择如图 5－1－53 所示的"kanji"，使数字小数点为实心点，单击"确定"按钮，标注形位公差如图 5－1－54 所示。

图 5－1－51　"注释"对话框

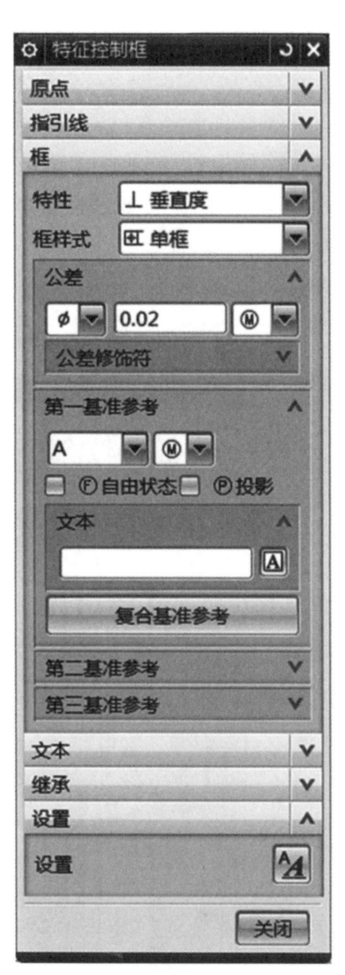

图 5－1－52　"特征控制框"对话框

学习笔记

图 5-1-53 “特征控制框设置”对话框

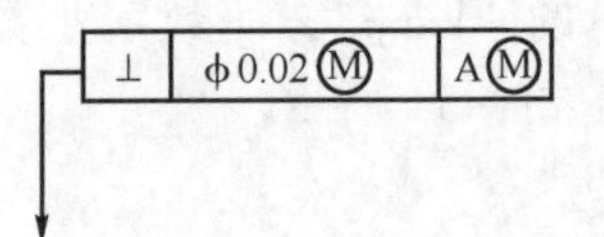

图 5-1-54 形位公差标注样式

（2）基准符号标注。选择“菜单”→“插入”→“注释”→“基准特征符号”命令，弹出如图 5-1-55 所示“基准特征符号”对话框，在对话框“指引线”的“类型”选项中选择“基准”，在“基准标识符”的“字母”选项中输入基准符号，选择曲线，拖动鼠标使基准符号放置合理的位置，如图 5-1-56 所示，单击“关闭”按钮。

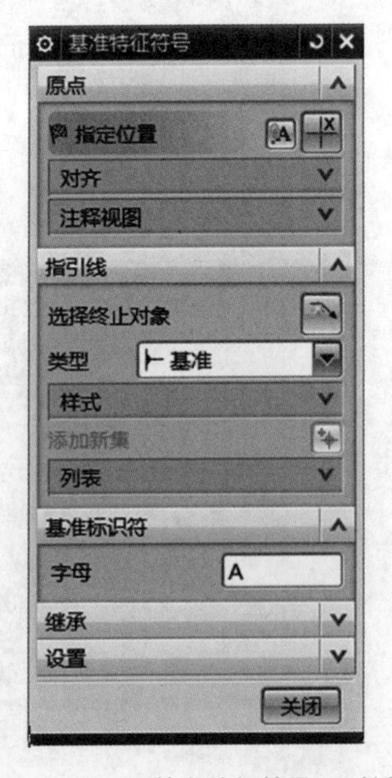

图 5-1-55 “基准特征符号”对话框

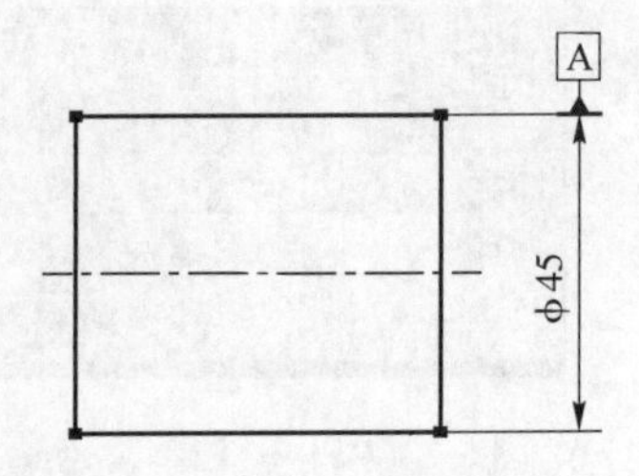

图 5-1-56 创建基准符号

学有所思

1. 请你准确地说出零件图的尺寸公差、形位公差和表面粗糙度的含义，所使用的命令名称，以及它们的主要功能。

2. 在任务实施过程中，你知道哪些机械制图标准？你是如何理解工匠精神的？

拓展训练

（1）对如图 5－1－57 所示轴进行三维建模并出工程图。

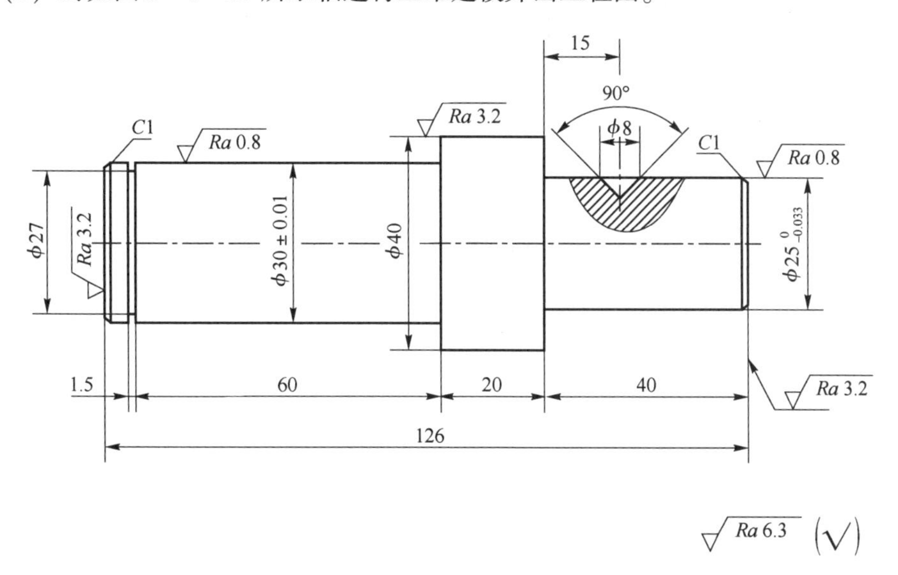

图 5－1－57 轴

（2）对如图 5－1－58 所示基座零件进行三维建模并出工程图。

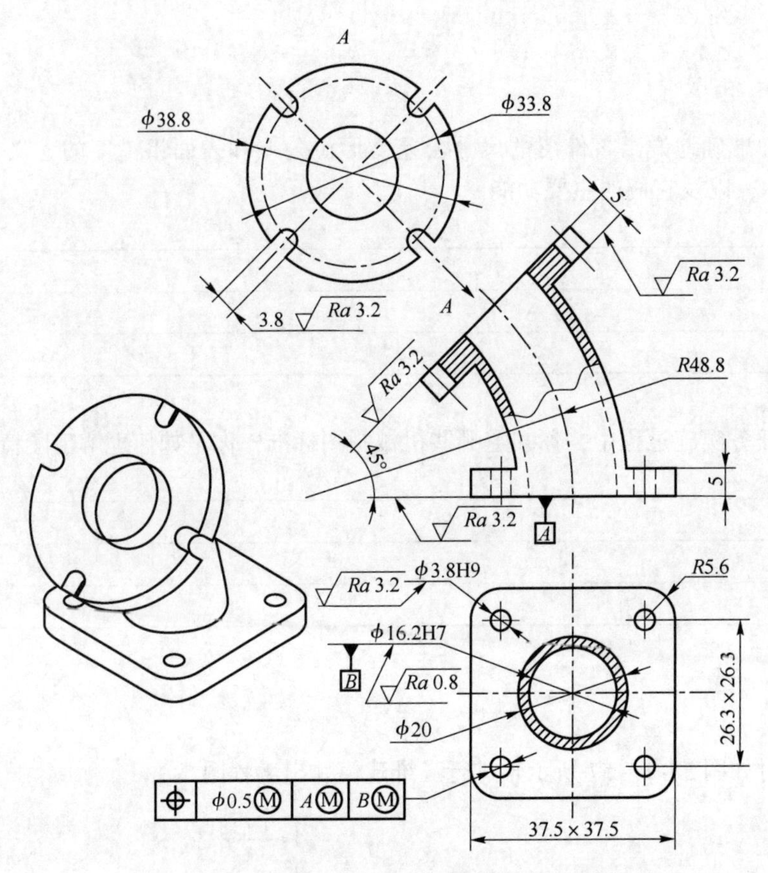

图 5-1-58　基座零件

AR资源

任务二　轮子组件工程图的创建

【技能目标】

1. 会创建轮子组件装配工程图各种视图。
2. 能在轮子组件装配工程图中标注技术参数和技术要求。

【知识目标】

1. 掌握装配工程图的技术规范。
2. 掌握创建装配工程图的各命令。

【态度目标】

1. 具有团结协作精神、集体观念。
2. 树立质量意识，养成良好职业素养。

工作任务

任何机器或部件都是由零件装配而成的。读装配图是工程技术人员必备的一种能力，在设计、装配、安装、调试以及进行技术交流时都要读装配图。本工作任务是通过对轮子组件如图 5－2－1 所示工程图的创建，掌握装配工程图的设计。

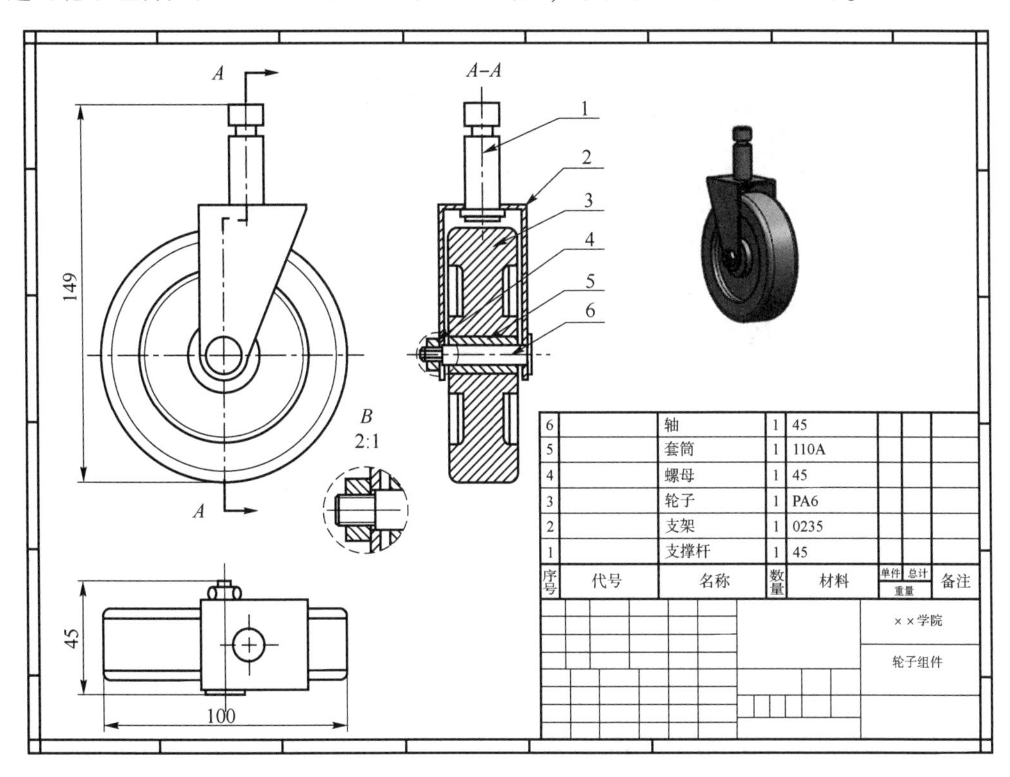

图 5－2－1　装配工程图

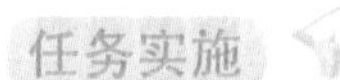

任务实施

5－10　轮子组件工程图创建

步骤 1. 打开装配文件

打开源文件 x：产品三维造型设计\5\lunzi\zhuangpei. prt，如图 5－2－2 所示。

步骤 2. 进入制图模块

单击“应用模块”→“制图”按钮，进入制图模块。单击“新建图纸页”按钮，弹出“工作表”对话框，按图 5－2－3 所示进行设置，单击“确定”按钮。

步骤 3. 添加基本视图

单击“菜单”→“插入”→“视图”→“基本（B）”按钮，弹出“基本视图”对话框，如图 5－2－4 所示，选择视图默认方位俯视图，在图纸左上角合适的位置单击鼠标左键，放置基本视图，系统自动弹出“投影视图”对话框，向下移动鼠标到合适位置，单击鼠标左键，创建俯视图，如图 5－2－5 所示，然后按“Esc”键退出命令。

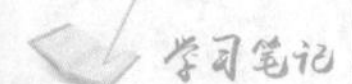

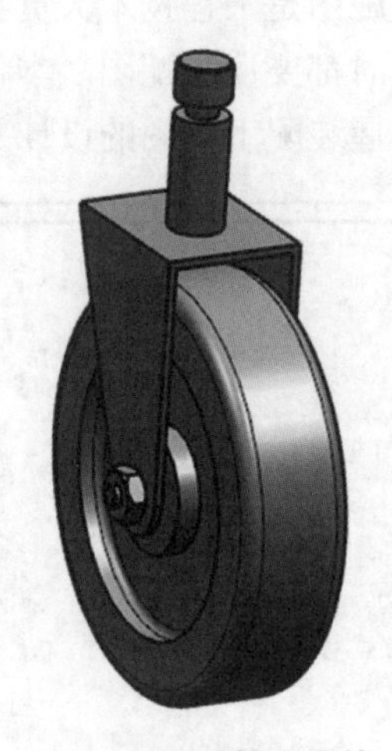

图 5-2-2 轮子组件

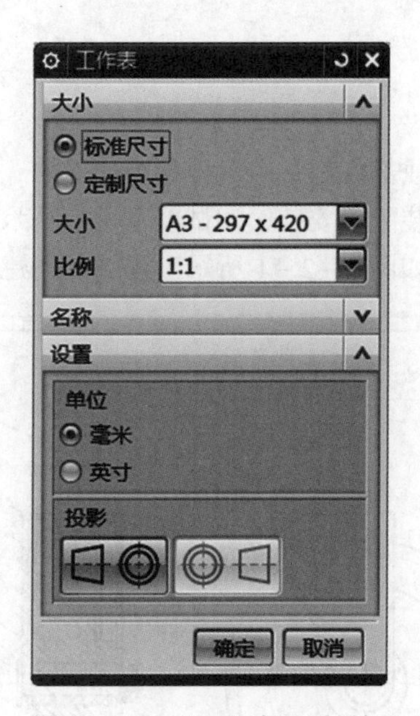

图 5-2-3 “工作表”对话框

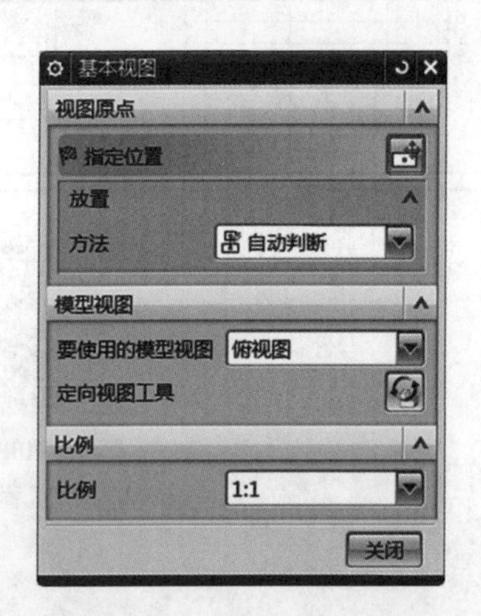

图 5-2-4 “基本视图”对话框

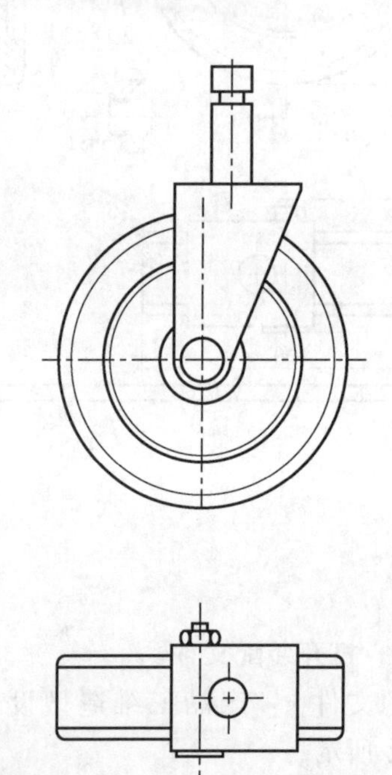

图 5-2-5 创建主、俯视图

步骤 4. 添加阶梯剖视图

(1) 选择主视图并右击，在弹出的快捷菜单中选择“添加剖视图”选项，系统弹出“剖视图”对话框，指定轮子圆心为第一个剖切点，单击“剖切线段”中的“指定位置”按钮，指定支承顶端中心为第二个剖切点，单击“方向”中的“指定位置”按钮，向右移动鼠标到合适位置，单击左键，如图 5-2-6 所示，按“Esc”键退出。

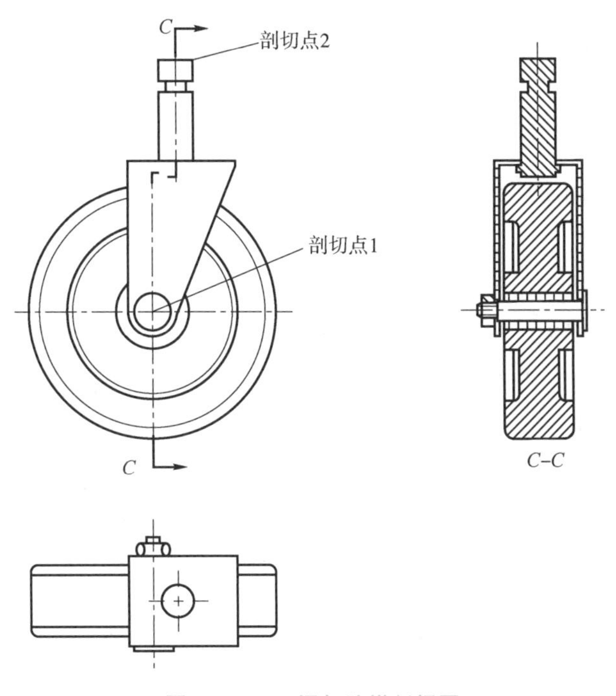

图 5-2-6 添加阶梯剖视图

（2）隐藏光顺边。分别选中三个视图右击，在弹出的快捷方式中选择“设置”按钮，弹出“设置”对话框，单击“光顺边”选项，在“光顺边”复选框中取消勾选，如图 5-2-7 所示，单击“确定”按钮。三个视图隐藏光顺边后效果如图 5-2-8 所示。

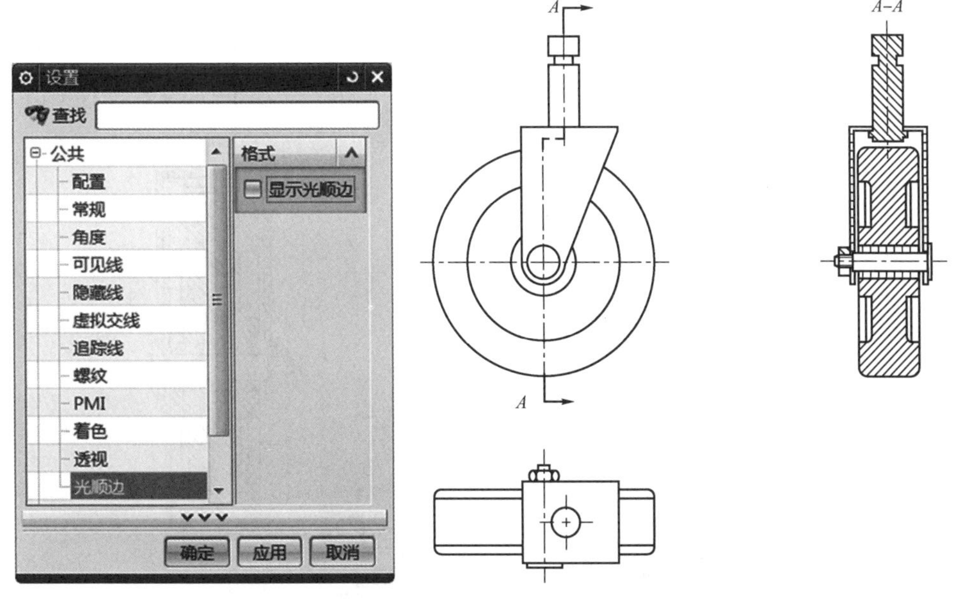

图 5-2-7 “设置”对话框　　图 5-2-8 隐藏光顺边后效果

学习笔记

（3）设置非剖切组件。选择右侧剖视图单击鼠标右键，单击“剖视图”按钮，弹出“剖视图”对话框，在“非剖切”中单击“选择对象（2）”按钮，如图5-2-9所示，在剖视图中选择支承和轴两个组件，单击“确定”按钮。再次选择右侧剖视图右击，单击“更新”按钮，更新后效果如图5-2-10所示。

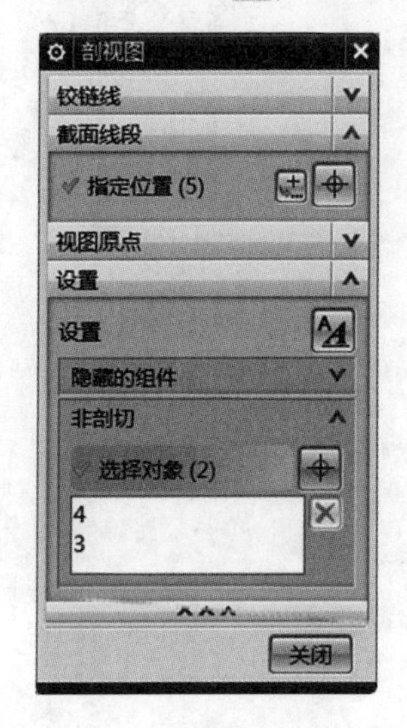

图5-2-9 “剖视图”对话框

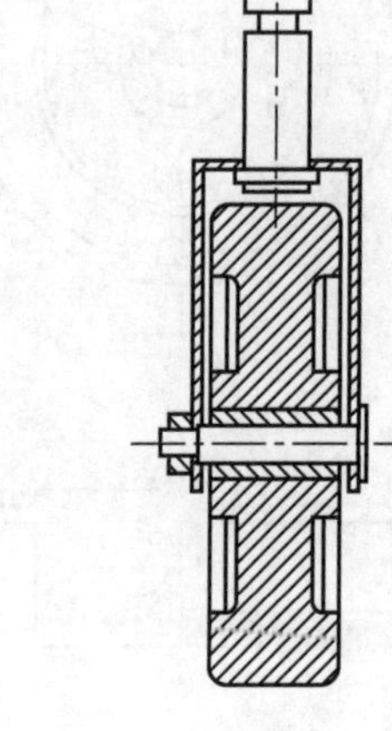

图5-2-10 设置非剖切组件效果

（4）添加局部放大视图，单击“局部放大图”按钮，或者选择“菜单”→“插入”→“视图”→“局部放大图”命令，系统弹出“局部放大图”对话框，如图5-2-11所示。选择局部放大图边界曲线“类型”为“圆形”，在父视图上单击放大中心位置，在“局部放大图”对话框的“比例”中选择“2:1”，绘制边界曲线，将光标移动到所需的位置，单击左键放置视图，如图5-2-12所示。

图5-2-11 “局部放大图”对话框

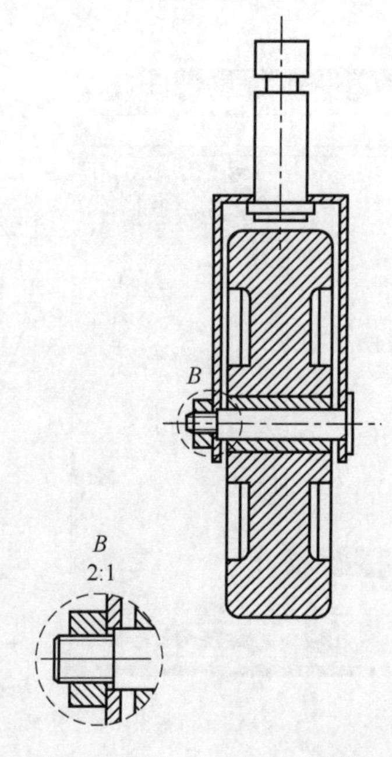

图5-2-12 局部放大图效果

学习笔记

步骤 5. 添加轴测图

单击“菜单”→“插入”→“视图”→“基本（B）”按钮，弹出“基本视图”对话框，在“比例”下拉列表中选择“1：2”选项，再单击其中“定向视图工具”按钮，弹出“定向视图工具”对话框和“定向视图”窗口，如图 5-2-13 所示。将光标移动到“定向视图”窗口内，将视图旋转到合适方位，在“定向视图”中单击滚轮，按下鼠标左键拖曳，把三维图放到合适位置，松开左键，如图 5-2-14 所示。

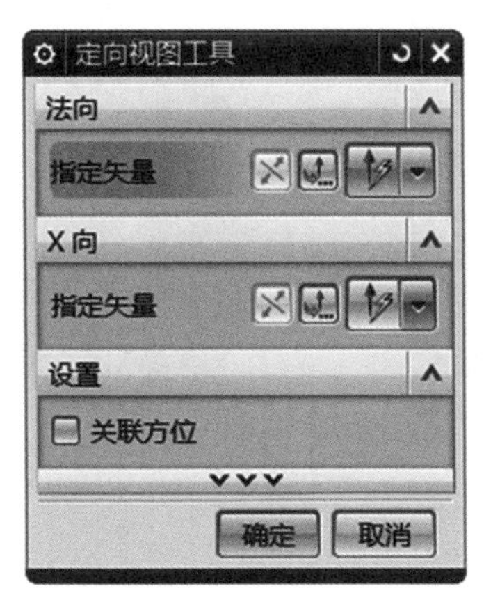

图 5-2-13 “定向视图工具”和“定向视图”窗口

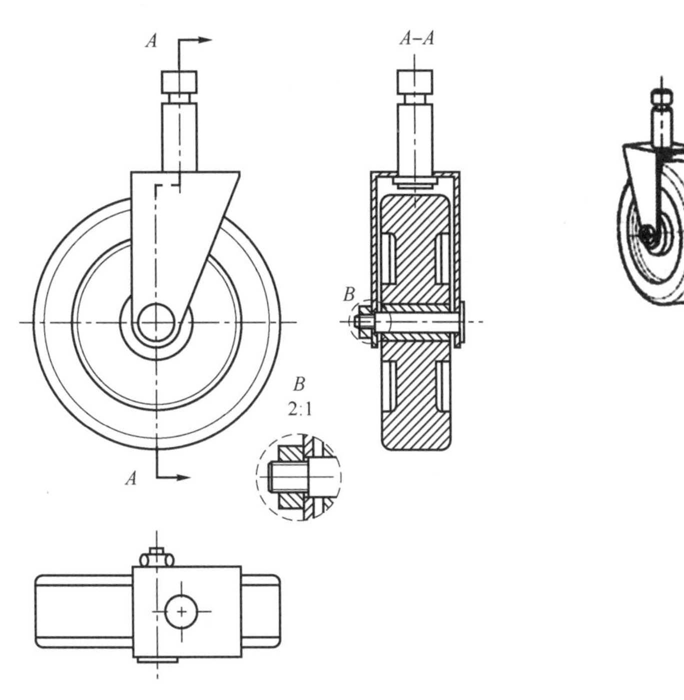

图 5-2-14 添加轴测图

步骤 6. 轮子轴测图着色

选择轮子轴测图右击，在弹出的快捷方式中单击“设置”按钮，弹出“设置”对

学习笔记

话框，单击“着色”选项，在“渲染样式”中选择“完全着色”选项，如图5-2-15所示。单击“确定”按钮，着色效果如图5-2-16所示。

图5-2-15 “视图样式”对话框

图5-2-16 轴测图着色

步骤7. 标注序号

单击“菜单”→“插入”→“注释”→“符号标注”按钮，弹出“符号标注”对话框，在“类型”下拉列表中选择“下划线”选项，在“文本”中输入零件序号，如图5-2-17所示。在指定原点按住鼠标拖动到合适位置，单击左键建立一个零件的序号。同理建立其他零件序号，如图5-2-18所示，全部建完后单击“关闭”按钮。

图5-2-17 “标识符号”对话框

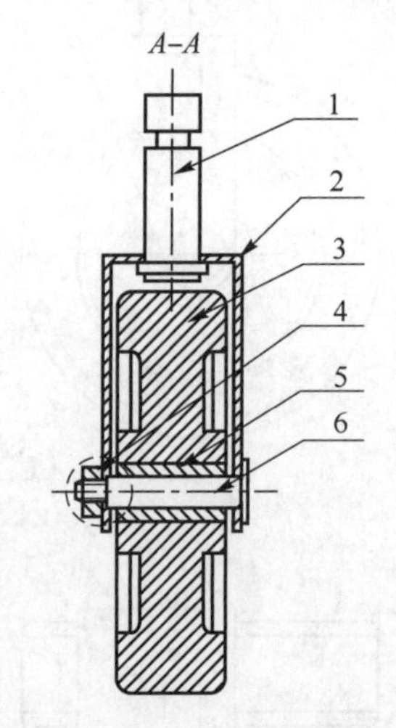

图5-2-18 标注零件序号

步骤8. 调用图框

单击“文件”→“导入”→“部件”按钮，弹出“导入部件”对话框，单击“确定”按钮，选择源文件中：5\lunzi\A3. prt，单击“OK”按钮，弹出“点”对话框，选用默认值，单击“确定”按钮。将A3标准图框导入，如图5-2-19所示。

学习笔记

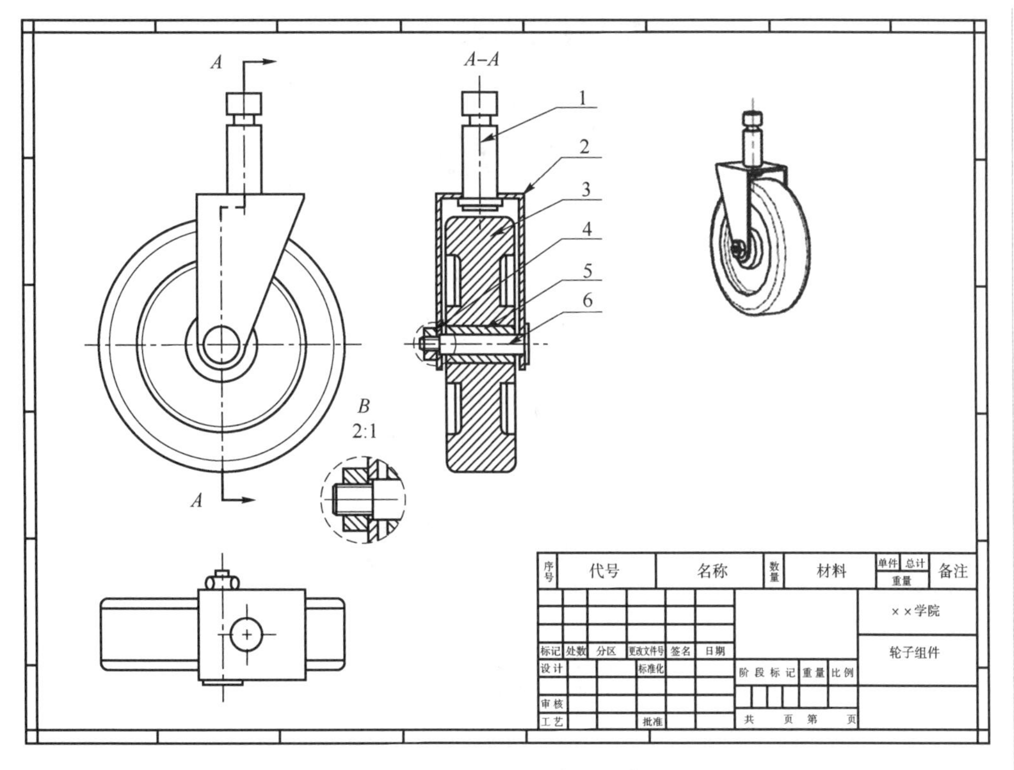

图 5－2－19 调用标准图框

步骤 9. 添加尺寸标注

单击“快速”按钮，弹出“快速尺寸”对话框，在“方法”下拉列表中选择“水平”选项，然后选取副视图中轮子两个边，放置尺寸 100 mm 到俯视图合适位置。再在“快速尺寸”对话框“方法”下拉列表中选择“竖直”选项，标注图中 45 mm 和 149 mm 的竖直尺寸，如图 5－2－20 所示。

步骤 10. 填写标题栏

在功能区“主页”选项卡的“注释”组中单击“注释”按钮，弹出“注释”对话框，如图 5－2－21 所示，在该对话框“格式设置”下拉列表中选择“chinesef”选项，在文本框中输入“轮子组件”等内容，将文本放在标题栏中，如图 5－2－22 所示。

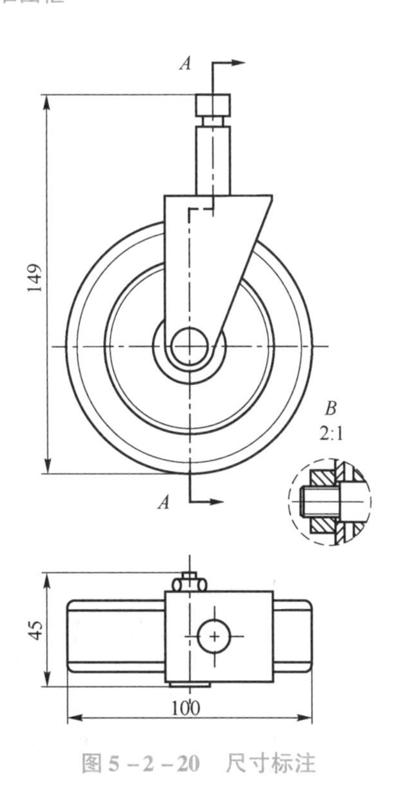

图 5－2－20 尺寸标注

图 5-2-21 “注释”对话框

序号	代号		名称		数量	材料	单件	总计	备注
							重量		

									××学院
标记	处数	分区	更改文件号	签名	日期				轮子组件
设计			标准化			阶段标记	重量	比例	
审核									
工艺			批准			共　页	第　页		

图 5-2-22 填写标题栏内容

步骤 11. 创建装配明细表

选择标题行单击鼠标右键，在下拉列表中选择“行”，如图 5-2-23 所示。然后再次选择标题行并单击鼠标右键，在“插入”子菜单中选择“行下方（B）”选项，如图 5-2-24 所示，增加一行明细表，如图 5-2-25 所示。同理，增加 6 行明细表。

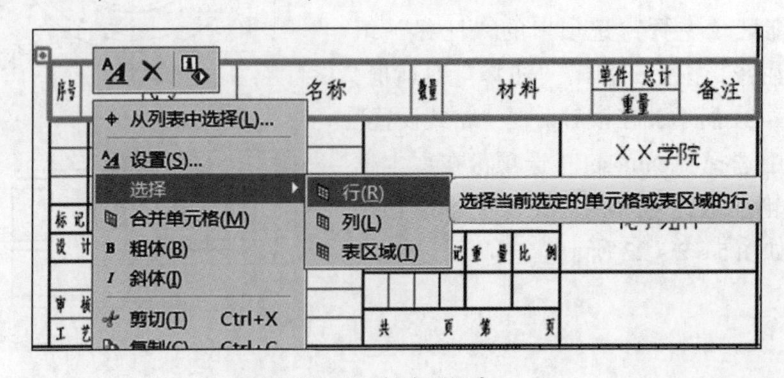

图 5-2-23 创建明细表（一）

学习笔记

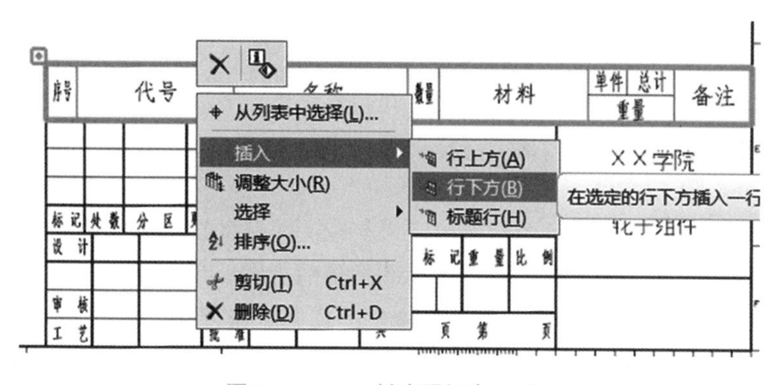

图 5-2-24 创建明细表（二）

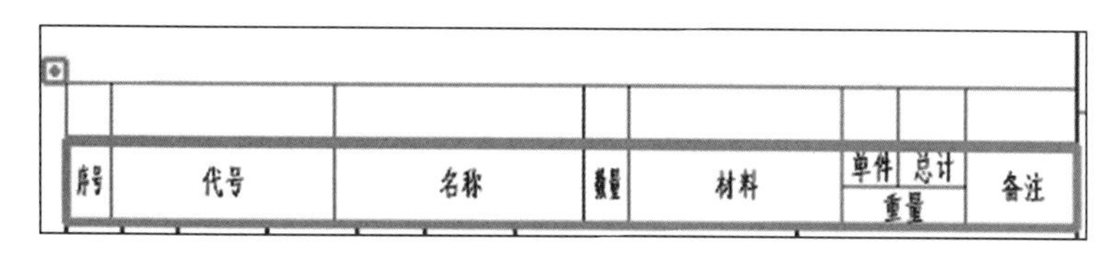

图 5-2-25 创建一行明细表

步骤 12. 填写明细表内容

双击明细表单元格，输入明细表中内容，如图 5-2-26 所示，完成轮子组件装配工程图的创建。

6		轴	1	45			
5		套筒	1	T10A			
4		螺母	1	45			
3		轮子	1	PA6			
2		支架	1	0235			
1		支撑杆	1	45			
序号	代号	名称	数量	材料	单件	总计	备注
					重量		

图 5-2-26 添加文本内容

单击“保存”按钮，将文件保存。

一、添加视图

1. 局部剖视图

局部剖视图是指通过移除父视图中的一部分区域来创建的剖视 5-11 局部剖

学习笔记

图。选择“菜单”→“插入”→“视图”→“局部剖”命令，或在“主页”选项卡中单击“局部剖”按钮，弹出如图 5－2－27 所示的“局部剖”对话框，应用对话框中的选项就可以完成局部剖视图的创建、编辑和删除操作。

创建局部剖视图的步骤包括了选择视图、指出基点、指出拉伸矢量、选择曲线和编辑曲线 5 个步骤。

在创建局部剖视图之前，用户先要定义与视图关联的局部剖视边界。定义局部剖视边界的方法：在工程图中选择要进行局部剖视的视图，单击鼠标右键，从快捷菜单中选择“扩展”命令，进入视图成员模型工作状态。用曲线功能在要产生局部剖切的部位创建局部剖切的边界线。完成边界线的创建后，在绘图工作区中单击右键，再从快捷菜单中选择“扩展”命令，恢复到工程图状态，这样即建立了与选择视图相关联的边界线。

选择视图：当系统弹出图 5－2－27 所示的对话框时，“选择视图”按钮自动激活，并提示选择视图。用户可在绘图工作区中选择已建立局部剖视边界的视图作为父视图，并可在对话框中选取“切穿模型”复选框，它用来将局部剖视边界以内的图形部分清除。

指出基点：基点是用来指定剖切位置的点。选择视图后，该按钮被激活，在与局部剖视图相关的投影视图中，选择一点作为基点，来指定局部剖视的剖切位置。

指出拉伸矢量：指定了基点位置后，“局部剖”对话框变为如图 5－2－28 所示的矢量选项形式。这时，绘图工作区中会显示默认的投影方向，用户可以接受默认方向，也可用矢量功能选项指定其他方向作为投影方向；如果要求的方向与默认方向相反，则可单击“矢量反向”按钮。设置好了合适的投影方向后，单击“选择曲线”按钮进入下一步操作。

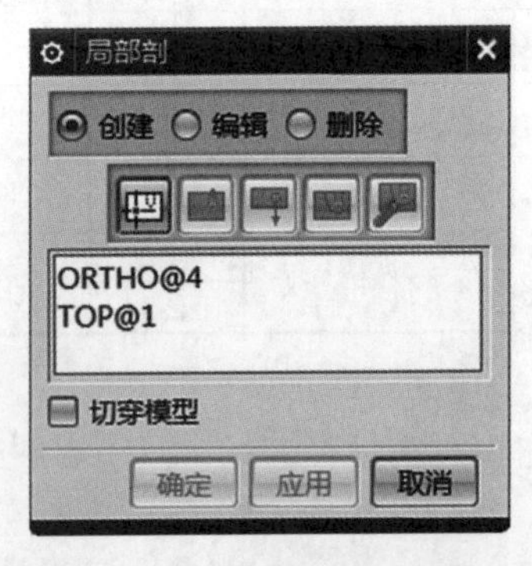

图 5－2－27 “局部剖”对话框

图 5－2－28 指出拉伸矢量

选择曲线：曲线决定了局部剖视图的剖切范围。进入这一步后，对话框变为如图 5－2－29 所示的形式。此时，用户可利用对话框中的“链”按钮选择剖切面，也可直接在图形中选择。当选取错误时，可用“取消选择上一个”按钮来取消前一次选择。如果选择的剖切边界符合要求，则进入下一步。

修改边界曲线：选择了局部剖视边界后，该按钮被激活，对话框变为如图 5－2－30 所示的形式，其相关选项包括“对齐作图线”复选框。如果用户选择的边界不理想，则可利用该步骤对其进行编辑修改。如果用户不需要对边界进行修改，则可直接跳过这一步，单击“应用”按钮，即可生成如图 5－2－31 所示局部剖视图。

图 5－2－29　选择剖切边界

图 5－2－30　编辑剖切边界

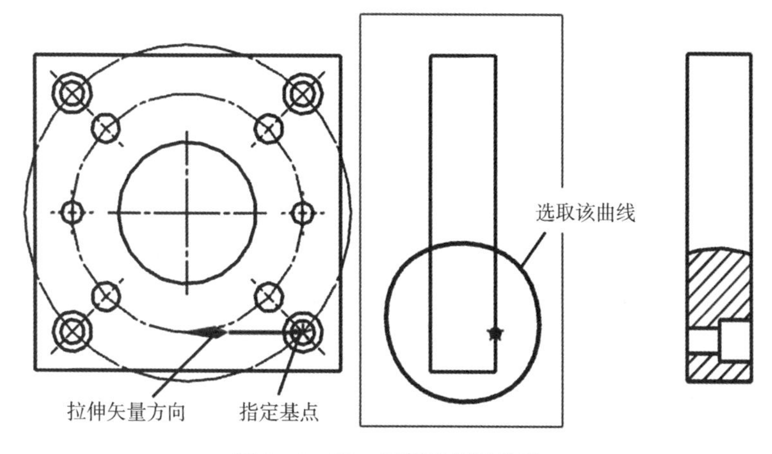

图 5－2－31　局部剖视图效果

2. 局部放大视图

在绘制工程图时，经常需要将某些细小结构（如退刀槽、越乘槽等，以及在视图中表达不够清楚或者不便标注尺寸的部分结构）进行放大显示，这时就可以来用局部放大视图操作来放大显示某部分的结构。局部放大视图的边界可以定义为圆形，也可以定义为矩形。

5－12　局部放大图

选择“菜单”→“插入”→“视图”→“局部放大图”命令，或在“主页”选项卡中单击“局部放大图”按钮，弹出“局部放大图”对话框，如图 5－2－32 所示。在操作过程中，需在工程图中定义放大视图边界的类型，指定要放大的中心点，然后指定放大视图的边界点，在对话框中可以设置视图放大的比例，并拖动视图边框到理想位置，系统会将设置的局部放大图定位于工程图中，效果如图 5－2－33 所示。

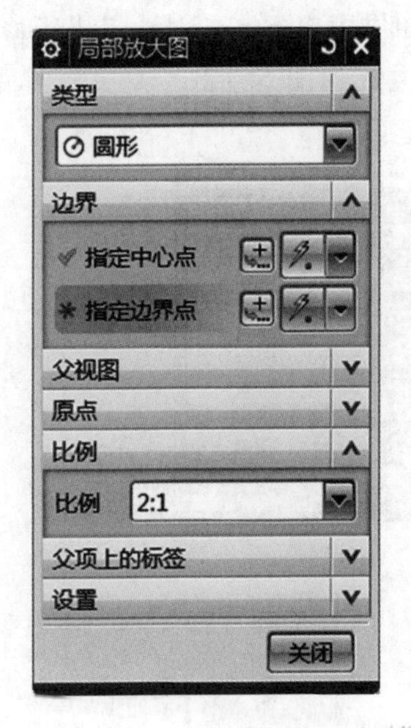

图 5-2-32 “局部放大图”对话框

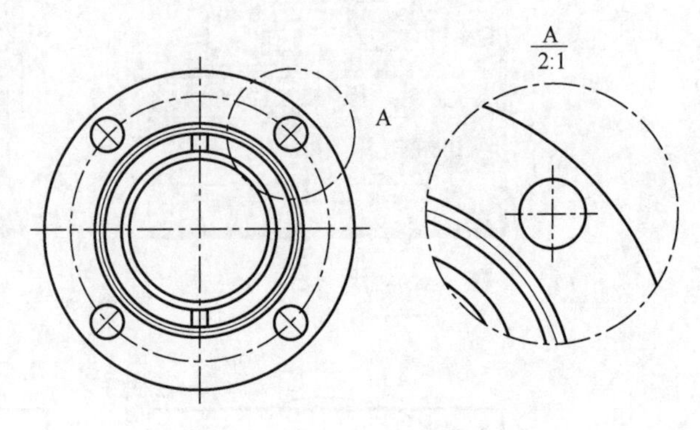

图 5-2-33 局部放大视图

二、编辑工程图

1. 删除视图

在绘图工作区中选择要删除的视图，单击鼠标右键，在弹出的快捷菜单中选择“删除”选项即可将所选的视图从工程图中移去。

图 5-2-34 “移动/复制视图”对话框

2. 移动或复制视图

工程图中任何视图的位置都是可以改变的，可通过移动视图的功能来重新指定视图的位置。单击“菜单”→“编辑”→“视图”→“移动/复制”按钮，弹出如图 5-2-34 所示“移动/复制视图”对话框。该对话框由视图列表框、移动或复制方式图标及相关选项组成。下面对各个选项的功能及用法进行说明。

（1）移动/复制方式。“移动/复制视图”对话框提供了以下 5 种移动或复制视图的方式。

①至一点：选取要移动或复制的视图后，单击按钮，该视图的一个虚拟边框将随着鼠标的移动而移动，当移动到合适的位置后单击鼠标左键，即可将该视图移动或复制到指定点。

②水平：在工程图中选取要移动或复制的视图后，单击按钮，移动鼠标，或者在文本框中输入点的坐标，系统即可沿水平方向来移动或复制该视图。

③竖直：在工程图中选取要移动或复制的视图后，单击按钮，系统即可沿

竖直方向来移动或复制该视图。

④垂直于直线：在工程图中选取要移动或复制的视图后，单击按钮，系统即可沿垂直于一条直线的方向移动或复制该视图。

⑤至另一图纸：在工程图中选取要移动或复制的视图后，单击按钮，系统弹出如图 5－2－35 所示对话框，在该对话框中选择要移至的图纸，单击“确定”按钮。

图 5－2－35 “视图至另一图纸”对话框

（2）“复制视图”复选框。该复选框用于指定视图的操作方式是移动还是复制，选中该复选框，系统将复制视图，否则将移动视图。

（3）“视图名”文本框。该文本框可以指定进行操作的视图名称，用于选择需要移动或是复制的视图，与在绘图工作区中选择视图的作用相同。

（4）“距离”复选框。“距离”复选框用于指定移动或复制的距离。选择该复选框，即可按文本框中指定的距离值移动或复制视图，不过该距离是按照规定的方向来计算的。

（5）“取消选择视图”选项。该选项用于取消已经选择过的视图，以进行新的视图选择。

3. 对齐视图

对齐视图是指选择一个视图作为参照，使其他视图以参照视图进行水平或竖直方向对齐。选择“菜单”→“编辑”→“视图”→“对齐”命令，弹出如图 5－2－36 所示的“视图对齐”对话框，该对话框由视图列表框、视图对齐方式、视图对齐选项和矢量选项等组成，各个选项的功能及含义如下。

（1）对齐方式。系统提供了五种视图对齐的方式。

①叠加：将所选视图按基准点进行叠加对齐。

②水平：将所选视图按基准点进行水平对齐。

③竖直：将所选视图按基准点进行垂直对齐。

④垂直于直线：将所选视图按基准点垂直于某一直线对齐。

⑤自动判断：根据所选视图按基准点的不同，用自动判断的方式对齐视图。

图 5－2－36 “对齐视图”对话框

（2）视图对齐选项。视图对齐选项用于设置对齐时的基准点。基准点是视图对齐时的参考点，对齐基准点的选择方式有以下三种：

①对齐至视图：选择视图的中心点作为基准点。

②模型点：选择模型中的一点作为基准点。

③点到点：按点到点的方式对齐各视图中所选择的点，选择该选项时，用户需要在各对齐视图中指定对齐基准点。

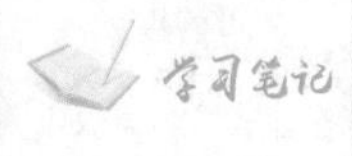

在对齐视图时，先要选择对齐的基准点方式，并在视图中指定一个点作为对齐视图的基准点，然后在视图列表框或绘图工作区中选择要对齐的视图，再在对齐方式中选择一种视图的对齐方式，则选择的视图会按所选的对齐方式自动与基准点对齐。当视图选择错误时，可单击“取消选择视图”按钮，取消选择的视图。

4. 编辑视图

在部件导航器中选择“图纸”里工作表中要编辑的视图，或在绘图工作区中选择要编辑的视图，单击鼠标右键，在弹出的快捷菜单中选择“设置”命令，弹出如图 5-2-37 所示的“设置”对话框，应用对话框中的各个选项可重新设定视图旋转角度和比例等参数。

5. 视图相关编辑

单击“菜单”→“编辑”→“视图”→“视图相关编辑”按钮，或者在绘图工作区中选择要编辑的视图，单击鼠标右键，在弹出的快捷菜单中选择“视图相关编辑”命令，弹出如图 5-2-38 所示的“视图相关编辑”对话框。该对话框上部为添加编辑选项、删除编辑选项和转换相关性选项，下部为设置视图对象的颜色、线型和线宽等选项，应用该对话框可以擦除视图中的几何对象和改变整个对象或部分对象的显示方式，也可取消对视图中所做的关联性编辑操作。

5-13 视图相关编辑

图 5-2-37 “设置”对话框

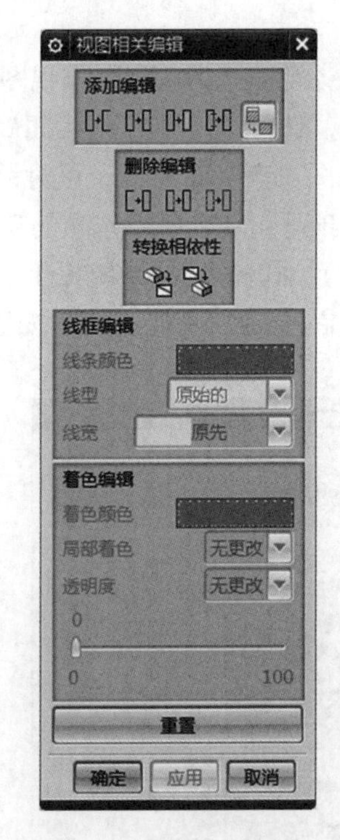

图 5-2-38 “视图相关编辑”对话框

(1) 添加编辑。

①擦除对象：擦除视图中选择的对象。单击该按钮后系统将弹出“类选择”

对话框，用户可在视图中选择要擦除的对象（如曲线、边和祥条曲线等对象），完成对象选择后，则系统会擦除所选对象。擦除对象不同于删除操作，擦除操作仅仅是将所选取的对象隐藏起来，不显示，但该选项无法擦除有尺寸标注的对象。

学习笔记

②编辑完全对象：编辑视图或工程图中所选整个对象的显示方式。编辑的内容包括线条颜色、线型和线宽。单击该按钮后，“线框编辑”选项组中的线颜色、线型和线宽等选项将变为可用状态。设置完线颜色、线型和线宽选项后，单击“应用”按钮，将弹出“类选择”对话框，用户可在选择的视图或工程图中选择要编辑的对象（如曲线、边和样条曲线等对象），选择对象后，则所选对象会按指定的颜色、线型和线宽进行显示。

③编辑着色对象：编辑视图或工程图中所选对象的阴影。单击该按钮后，弹出“类选择”对话框，用户可在选择的视图或工程图中选择要编辑的对象，选择对象后，回到“视图相关编辑”对话框，着色颜色、局部着色、透明度等选项格变为可用状态，即可对选择的对象进行编辑。

④编辑对象段：编辑视图中所选对象某个片段的显示方式，可以对线颜色、线型和线宽进行设置。单击该按钮后，先设置对象的直线颜色、线型和线宽，然后单击“应用”按钮，接着将弹出“编辑对象分段”对话框，用户在视图中选择要编辑的对象，然后选择该对象的一个或两个边界点，则所选对象在指定边界点内的部分会按指定颜色、线型和线宽进行显示。

（2）删除编辑。该选项组用于删除前面所进行的某些编辑操作，系统提供了三种删除编辑操作的方式。

①删除选择的擦除：对进行擦除后的对象进行撤销操作，使先前擦除的对象重新显示出来。选择该图标后，系统将弹出“类选择”对话框，已擦除的对象会在视图中加亮显示。在视图中选择先前擦除的对象，则所选对象会重新显示在视图中。

②删除选择的修改：对进行修改后的操作进行撤销，使先前编辑的对象回到原来的显示状态。单击该按钮后，系统将弹出“类选择”对话框，已编辑过的对象会在视图中加亮显示，用户可选择先前编辑的对象。完成选择后，则所选对象会按原来的颜色、线型和线宽在视图中显示出来。

③删除所有修改：将在对象中进行的所有修改进行撤销操作，所有对象全部回到原来的显示状态。单击该按钮后，系统将弹出一个“删除所有修改”对话框，单击“是”按钮，则所选视图先前进行的所有编辑操作都将被删除。

6. 编辑视图边界

5－14　编辑视图边界

单击“菜单”→“编辑”→“视图”→“边界”按钮，或者在绘图工作区中选择要编辑的视图，单击鼠标右键，在弹出的快捷菜单中选择“边界”命令，弹出如图5－2－39所示的“视图边界”对话框。对话框上部为视图列表框和视图边界类型选项，下部为定义视图边界和选择相关对象的功能选项。下面介绍该对话框中各项参数：

（1）列表框。显示工作窗口中视图的名称。在定义视图边界前，用户先要选择所需的视图。选择视图的方法有两种：一种是在视图列表框中选择视图；另外一种是

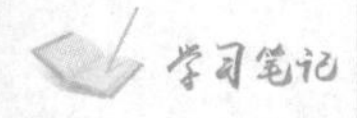

图 5-2-39 “视图边界”对话框

直接在绘图工作区中选择视图。当视图选择错误时，还可单击“重置”按钮重新选择视图。

（2）视图边界类型。提供了以下四种方式。

①自动生成矩形：该类型边界可随模型的更改而自动调整视图的矩形边界。

②手工生成矩形：该类型边界在定义矩形边界时，在选择的视图中通过按住鼠标左键并拖动鼠标来生成矩形边界，该边界也可随模型更改而自动调整视图的边界。

③截断线/局部放大图：该类型边界用截断线或局部视图边界线来设置任意形状的视图边界。该类型仅仅显示出被定义的边界曲线围绕的视图部分。选择该类型后，系统提示选择边界线，用户可用鼠标在视图中选择已定义的断开线或局部视图边界线。

如果要定义这种形式的边界，在打开“视图边界”对话框前先要创建与视图关联的截断线。创建与视图关联的截断线的方法：在工程图中选择要定义边界的视图，单击鼠标右键，在弹出的快捷菜单中选择“展开成员视图”命令，即进入视图成员工作状态，再利用曲线功能在希望产生视图边界的部位创建视图截断线。完成截断线的创建后，再从快捷菜单中选择“展开成员视图”命令，恢复到工程图状态，这样就创建了与选择视图关联的截断线。

④由对象定义边界：通过在视图中选择要包含的对象或点来定义边界的大小，并且单击对话框中“包含的点”按钮或单击“包含的对象”按钮，可以进行点或对象选择的切换。

（3）边界点。在“边界类型”下拉列表中选择“截断线/局部放大图”选项，然后选择截断线，单击对话框中的“应用”按钮，“边界点”按钮将被激活，再单击“边界点”按钮，在视图中选择点进行视图边界的定义。

（4）包含的点。在“边界类型”下拉列表中选择“由对象定义边界”选项，再单击“包含的点”按钮，并在视图中选择相关的点进行视图边界的定义。

（5）包含的对象。在“边界类型”下拉列表中选择“由对象定义边界”选项，再单击“包含的对象”按钮，并在视图中选择要包含的对象进行视图边界的定义。

1. 在任务实施过程中，你遇到了哪些障碍？你是如何想办法解决这些困难的？

2. 请你准确地说出制作轮子组件装配工程图过程中，所使用的命令名称，以及它们的配合关系。你是如何记住这些命令名称和功能的？

学习笔记

1. 绘制模架装配工程图，如图 5－2－40 所示。（装配部件源文件 x：work\5\练习\模架 . prt）

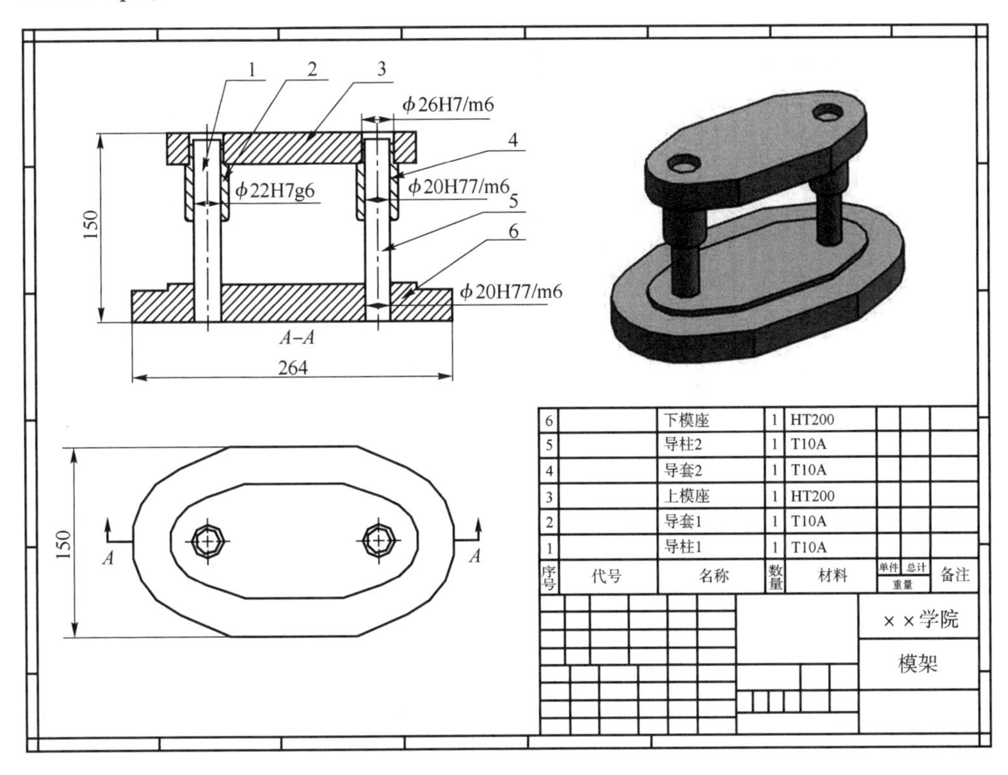

图 5－2－40　模架装配工程图

2. 绘制台虎钳装配工程图，如图 5－2－41 所示。（装配部件源文件 x：work\5\练习\台虎钳 . prt）

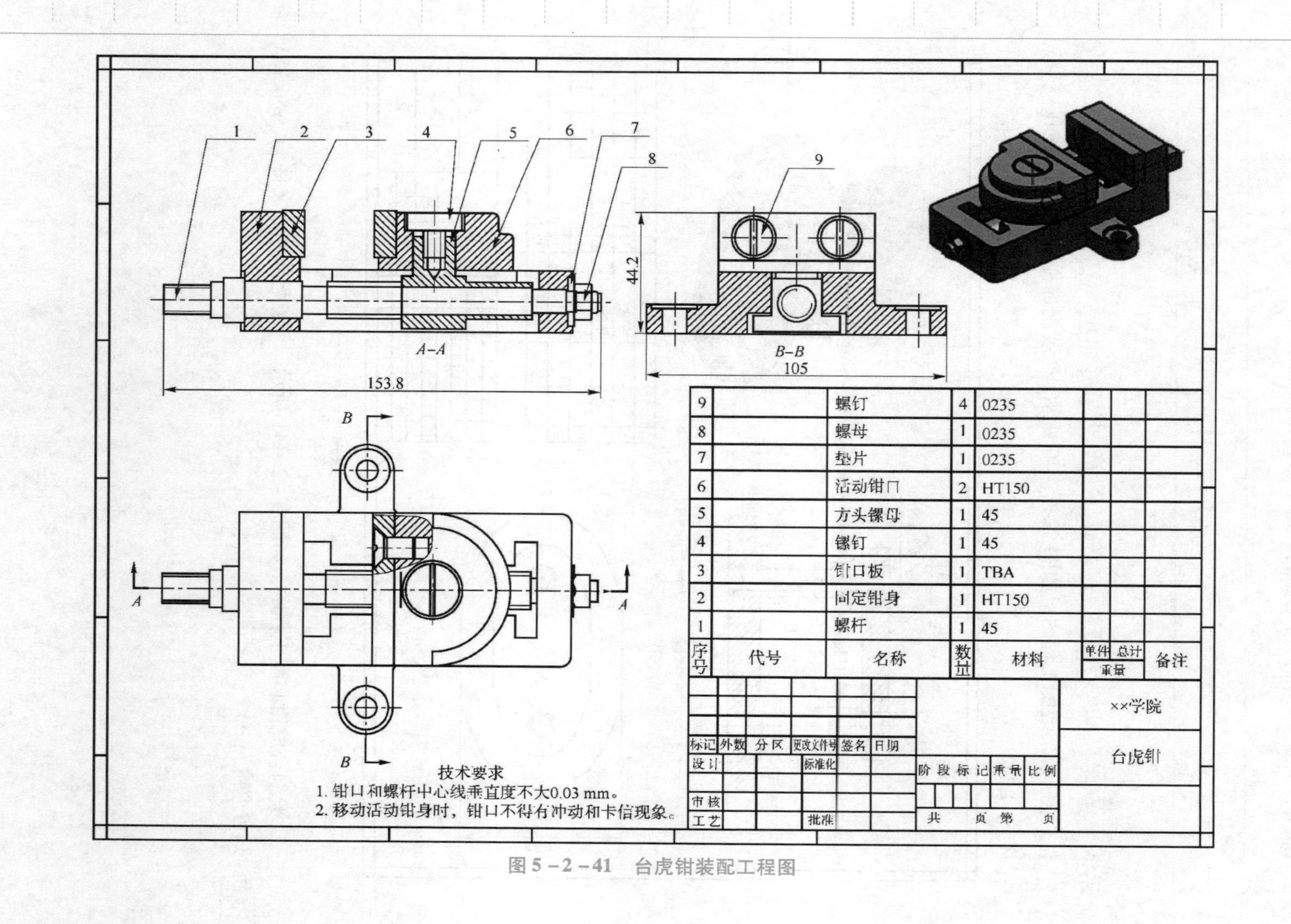

图 5－2－41　台虎钳装配工程图

参考文献

[1] 钟日铭. UG NX 12.0 完全自学手册 [M]. 北京：机械工业出版社，2018.

[2] 冯伟，谢晓华. CAD/CAM 技术 – UG 应用 [M]. 武汉：华中科技大学出版社，2017.

[3] 金大玮，张春华. UG NX 12.0 完全实战技术手册 [M]. 北京：清华大学出版社，2018.

[4] 胡仁喜，刘昌丽. UG NX 12.0 中文版机械设计从入门到精通 [M]. 北京：机械工业出版社，2018.

[5] 麓山文化. UG NX 10 中文版曲面设计从入门到精通 [M]. 北京：机械工业出版社，2015.